高等教育"十三五"规划教材

VFP

Visual FoxPro 9.0

数据库
应用技术

Visual FoxPro 9.0
SHUJUKU YINGYONG JISHU

主 编 赵艳莉

副主编 黄 兵 吴成群 朱剑涛

时代出版传媒股份有限公司
安徽科学技术出版社

图书在版编目(CIP)数据

Visual FoxPro 9.0 数据库应用技术/赵艳莉主编. —合肥:安徽科学技术出版社,2015.6
ISBN 978-7-5337-6578-1

Ⅰ.①V… Ⅱ.①赵… Ⅲ.①关系数据库系统 Ⅳ.①TP311.138

中国版本图书馆 CIP 数据核字(2015)第 000803 号

Visual FoxPro 9.0 数据库应用技术　　　　　　　　　　　　主编　赵艳莉

出　版　人:黄和平　　　选题策划:王　勇　　　责任编辑:王　勇
责任校对:程　苗　　　责任印制:李伦洲　　　封面设计:朱　婧
出版发行:时代出版传媒股份有限公司　http://www.press-mart.com
　　　　　安徽科学技术出版社　　　　　http://www.ahstp.net
　　　　　(合肥市政务文化新区翡翠路 1118 号出版传媒广场,邮编:230071)
　　　　　电话:(0551)63533323
印　　　制:合肥创新印务有限公司　　　电话:(0551)65152158
(如发现印装质量问题,影响阅读,请与印刷厂商联系调换)

开本:787×1092　1/16　　　印张:26.25　　　字数:630 千
版次:2015 年 6 月第 1 版　　2015 年 6 月第 1 次印刷

ISBN 978-7-5337-6578-1　　　　　　　　　　　　　定价:49.00 元

内 容 提 要

本书是一本采用项目教学模式来完整介绍 Visual FoxPro 9.0 数据库技术和利用 Visual FoxPro 9.0 开发数据库应用系统的实用教材。

全书共 11 单元,内容包括数据库系统基础知识、Visual FoxPro 9.0 概述、数据库与表、查询与视图、结构化程序设计、面向对象的程序设计、设计与应用类、报表和标签、菜单和工具栏、应用系统开发实例和 Web 数据库技术。第 10 单元给出了一个数据库应用系统开发的具体实例,通过该实例,可使用户更加详细地了解和掌握数据库应用系统开发的一般步骤、基本方法和具体过程,使读者能快速获得应用系统开发的基本技能。,

本书力争知识体系完整、结构顺序合理、内容深度合适、练习典型全面、讲解深入浅出、使用得心应手。本书可作为高职高专院校非计算机专业的计算机基础课程教材,也可作为中小型数据库管理人员和相关技术人员的参考用书。

前　言

数据库基础及应用是目前高校必开的一门计算机类的基础课程。计算机专业多采用专业的 SQL Server 数据库技术，而非计算机专业多采用 Access。由于 Access 开发的只是小型数据库，且没有涉及程序设计理论，使得那些想学数据库程序设计的非计算机专业学生在学习上存在些许遗憾。为了填补这个空白，我们组织人员编写了这本《Visual FoxPro 9.0 数据库应用技术》。它既能满足用户开发中小型数据库的需求，又能学习数据库程序设计语言及程序设计理论，为进一步提高数据库系统的开发水平提供基础保障。

为贯彻《国务院关于加快发展现代职业教育的决定》的精神，促进技术技能型人才的培养，经过调研，决定采用项目教学模式的编写方式，通过情景设定引出项目和任务，进而通过每个项目的若干任务来完整地学习 Visual FoxPro 9.0 数据库系统的开发技术。

本书的特点是通过每个单元的若干项目的完成引出与之相关的知识点，项目目标的实现是在操作活动中完成的。每个项目由项目描述、项目分析、项目目标、若干任务的实现、项目小结组成。在各任务的完成过程中，以课堂操作的形式进行技术和技能讲解，以达到项目目标的实现。本书力争知识体系完整、结构顺序合理、内容深度适宜、例题典型全面、讲解深入浅出、使用得心应手。本书还参考了全国计算机等级考试大纲，在内容的广度、深度上尽量满足全国计算机等级考试的要求，使广大学生完成课程的学习后，能够轻松考取全国计算机等级考试证书。

全书共十一个单元，内容包括：数据库系统基础知识、Visual FoxPro 9.0 概述、数据库与表、查询与视图、结构化程序设计、面向对象的程序设计、设计与应用类、报表和标签、菜单和工具栏、应用系统开发实例和 Web 数据库技术。第十单元给出了一个数据库应用系统开发的具体实例，通过该实例，可使用户更加详细地了解和掌握数据库应用系统开发的一般步骤、基本方法和具体过程，快速学会应用系统开发的基本技能。

为方便教师教学，本书配备了电子教案，教师可登录资源网免费下载使用。

本课程的教学时数为 72 学时，各单元的参考教学课时见以下的课时分配表。

单　元	教 学 内 容	课 时 分 配	
		讲　授	实践训练
第 1 单元	数据库系统基础知识	4	
第 2 单元	Visual FoxPro 9.0 概述	4	2
第 3 单元	数据库与表	2	4
第 4 单元	查询与视图	2	2
第 5 单元	结构化程序设计	4	4
第 6 单元	面向对象的程序设计	2	10

续表

单　　元	教　学　内　容	课 时 分 配	
		讲　　授	实践训练
第 7 单元	设计与应用类	2	2
第 8 单元	报表和标签	2	4
第 9 单元	菜单和工具栏	2	2
第 10 单元	应用系统开发实例	2	12
第 11 单元	Web 数据库技术	2	2
课时总计		28	44

本书由赵艳莉主编，黄兵、吴成群、朱剑涛担任副主编，参加本书编写的有赵艳莉、黄兵、吴成群、杜晓波、翟岩、张金娜、朱剑涛。李继锋、张岚岚、翟岩、陈思、邢彩霞、张金元、李文杰、石翠红、张勇对本书提出了修改意见。赵艳莉对本书进行了统稿和整理。

本书可作为高职高专院校非计算机专业的计算机基础课程教材，也可作为中小型数据库管理人员和相关技术人员的参考用书。

由于作者水平有限，书中难免存在错误和不妥之处，敬请广大读者批评指正。

编　者

目　　录

第1单元

数据库系统基础知识

第 1 单元

从 20 世纪 50 年代中期开始,计算机的应用由科学研究领域逐渐扩展到机关、企事业和经济等社会各领域,数据处理迅速成为计算机的主要应用方向。20 世纪 60 年代末,数据库技术作为数据处理中的一门新技术迅速发展起来,已成为计算机应用领域的一个重要分支。经过 40 多年的发展,数据处理技术已经形成了较为完善的理论体系,数据库技术已经成为各领域存储数据、管理信息和共享资源的最常用的技术。

本单元将通过 3 个项目的讲解,介绍数据库的基本概念和关系数据库的基础知识,为学好关系数据库管理系统 Visual FoxPro 9.0 打下必要的理论基础。

项目 1 认识数据库系统

项目 2 解析数据模型

项目 3 认识关系数据库系统

项目1 认识数据库系统

项目描述

在使用数据库技术进行数据处理之前,先让我们了解一下数据库的一些基本概念和数据库技术的发展。

项目分析

首先从数据库的基本概念入手,了解数据处理技术及数据库技术的发展阶段,掌握数据库系统的构成和特点。因此,本项目可分解为以下任务:

- 了解数据库基本概念
- 了解数据处理技术的发展
- 认识数据库技术
- 认识数据库系统

项目目标

- 掌握数据库系统的基本概念
- 了解数据处理技术的发展
- 熟悉数据库系统的组成

任务1 了解数据库基本概念

1. 数据(Data)

数据是用来描述客观事物的可识别的符号。数据的概念包括两个方面的含义,即数据内容和数据形式。例如,某人的姓名是张三,出生日期是 1989 年 10 月 26 日,其中张三、1989 年、10 月、26 日等就是数据,它们都是数据库存储和处理的基本对象。

数据可以有不同的表示形式,如出生日期可以表示成"26/10/89""10/26/1989"等形式,其含义并没有改变。

目前,数据的概念在数据处理领域中已大大地拓宽了,不仅包括数字、字母、文字和其他特殊字符组成的文本形式的数据,而且还包括图形、图像、动画、声音等多媒体数据。总之,凡是能够被计算机处理的对象都称为数据。

2. 信息(Information)

信息是一种被加工成特定形式的数据,对当前与将来的行动和决策具有明显的或实际的价值。例如,学生各门功课成绩为原始数据,经过计算得出各门功课总成绩和平均成绩,即得到有用的信息。

数据和信息是两个既相互联系又相互区别的概念:数据是信息的具体表现形式,是信息的符号表示,即用物理符号记录下来的可以鉴别的信息;而信息是数据的内涵,是数据有意义的表现。

3. 数据处理

数据处理就是将数据转换为信息的过程,也称信息处理。它包括数据的收集、整理、存储、加工、分类、维护、排序、检索和传输等一系列活动。数据处理的目的是从大量的数据中，根据数据自身的规律及其相互联系，通过分析、归纳、推理等科学方法，利用计算机技术、数据库技术等技术手段，提取有效的信息资源，为进一步分析、管理和决策提供依据。

数据、信息、数据处理三者的关系可用图 1-1 来描述。

图 1-1　数据、信息、数据处理三者关系

任务 2　了解数据处理技术的发展

数据处理的核心问题是数据管理。数据管理是指如何对数据进行分类、组织、编码、存储、检索和维护等。数据处理和数据管理是相互联系的，数据管理技术的优劣将直接影响数据处理的效率。随着计算机硬件技术、软件技术和应用范围的不断发展，到目前为止，数据处理经历了人工管理、文件管理和数据库管理三个发展阶段。

1. 人工管理阶段

早期的计算机主要用于科学计算，基本上不存在数据管理的问题。从 20 世纪 50 年代初，计算机开始应用于数据处理。当时的计算机没有专门管理数据的软件，也没有像磁盘这样可随机存取的外部存储设备，对数据的管理没有一定的格式，数据依附于处理它的应用程序，使数据和应用程序一一对应，互为依赖。

由于数据是对应某一应用程序的，使得数据的独立性很差，程序与程序之间存在着大量的重复数据，称为数据冗余；如果数据的类型、结构、存取方式或输入输出方式发生变化，处理它的程序必须相应改变，数据结构性差，而且数据不能长期保存。

在人工管理阶段，应用程序与数据之间的关系如图 1-2 所示。

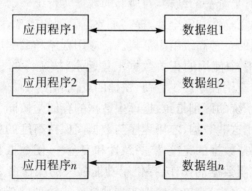

图 1-2　人工管理阶段程序与数据的关系

2. 文件管理阶段

从 20 世纪 50 年代后期到 20 世纪 60 年代中期为文件管理阶段，应用程序通过专门管理数据的软件即文件系统来管理和使用数据。数据处理应用程序利用操作系统的文件管理功能，将相关数据按一定的规则构成文件，通过文件系统对文件中的数据进行存取和管理，

实现数据的文件管理方式。

文件管理阶段,文件系统在程序和数据之间提供了一个公共接口,使应用程序采用统一的存取方法来存取、处理数据。程序与数据之间不再是直接的对应关系,因而程序和数据有了一定的独立性。但文件系统只是简单地存放数据,数据的存取在很大程度上仍依赖于应用程序,不同程序难于共享同一数据文件,数据的独立性较差。此外,由于文件系统没有一个相应的模型约束数据的存储,因而仍有较高的数据冗余,这又极易造成数据的不一致性。诸如此类的问题造成文件系统管理的低效率、高成本,促使人们研究新的数据管理技术。

在文件管理阶段,应用程序与数据之间的关系如图 1-3 所示。

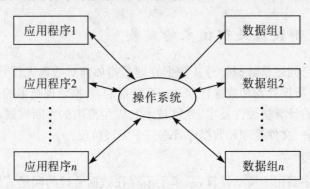

图 1-3　文件管理阶段程序与数据的关系

3. 数据库管理阶段

数据库管理阶段是 20 世纪 60 年代后期在文件管理基础上发展起来的。随着计算机系统性价比的持续提高,软件技术的不断发展,人们克服了文件系统的不足,开发了一类新的数据管理软件——数据库管理系统(DataBase Management System,DBMS),运用数据库技术进行数据管理,将数据管理技术推向了数据库管理阶段。

数据库技术使数据有了统一的结构,对所有的数据实行统一、集中、独立的管理,以实现数据的共享,保证数据的完整性和安全性,提高了数据管理的效率。数据库也是以文件方式存储数据的,但它是数据的一种高级组织形式。在应用程序和数据库之间,由数据库管理软件 DBMS 把所有应用程序中使用的相关数据汇集起来,按统一的数据模型,以记录为单位存储在数据库中,为各个应用程序提供方便、快捷的查询和使用。

数据库系统与文件系统的区别是:数据库中数据的存储是按同一结构进行的,不同的应用程序都可直接操作使用这些数据,应用程序与数据间保持高度的独立性;数据库系统提供一套有效的管理手段,保持数据的完整性、一致性和安全性,使数据具有充分的共享性;数据库系统还为用户管理、控制数据的操作,提供了功能强大的操作命令,使用户能够直接使用命令或将命令嵌入应用程序中,简单方便地实现数据库的管理、控制操作。

在数据库管理阶段,应用程序与数据之间的关系如图 1-4 所示。

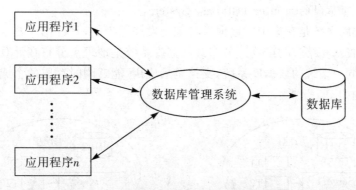

图 1-4　数据库管理阶段程序与数据的关系

任务 3　认识数据库技术

1. 数据库技术的发展

数据库技术萌芽于 20 世纪 60 年代中期,从 60 年代后期到 70 年代初出现了 3 个事件,标志着数据库技术日趋成熟,并有了坚实的理论基础。

(1)1969 年 IBM 公司研制、开发了数据库管理系统商品化软件 IMS(Information Management System)。IMS 的数据模型是层次结构的。

(2)美国数据系统语言协会下属的数据库任务组 DBTG,对数据库方法进行系统的讨论、研究,提出了若干报告,即 DBTG 报告。DBTG 报告确定并建立了数据库系统的概念、方法和技术。DBTG 所提议的方法是基于网状结构的,它是网状模型的基础和典型代表。

(3)1970 年 IBM 公司 San Jose 研究实验室的研究员 E. F. Codd 发表了著名的题为《大型共享系统的关系数据库的关系模型》的论文,为关系数据库技术奠定了理论基础。

自 20 世纪 70 年代开始,数据库技术有了很大的发展,表现为:

(1)数据库方法,特别是 DBTG 方法和思想应用于各种计算机系统,出现了许多商品化的数据库系统。它们大都是基于网状模型和层次模型的。

(2)这些商用系统的运行,使数据库技术日益广泛地应用到企业管理、事务处理、交通运输、信息检索、军事指挥、政府管理、辅助决策等方面。数据库技术成为实现和优化信息系统的基本技术。

(3)关系方法的理论研究和软件系统的研制取得了很大的成果。

2. 数据库新技术

随着数据库应用领域的不断扩大和信息量的急剧增加,占主导地位的关系数据库系统已不能满足新的应用领域的需求,譬如 CAD(计算机辅助设计)、CAM(计算机辅助制造)、CIMS(计算机集成制造系统)、CASE(计算机辅助软件工程)、OA(办公自动化)、GIS(地理信息系统)、MIS(管理信息系统)、KBS(知识库系统)等,都需要数据库新技术的支持。这些新应用领域的特点是:存储和处理的对象复杂,对象间的联系具有复杂的语义信息;需要复杂的数据类型支持,包括抽象数据类型、无结构的超长数据、时间和版本数据等;需要常驻内存的对象管理以及支持对大量对象的存取和计算;支持长事务和嵌套事务的处理。这些需求是传统关系数据库系统难以满足的,数据库新技术便应用而生。

1) 分布式数据库(Distributed DataBase System,DDBS)

分布式数据库系统是在集中式数据库基础上发展起来的,是数据库技术与计算机网络技术、分布处理技术相结合的产物。分布式数据库系统是地理上分布在计算机网络不同结点,逻辑上属于同一系统的数据库系统,支持全局应用,能够同时存取两个或两个以上结点的数据。其结构如图1-5所示。

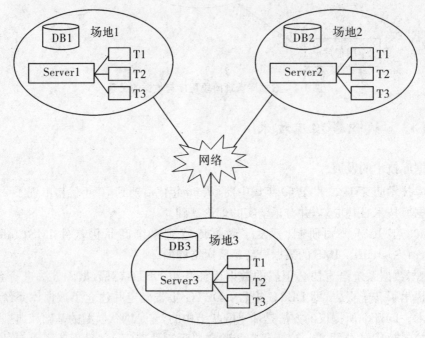

图 1-5 分布式数据库系统结构

分布式数据库系统的主要特点是:

● 数据是分布的。数据库中的数据分布在计算机网络的不同结点上,而不是集中在一个结点,区别于数据存放在服务器上由各用户共享的网络数据库系统。

● 数据是逻辑相关的。分布在不同结点的数据,逻辑上属于同一个数据库系统,数据间存在相互关联,区别于由计算机网络连接的多个独立数据库系统。

● 结点的自治性。每个结点都有自己的计算机软件和硬件资源、数据库、数据库管理系统,因而能够独立地管理局部数据库。

2) 面向对象数据库(Object—Oriented DataBase System,OODBS)

面向对象数据库系统是将面向对象的模型、方法和机制,与先进的数据库技术有机地结合而形成的新型数据库系统。它从关系模型中脱离出来,强调在数据库框架中发展类型、数据抽象、继承和持久性。它的基本设计思想是,一方面把面向对象语言向数据库方向扩展,使应用程序能够存取并处理对象;另一方面扩展数据库系统,使其具有面向对象的特征,提供一种综合的语义数据建模概念集,以便对现实世界中复杂应用的实体和联系建模。因此,面向对象数据库系统首先是一个数据库系统,具备数据库系统的基本功能;其次是一个面向对象的系统,针对面向对象的程序设计语言的永久性对象存储管理而设计的,充分支持完整的面向对象概念和机制。

3) 多媒体数据库(Multi—media Database System,MDBS)

多媒体数据库系统是数据库技术与多媒体技术相结合的产物。在许多数据库应用领域中,都涉及大量的多媒体数据,它们与传统的数字、字符等格式化数据有很大的不同,都是一些结构复杂的对象。

多媒体数据库有如下特点:

● 数据量大。格式化数据的数据量小,而多媒体数据量一般都很大,1 分钟左右长度的视频和音频数据就需要几十兆数据空间。

● 结构复杂。传统的数据以记录为单位,一个记录由多个字段组成,结构简单。而多媒体数据种类繁多、结构复杂,大多是非结构化数据,来源于不同的媒体且具有不同的形式和格式。

● 时序性。文字、声音或图像组成的复杂对象需要有一定的同步机制,如一幅画面的配音或文字需要同步,既不能超前也不能滞后,而传统数据无此要求。

● 数据传输的连续性。多媒体数据如声音或视频数据的传输必须是连续、稳定的,不能间断,否则会出现失真从而影响效果。

4) 网路数据库系统(Network Database System,NDBS)

随着客户机/服务器结构的出现,人们可以有效地利用网络资源。在客户机/服务器结构中的服务器又称为数据库服务器,主要用于放置数据库管理系统以及存储数据,而客户端则负责应用逻辑与用户界面。它们通过网络互联,当客户端需要访问数据时,向服务器提出某种数据或服务请求,服务器将响应这些请求并把结果或状态信息返回给客户端。通过网络将地理位置分散的、各自具备自主功能的若干台计算机和数据库系统有机地连接起来,并且采用通信手段实现资源共享的系统称为网络数据库系统。

在网络环境下,为了使一个应用程序能够访问不同的数据库系统,需要在应用系统和不同数据库管理系统之间加一层中间件。所谓中间件,是指网络环境中保证不同的操作系统、通信协议和数据库管理系统之间进行对话、互操作的软件系统。其中涉及数据访问的中间件就是 20 世纪 90 年代提出的开放的数据库连接(Open DataBase Connectivity,ODBC)技术和 Java 数据库连接(Java DataBase Connectivity,JDBC)技术。使用 ODBC 技术和 JDBC 技术进行数据库应用程序的设计,可以使应用系统移植性更好,并能访问不同的数据库系统,共享网络数据资源。

5) 数据仓库(Data Warehousing,DW)

随着信息技术的高速发展,数据和数据库在急剧增长,数据库应用的规模、范围和深度不断扩大,一般的事务处理已不能满足应用的需要,企业界需要在大量数据信息基础上的决策支持,数据仓库技术的兴起满足了这一需求。数据仓库作为决策支持系统的有效解决方案,涉及三方面的技术内容:数据仓库技术、联机分析处理(On—Line Analysis Processing,OLAP)技术和数据挖掘(Data Mining,DM)技术。

任务4　认识数据库系统

数据库系统指计算机系统引入数据库后的系统构成,是一个具有管理数据库功能的计算机软硬件综合系统。

1. 数据库系统的组成

数据库应用系统简称为数据库系统(DataBase System,DBS),是一个计算机应用系统,主要由计算机硬件、数据库、数据库管理系统、应用程序和用户五部分组成。

1)计算机硬件(Hardware)

计算机硬件是数据库系统赖以存在的物质基础,是存储数据库及运行数据库管理系统DBMS的硬件资源。大型数据库系统一般都建立在计算机网络环境下。

2)数据库(DataBase,DB)

数据库是按一定格式存储在计算机上的数据的仓库,即存储在计算机内的相关数据的集合。它能被各种用户共享,并具有最小冗余度,数据间联系密切,数据与程序又有较高的独立性。

数据库不仅存放数据,而且还存放数据之间的关系。

3)数据库管理系统(DataBase Management System,DBMS)

为了保证存储在数据库中的数据的安全和一致性,必须由一组软件来完成相应的管理任务,这种软件就是数据库管理系统。

DBMS对数据库中的数据资源进行统一管理和控制,为用户实现数据库的建立、使用和维护等操作,将用户应用程序与数据库数据相互隔离。它是数据库系统的核心,其功能的强弱是衡量数据库系统性能优劣的主要指标。数据库管理系统的功能有:数据库定义(描述)功能、数据库操作功能、控制和管理功能以及数据字典。

4)应用程序(Application)

应用程序是在DBMS的基础上,由用户根据应用的实际需要所开发的、处理特定业务的应用程序。应用程序的操作范围通常仅是数据库的一个子集,即用户所需的那部分数据。

5)数据库用户(User)

用户是指管理、开发、使用数据库系统的所有人员,通常包括数据库管理员、应用程序员和终端用户。数据库管理员(DataBase Administrator,DBA)负责管理、监督、维护数据库系统的正常运行;应用程序员(Application Programmer)负责分析、设计、开发、维护数据库系统中运行的各类应用程序;终端用户(End-User)是在DBMS与应用程序支持下,操作使用数据库系统的普通使用者。不同规模的数据库系统,用户的人员配置可以根据实际情况有所不同,大多数用户都属于终端用户。在小型数据库系统中,特别是在微机上运行的数据库系统中,通常DBA就由终端用户担任。

2. 数据库系统的特点

数据库系统的主要特点如下。

1)数据共享

数据共享是指多个用户可以同时存取数据而不相互影响。数据共享包括以下三个方面:所有用户可以同时存取数据;数据库不仅可以为当前的用户服务,也可以为将来的新用户服务;可以使用多种语言完成与数据库的接口。

2)减少数据冗余

数据冗余就是数据重复。数据冗余既浪费存储空间,又容易产生数据的不一致。在非数据库系统中,由于每个应用程序都有自己的数据文件,所以数据存在着大量的重复。数据库从全局观念来组织和存储数据,数据已经根据特定的数据模型结构化,在数据库中用户的逻辑数据文件和具体的物理数据文件不必一一对应,从而有效地节省了存储资源,减少了数据冗余,增强了数据的一致性。

3)具有较高的数据独立性

所谓数据独立,是指数据与应用程序之间的彼此独立,它们之间不存在相互依赖的关系。应用程序不必随数据存储结构的改变而变动,这是数据库一个最基本的优点。数据独立增强了数据处理系统的稳定性,从而提高了程序维护的效率。

4)增强了数据安全性和完整性保护

数据库加入了安全保密机制,可以防止对数据的非法存取。由于实行集中控制,有利于控制数据的完整性。数据库系统采取了并发访问控制,保证了数据的正确性。另外,数据库系统还采取了一系列措施,实现了对数据库破坏的恢复。

项目小结

　　本项目介绍了数据库中的基本概念,对数据处理技术的发展、数据库技术的种类和数据库系统的组成及特点有了初步的了解,为学习 Visual FoxPro 数据库技术打下基础。

项目 2　解析数据模型

项目描述

学习了以上知识后,需要进一步了解数据在现实世界是如何描述的,以及数据模型的划分。

项目分析

要想深刻解析数据模型,可从了解现实世界是如何描述数据及实体模型入手,来对数据模型进行逐层解析。因此,本项目可分解为以下任务:

● 现实世界中数据的描述
● 建立实体模型
● 数据模型的分类

项目目标

● 掌握实体模型的概念
● 掌握数据模型的概念和分类

任务 1　现实世界中数据的描述

数据处理中的数据描述涉及不同的范畴,从客观存在的事物到以数据形式存储在计算机中,实际上经历了三个领域:现实世界、信息世界和机器世界。

1. 现实世界

存在于人们头脑之外的客观世界称为现实世界。有客户、商品等可触及的,也有订货、比赛等抽象的。每种事物都具有一定的特征或性质,如客户的姓名、编号、年龄等就是客户的特征,订货的数量、日期、订货人就是这一行为的特征。现实世界的事物与事物之间存在着联系,这种联系是由事物本身的性质决定的。例如学校的教学系统中有教师、学生、课程,教师为学生授课,学生选修课程并取得成绩。

2. 信息世界

信息世界指现实世界的事物在人们头脑中的抽象反映,它是现实世界到机器世界必然经过的中间层次。在信息世界中,数据库技术常用如下的一些相关术语。

(1)实体(Entity):客观存在且可以相互区别的事物称为实体。实体可以是可触及的对象,如一个学生、一本书、一辆汽车;也可以是抽象的事件,如一堂课、一次比赛等。

(2)属性(Attribute):实体所具有的特征称为实体的属性。例如,学生有学号、姓名、性别等属性。属性有"型"和"值"之分,"型"即为属性名,如姓名、年龄、性别是属性的型;"值"即为属性的具体内容,如(张立,20,男)这些属性值的集合表示了一个学生实体。

(3)实体集(Entity Set):具有相同性质的同类实体的集合。例如图书馆里的所有书籍等。

(4)实体型(Entity Type):若干个属性型组成的集合可以表示一个实体的类型,简称实体型,如学生(学号,姓名,年龄,性别,系)就是一个实体型。

(5)实体标识符(Identifier):能唯一标识每个实体的属性或属性集称为实体标识符。例如,学生的学号可以作为学生实体标识符。每个学号唯一地对应一个学生。

3. 机器世界

信息世界中的实体抽象为机器世界中存储在计算机中的数据。在机器世界中,数据描述的术语如下:

(1)字段(Field):标记实体属性的数据称为字段,也称为数据项。字段的命名往往和属性名相同。如学生有学号、姓名、年龄、性别、系等字段。

(2)记录(Record):字段的有序集合称为记录。一般可以用一条记录描述一个实体。如一个学生(990001,张立,20,男,计算机)为一条记录。

(3)文件(File):同一类记录的汇集称为文件。文件是描述实体集的。如所有学生的记录组成了一个学生文件。

(4)关键字(Key):能唯一标识文件中每条记录的字段或字段集称为关键字。例如,职工的职工号可以作为职工记录的关键字。

任务2　建立实体模型

实体模型又称概念模型,它是反映实体之间联系的模型。数据库设计的重要任务就是建立实体模型,建立概念数据库的具体描述。建立实体模型首先要确定实体之间的联系。在现实世界中,事物内部以及事物之间是有联系的,这些联系同样也要抽象和反映到信息世界中来,在信息世界中将被抽象为实体内部的联系和实体之间的联系。两个不同实体之间联系有以下三种情况。

1. 一对一联系

如果实体集 E1 中的每个实体至多和实体集 E2 中的一个实体有联系,实体集 E2 中的每个实体也是至多和实体集 E1 中的一个实体有联系,则称 E1 对 E2 的联系是一对一联系,简记为 1∶1。例如,公民和身份证之间,观众与座位都是 1∶1 联系。

2. 一对多联系

如果实体集 E1 中的每个实体与实体集 E2 中的任意个(包括零个)实体有联系,但实体集 E2 中的每个实体至多和实体集 E1 中的一个实体有联系,则称 E1 对 E2 的联系是一对多联系,简记为 $1:N$。例如,班和学生之间、省与市之间都是 $1:N$ 联系,

3. 多对多联系

如果实体集 E1 中的每个实体与实体集 E2 中的任意个(包括零个)实体有联系,实体集 E1 中的每个实体也是和实体集 E2 中的任意个(包括零个)实体有联系,称 E1 对 E2 的联系是多对多联系,简记为 $M:N$。例如,工厂与产品、学生和课程之间都是 $M:N$ 联系。

实体模型只是将现实世界的客观对象抽象为某种信息结构,这种信息结构并不依赖于具体的计算机系统,它是现实世界的第一层抽象,是用户和数据库设计人员之间进行交流的工具。实体模型中比较著名的是实体联系模型(Entity Relationship model),简称 ER 模型。在建立实体模型时,实体要逐一命名以示区别,并描述它们之间的各种联系。图 1-6 所示就是一个教学实体模型。

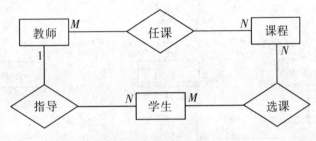

图 1-6　教学实体模型

任务 3　数据模型的分类

在数据库系统中,为了反映事物本身及事物之间的联系,数据库中的数据必须具有一定的结构,这种结构用数据模型来表示。任何一个数据库管理系统都是基于某种数据模型的。数据库管理系统所支持的数据模型分为三种:层次模型、网状模型、关系模型。

1. 层次模型

层次模型是数据库系统中最早出现的数据模型,其典型代表是 IBM 公司的 IMS(Information Management System)数据库管理系统。

层次模型是以树型结构来表示实体及实体之间的联系。结点表示实体,结点间的连线表示实体和实体之间的联系。层次模型的特点是:有且只有一个结点无父结点,这个结点称为根结点;其他结点有且仅有一个父结点。它体现了实体间一对多的联系。图 1-7 所示是一个层次模型的例子。

2. 网状模型

网状模型是一种比层次模型更具普遍性的结构。它利用网状结构来表示实体及实体之间的联系。结点表示实体,结点间的连线表示实体和实体之间的联系。网状模型的特点是:允许有一个以上的结点无父结点;一个结点可以有多个父结点。它体现了实体间多对多的联系。图 1-8 所示为一个网状模型的例子。

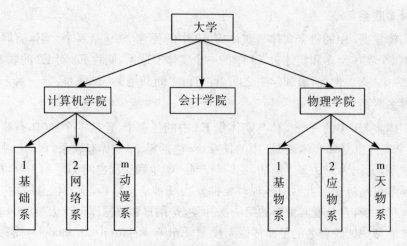

图 1-7　层次模型

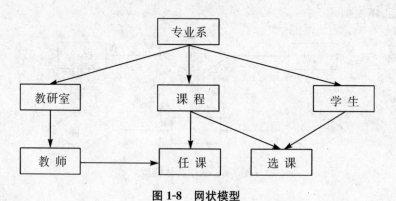

图 1-8　网状模型

3.关系模型

关系模型是发展较晚，也是最常用、最重要的一种数据模型。它用二维表格结构表示实体及实体之间的关系。关系模型把所有的关系统一描述成一些二维表，即由若干行和若干列组成的表格。关系模型的数据结构单一，每一个二维表就是一个"关系"。凡是采用关系模型作为数据组织方式的数据库系统称为关系数据库系统。以职工情况表为例（表 1-1 所示为一关系模型），可以看到二维表具有以下特点：

表 1-1　职工情况表

职工号	姓名	性别	出生日期	婚否	职务	工资	简历
001	张小明	男	05/16/74	T	科员	580.00	memo
002	李美丽	女	02/30/71	T	科员	680.00	memo
003	江涛	男	06/12/69	T	科长	775.00	memo
004	王利	男	12/15/72	F	科员	685.00	memo
005	王霞	女	06/15/63	T	处长	850.00	memo

（1）表有表名，即职工情况表。

（2）表由两部分构成，即一个表头和若干行数据。

（3）从垂直方向看，表由若干列组成，每列都有列名，如职工号、姓名等。

（4）同一列的值取自同一个定义域，例如性别的定义域是"男"或"女"。

（5）每一行的数据代表一个职工的信息，同样每一个职工在表中也有一行。

1970 年美国 IBM 公司的 E. F. Codd 首次提出了数据库系统的关系模型，开创了数据库的关系方法和关系数据理论的研究，为数据库技术打下了基础。20 世纪 80 年代以来推出的数据库管理系统（DBMS）几乎都支持关系模型，目前的数据库领域的研究工作也都是基于关系方法的。

4. 面向对象模型

面向对象的数据模型吸收了面向对象程序设计方法的核心概念和基本思想，它用面向对象的观点来描述现实世界的实体。一系列面向对象的核心概念构成了面向对象数据模型的基础，其中主要包括对象和对象标识、属性和方法、封装和消息以及类和继承。这些概念将在后面的单元中介绍。

面向对象的数据模型能够完整地描述现实世界的数据结构，具有丰富的表达能力，但模型相对比较复杂，涉及的知识比较多，因此，面向对象数据库尚未达到关系数据库的普及程度。

项目小结

本项目介绍了数据在各种不同世界的表现形式，数据实体之间的关系以及数据模型的分类，为进一步学习数据库知识建立了基础。

项目 3　认识关系数据库系统

项目描述

了解了数据模型的划分以后，对关系数据模型的学习需要进一步认识关系数据库系统，为今后使用 Visual FoxPro 开发数据库系统奠定理论基础。

项目分析

关系数据模型是目前使用最广泛、最实用的模型，要想学会使用 Visual FoxPro 开发数据库系统，就要熟悉和运用关系的特点、设计及运算。因此，本项目可分解为以下任务：

- 了解关系术语
- 了解关系的特点
- 学会关系的设计
- 熟练关系的运算

项目目标

- 了解关系的特点、设计和运算
- 掌握关系数据库系统

任务1 了解关系术语

20世纪80年代以来,新推出的数据库管理系统几乎都是基于关系模型的,因此,关系数据库已经成为目前应用最广泛的数据库系统。譬如现在广泛使用的小型数据库管理系统 Visual FoxPro、Access,大型数据库管理系统 Oracle、SQL Server、Informix 和 Sybase 等。这里:

(1)关系与表:一个关系就是一张二维表,每个关系都有一个关系名。在 Visual FoxPro 中,一个关系就是一个"表"文件,其扩展名为.DBF。

(2)元组与记录:二维表中水平方向的行称为元组,表中每一行是一个元组。在 Visual FoxPro 中称为一条记录。

(3)属性与字段:二维表中垂直方向的列称为属性,表中每一列有一个属性名。在 Visual FoxPro 中表示为一个字段名,属性值相当于记录中的字段值。

(4)域:指表中属性的取值范围。例如,性别字段值只能是"男"或"女"。

(5)关键字:属性或属性的组合,其值能够唯一地标识表中的一条记录。例如在学生关系中,学号字段不能有重复值,则学号是关键字。在 Visual FoxPro 中,主关键字和候选关键字就具有唯一标识一条记录的作用。

(6)外部关键字:如果表中的一个字段不是本表的主关键字或候选关键字,而是另外一个表的主关键字或候选关键字,这个字段就称为外部关键字。

(7)关系模式:对关系的描述称为关系模式。其格式为:关系名(属性1,属性2,属性3……属性 n)

任务2 了解关系的特点

通常生活中的二维表格是多种多样的,不是所有的二维表格都可以被当作关系存放到数据库中。也就是说,关系模型中对"关系"有一定的规范化要求,只有规范化的关系才能直接存放到数据库系统中。规范化的关系应具备以下特点:

(1)表中的每一个字段不能再分,即表中不能再包含表。在日常生活中,人们经常见到如表1-2所示的复合表,这种表格不是一张二维表,因而不能直接存放到数据库中。只要去掉表中的"应发工资""应扣工资",变成表1-3的形式,就是一张二维表了。

表1-2 复合表示例

职工号	姓名	应发部分			应扣部分		实发工资
		工资	津贴	奖金	公积金	养老金	
001	张健	800	200	300	80	60	1160
002	李丽	900	400	300	90	70	1430

表1-3 职工工资表

职工号	姓名	工资	津贴	奖金	公积金	养老金	实发工资
001	张健	800	200	300	80	60	1160
002	李丽	900	400	300	90	70	1430

（2）在同一个关系中不能有相同的属性名。

（3）在同一个关系中不能有内容相同的记录。

（4）一个关系中行、列的次序无关紧要。也就是说，任意交换两行、两列的位置并不影响数据的实际含义。

任务3 学会关系的设计

关系设计就是对描述客观事物的数据进行分析、归纳，设计出更为合理的二维表。下面通过实例来说明如何设计更适用的关系。如表 1-4 所示为一个描述学生基本情况及各门课程成绩的一个关系。

表 1-4 关系设计实例

学号	姓名	性别	入学成绩	出生日期	来自省份	课号	课程名	成绩
20140101	李珊	女	463	1993－2－15	北京	01	高数	82
20140101	李珊	女	463	1993－2－15	北京	03	哲学	75
20140102	王大勇	男	475	1996－5－19	河北	01	高数	90
20140102	王大勇	男	475	1996－5－19	河北	03	哲学	95
20140201	刘天明	男	579	1996－1－23	江苏	01	高数	92
20140201	刘天明	男	579	1996－1－23	江苏	03	哲学	90
20140301	张小倩	女	558	1995－3－17	河北	01	高数	78
20140301	张小倩	女	558	1995－3－17	河北	03	哲学	85
20140401	王静	女	486	1994－10－9	山东	03	哲学	98

由上可见，这张表符合关系的基本特点，可以定义它为一个关系。但这个关系存在一个很大的问题，就是数据冗余。表中学号、姓名、性别、出生日期、课程号、课程名等字段的值存在大量重复，这不仅浪费了宝贵的存储空间，还容易产生数据的不一致。解决的办法就是将此二维表格进行分解，把学生基本情况、课程情况和学生成绩情况这三个不同范畴的数据分开，分别设计学生关系、选课关系、成绩关系三个二维表，分别如表 1-5～表 1-7 所示。

表 1-5 学生信息表

学号	姓名	性别	出生日期	入学成绩	所学专业	团员否	简历	照片
20140101	李珊	女	1993－2－15	463	会计电算化	TRUE	（略）	（略）
20140102	王大勇	男	1996－5－19	475	会计电算化	FALSE	（略）	（略）
20140201	刘天明	男	1996－1－23	579	金融管理	TRUE	（略）	（略）
20140301	张小倩	女	1995－3－17	558	计算机网络	TRUE	（略）	（略）
20140401	王静	女	1994－10－9	486	市场营销	FALSE	（略）	（略）
20140501	李星星	女	1995－6－18	523	电子商务	FALSE	（略）	（略）
20140502	周一围	男	1996－3－21	508	电子商务	TRUE	（略）	（略）
20140302	张萌	女	1995－4－26	537	计算机网络	TRUE	（略）	（略）
20140202	孙良玉	男	1995－1－21	528	金融管理	FALSE	（略）	（略）
20140402	陈曦	男	1994－12－8	519	市场营销	FALSE	（略）	（略）

表 1-6 选课表

课号	课程名
01	高数
02	英语
03	哲学
04	计算机基础
05	体育
06	VB 程序设计
07	心理学

表 1-7 成绩表

学号	课号	成绩
20140101	01	82
20140101	03	75
20140102	01	90
20140102	03	95
20140201	01	92
20140201	03	90
20140301	01	78
20140301	03	85
20140401	03	98

总之,要设计出更适用的关系,除了要符合关系的基本特点之外,还应该把不同范畴的数据放在不同的关系中。实践表明,这样做不仅可以减少数据冗余,而且还可以提高运行效率。

任务4 熟悉关系的运算

在对关系数据库进行操作时,有时需要从一个或多个关系中找出用户所需要的数据,这就要求对关系进行相应的关系运算。

关系的基本运算分为传统的集合运算和专门的关系运算两类。

1. 传统的集合运算

传统的集合运算是对两个关系进行运算,要求两个关系必须具有相同的关系模式,即结构相同。

1)并(Union)

设有两个结构相同的关系 R 与 S,R 与 S 的并是由属于 R 或属于 S 的元组组成的集合。

2)交(Intersection)

设有两个结构相同的关系 R 与 S,R 与 S 的交是由既属于 R 又属于 S 的元组组成的集合。

3)差(Difference)

设有两个结构相同的关系 R 与 S,R 与 S 的差是由属于 R 但不属于 S 的元组组成的集合。

贴心·提示

在 Visual FoxPro 9.0 中没有直接提供传统的集合运算,可以通过其他操作或编写程序来实现。

2. 专门的关系运算

1)选择

从一个关系中找出满足给定条件的元组(记录)的操作称为选择。选择是从行的角度进行的运算。选择的条件以逻辑表达式给出,使得逻辑表达式的值为真的元组被选出。在

Visual FoxPro 中可通过 FOR〈条件〉、WHERE〈条件〉等子句实现。

例如，从职工情况表（表 1-1）中选出职务为科员的职工，可按条件（职务＝"科员"）对职工关系进行选择操作，得到如下结果。

职工号	姓名	性别	出生日期	婚否	职务	工资	简历
001	张小明	男	05/16/74	T	科员	580.00	memo
002	李美丽	女	02/30/71	T	科员	680.00	memo
004	王利	男	12/15/72	F	科员	685.00	memo

2）投影

从一个关系中选取若干属性（字段）组成新的关系的操作称为投影。投影是从列的角度进行的运算，相当于对关系进行垂直分解。经过投影运算得到的新的关系所包含的属性个数通常要比原关系少，或者属性的排列顺序不同。在 Visual FoxPro 中可以通过 FILEDS〈字段 1，字段 2 …〉等实现。

例如，从职工情况表（表 1-1）中查看每个人的工资情况，只需选出姓名、工资两个字段，则投影得到如下结果。

姓名	工资
张小明	580.00
李美丽	680.00
江涛	775.00
王利	685.00
王霞	850.00

3）联接

联接是将两个关系中的记录按一定条件横向结合，从而生成一个新的关系。最常见的连接运算是自然连接，它通过两个关系的共同字段，将字段值相等的记录连接成一个新的关系。连接结果是满足条件的所有记录，相当于 Visual FoxPro 中的"内部联接"（InnerJoin）。

🕐 贴心·提示

选择和投影运算的操作对象是一个表，属于单目运算，相当于对一个二维表进行切割。联接运算属于双目运算，是对两个表进行操作。如需要联接两个以上的表，应当两两进行联接。

项目小结

使用关系数据库开发应用系统的关键是关系的设计，只有充分了解关系的概念、特点及设计方法和运算，才能设计出更适用的关系，从而减少数据冗余，提高运行效率。

单 元 小 结

本单元共完成 3 个项目，学完后应该有以下收获。

(1)计算机数据处理技术的发展经历了人工管理阶段、文件系统阶段、数据库系统阶段。

(2)数据库系统由硬件系统、软件系统、数据库、数据库管理系统和用户构成。

(3)数据库系统中,DBMS是核心。

(4)数据模型分为层次模型、网状模型、关系模型三种,最为流行的是关系模型。

(5)关系就是一张规范化的二维表。

(6)常用的关系术语:表、记录、字段、域、关键字。

(7)专门的关系运算有选择、投影、联接。

实训与练习

填空题

1.数据处理技术经历了人工管理、文件管理和_____三个阶段。

2.数据模型不仅反映事物本身,而且还反映_____。

3.在关系数据库系统中,二维表的行称为元组,二维表的列称为_____。

4.数据模型分为层次模型、网状模型和_____。

5.一个关系就是一张_____。

6.在关系数据库的基本操作中,从表中选出满足条件的元组的操作称为_____;从表中抽取属性值满足条件的列的操作称为_____;把两个关系中相同属性的元组连接在一起构成新的二维表的操作称为_____。

7.要想改变关系中属性的排列顺序,应使用关系运算中的_____运算。

8.对关系进行选择、投影或联接操作之后,结果仍然是一个_____。

9.数据的完整性规则是对关系的某种约束条件。在关系模型中有三类完整性规则,即_____、_____、_____。

10._____是一种规范化的二维表,表格中的一行称为_____,表格中的一列称为_____,属性的取值范围称为_____。

选择题

1.数据库DB、数据库系统DBS和数据库管理系统DBMS三者之间的关系是(   )。

    A. DBMS包括DB、DBS   B. DBS包括DB、DBMS

    C. DB包括DBS、DBMS   D. DB、DBS、DBMS是平等关系

2.数据库系统与文件系统的主要区别是(   )。

    A. 数据库系统复杂,文件系统简单

    B. 文件系统只能管理少量数据,而数据库系统则能管理大量数据

    C. 文件系统不能解决数据冗余和数据独立性问题,而数据库系统可解决此类问题

    D. 文件系统只能管理程序文件,而数据库系统则能管理各种类型的文件

3.数据库系统的核心是(   )。

    A. 数据库   B. 数据库管理系统   C. 文件   D. 操作系统

4.用二维表来表示实体及实体间联系的数据模型称为(   )。

    A. 实体联系模型   B. 层次模型   C. 网状模型   D. 关系模型

5.关系数据库管理系统的3种基本运算不包括(   )。

    A. 选择   B. 投影   C. 比较   D. 联接

6.关系是一种规范化的二维表，以下(　　)选项不是它的特性。

A.关系中不允许出现相同的行

B.关系中不允许出现相同的列

C.关系中每一列必须是不可分的数据项

D.同一列下的各个属性值不一定是同一类型的数据

7.以下关于数据和信息的叙述中，错误的是(　　)。

A.数据是物理性的，是被加工的对象

B.信息是有用的数据，数据如不具有知识性和有用性则不能称为信息

C.信息是数据的载体，数据是信息的内涵

D.信息是观念上的，是对数据加工的结果

8.实体之间的联系有三种，那么学生与课程两个实体集之间是(　　)。

A.一对一联系　　　　B.一对多联系　　　　C.多对多联系　　　　D.没有联系

9.有二维表——学生表(学号,姓名,性别,出生日期,所在系,入学成绩,简历,照片)，其中可作为关键字的字段是(　　)。

A.学号　　　　　　　B.姓名　　　　　　　C.出生日期　　　　　D.入学成绩

10.要想改变关系中属性的排列顺序，应使用关系操作中的(　　)操作。

A.选择　　　　　　　B.投影　　　　　　　C.比较　　　　　　　D.联接

第2单元

Visual FoxPro 9.0 概述

Visual FoxPro 9.0 是微软公司推出的 Visual FoxPro 最新版本。它在以往版本的基础上有了很大的改进,功能更加强大。Visual FoxPro 9.0 提供了可视化操作界面,支持标准的面向过程的程序设计方式,提供真正的面向对象的程序设计能力,并且新增了 Internet 功能。作为具备自开发语言的数据库管理系统,Visual FoxPro 9.0 系统是进行中小型数据库应用系统开发的优秀工具。

本单元将通过 3 个项目的讲解,介绍 Visual FoxPro 9.0 的操作界面和工作方式,了解 Visual FoxPro 中的命令格式以及文件类型,学习 Visual FoxPro 语言程序设计基础,为今后使用 Visual FoxPro 9.0 设计和管理数据库打下基础。

项目 1   认识 Visual FoxPro 9.0

项目 2   认识 Visual FoxPro 9.0 的命令及文件

项目 3   Visual FoxPro 9.0 语言基础

项目 1　认识 Visual FoxPro 9.0

项目描述

要想正确使用 Visual FoxPro 9.0 设计管理数据库,首先要熟悉 Visual FoxPro 9.0 的操作界面以及它的工作方式。

项目分析

首先从 Visual FoxPro 9.0 的启动和退出入手,熟悉其操作界面,掌握辅助设计工具的使用,了解 Visual FoxPro 9.0 的工作方式。因此,本项目可分解为以下任务:

- Visual FoxPro 9.0 的启动与退出
- Visual FoxPro 9.0 的主界面
- Visual FoxPro 9.0 的辅助工具
- Visual FoxPro 9.0 的工作方式

项目目标

- 熟悉 Visual FoxPro 9.0 的操作界面
- 掌握辅助工具的使用
- 了解 Visual FoxPro 9.0 的工作方式

任务 1　Visual FoxPro 9.0 的启动与退出

1. 启动 Visual FoxPro 9.0

用户可以像运行 Windows 环境下的任何应用程序一样来启动 Visual FoxPro 9.0。

(1)通过"开始"菜单启动。单击"开始"按钮,弹出"开始"菜单,单击"所有程序"→"Microsoft Visual FoxPro"→"Visual FoxPro 9.0",如图 2-1 所示,即可启动 Visual FoxPro 9.0。

(2)通过桌面快捷方式启动。双击桌面上的快捷方式,如图 2-2 所示,即可启动 Visual FoxPro 9.0。

(3)通过快速启动项启动。如果 Visual FoxPro 9.0 之前已经启动过,那么在"开始"菜单的快速启动栏中就会出现该程序,如图 2-3 所示,利用它也可以启动 Visual FoxPro 9.0。

2. 退出 Visual FoxPro 9.0

退出 Visual FoxPro 9.0 系统的方法有如下 4 种:

(1)用鼠标单击 Visual FoxPro 9.0 主窗口的"关闭"按钮 ![X] 。

(2)在菜单栏中单击"文件"→"退出"命令。

(3)单击主窗口左上方的系统控制按钮 ,打开系统控制菜单,选择"关闭"命令或按"Alt+F4"组合键。

(4)在命令窗口中输入"QUIT"命令,然后按 Enter 键。

图 2-1 "开始"菜单启动　　　图 2-2 快捷方式　　　图 2-3 快速启动

任务 2　Visual FoxPro 9.0 的主界面

　　启动 Visual FoxPro 9.0 系统后,首先打开的是如图 2-4 所示的主界面。系统主界面窗口主要由标题栏、菜单栏、工具栏、工作区、状态栏以及命令窗口组成。用户既可以在命令窗口中输入命令,也可以使用菜单和工具栏来完成所需操作。

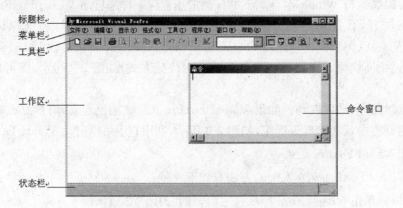

图 2-4　Visual FoxPro 9.0 系统主界面

1. 标题栏

　　标题栏位于操作界面的顶端,左侧显示启动的 Visual FoxPro 9.0 程序的图标和名称,右侧显示程序窗口控制按钮,从左到右依次为"最小化"按钮、"最大化"按钮和"关闭"按钮。它们是 Windows 窗口共有的。

2. 菜单栏

菜单是在交互方式下实现人机对话的工具。Visual FoxPro 9.0 提供了一个可以直接操作的系统菜单,通过它用户可以方便地建立和操作数据库。Visual FoxPro 的菜单是动态的,随着打开对象的不同,菜单也会变化。如在数据库设计器下操作时,菜单栏中就会出现"数据库"菜单,提供对数据库的各种操作命令。

3. 工具栏

工具栏是执行常规任务的一组按钮。Visual FoxPro 9.0 提供了 11 种不同的工具栏。默认显示的工具栏是"常用"工具栏,它会随系统的打开而显示,而其他工具栏会伴随不同对象的打开而显示。用户可以通过单击"显示"→"工具栏"命令,打开"工具栏"对话框进行选择,如图 2-5 所示。

也可以在常用工具栏上单击右键,在弹出的工具栏列表前勾选即可,如图 2-6 所示。

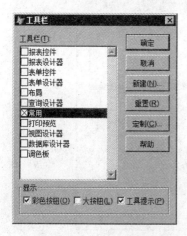 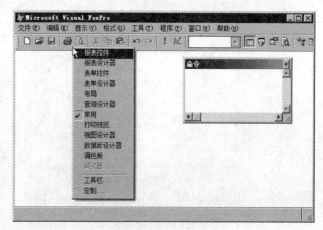

图 2-5　"工具栏"对话框　　　　　　　　图 2-6　工具栏列表

当打开某个工具栏后,该工具栏可以浮动在工作区的任何位置,如图 2-7 所示。

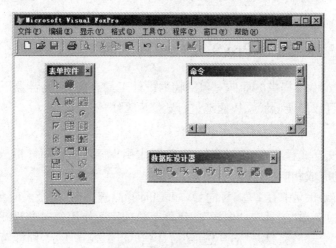

图 2-7　浮动的工具栏

有效地使用工具栏,可以简化选择菜单命令的过程,直接执行命令。

4. 工作区

工作区是各种命令运行结果的输出区域。

5. 状态栏

状态栏是用来显示用户执行某个操作时的状态的区域。

6. 命令窗口

命令窗口是 Visual FoxPro 的一种系统窗口，Visual FoxPro 的所有操作都可以通过在命令窗口中输入相应的命令来完成。在命令窗口中输入命令并按 Enter 键，系统将执行该命令。当用户使用菜单方式进行操作时，命令窗口中会显示与其对应的命令，如图 2-8 所示为当执行"文件"→"新建"命令，选择新建项目时命令窗口显示对应的命令。

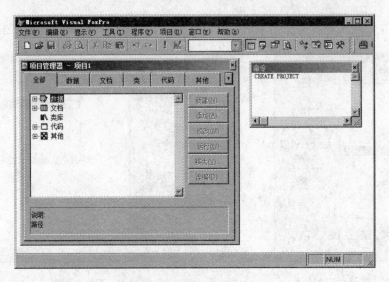

图 2-8　菜单命令与命令窗口

命令窗口是一个可编辑的窗口，就像其他文本编辑窗口一样，可以进行各种插入、删除、复制、修改等操作，可以通过光标或滚动条在命令窗口中上下移动。

任务 3　Visual FoxPro 9.0 的辅助工具

Visual FoxPro 9.0 提供的面向对象的辅助设计工具有向导、设计器、生成器，灵活地使用这些辅助工具可以简便、灵活、快捷地进行数据库系统的设计。

1. 向导

向导是一种交互式程序，它以对话框形式，要求用户逐步回答向导提出的问题或选择选项，之后向导自动完成相应的任务。

Visual FoxPro 9.0 中有 20 多种向导，如表单向导、查询向导、报表向导等。

用户可以通过菜单"工具"→"向导"的级联菜单选择要使用的向导，如图 2-9 所示。

用户若选择"全部"，将打开"向导选取"对话框，如图 2-10 所示，同样可以在对话中选择要使用的向导。

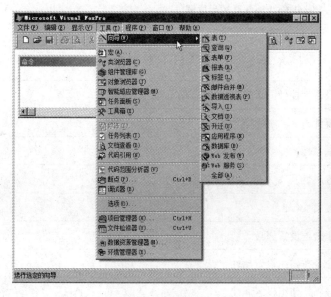

图 2-9　启动向导

图 2-10　"向导选取"对话框

2. 设计器

设计器是创建和修改应用系统对象及各种组件的可视化工具，它集成了用于设计对象的各种操作。在创建不同类型文件时系统会自动打开相应的设计器。Visual FoxPro 9.0 提供有多种设计器，如表 2-1 所示。

表 2-1　Visual FoxPro 9.0 的设计器

设计器名称	功　　能
表设计器	创建表并建立索引
数据库设计器	建立数据库及查看表、表之间的关系
表单设计器	创建、编辑表单和表单集
查询设计器	创建、编辑在本地表中运行的查询
视图设计器	创建、编辑视图，运行远程数据的查询
报表设计器	创建、编辑打印数据的报表
菜单设计器	创建、编辑创建菜单栏或弹出式子菜单
数据环境设计器	编辑数据源，包括表、视图和关系
连接设计器	为远程视图创建并修改连接

3. 生成器

生成器是带有选项卡的对话框，其功能主要是为简化某些操作。与向导不同，生成器是可重入的，用户可以不止一次地打开某一对象的生成器。各种类型的生成器如表 2-2 所示。

表 2-2　Visual FoxPro 9.0 的生成器

生成器名称	功　能
表达式生成器	编辑表达式
表单生成器	在该生成器中字段作为控件向表单添加,并可指定样式
表格生成器	为表格控件设置属性
编辑框生成器	为编辑框控件设置属性
列表框生成器	为列表框控件设置属性
文本框生成器	为文本框控件设置属性
组合框生成器	通过选择选项为组合框设置属性
命令按钮组生成器	通过选择选项为命令按钮组设置属性
选项按钮组生成器	通过选择选项为选项按钮组设置属性
自动格式生成器	为选中的同一类控件设置同一类样式
参照完整性生成器	设置触发器,确定对表操作时的参照完整性
应用程序生成器	创建一个应用程序框架

任务 4　Visual FoxPro 9.0 的工作方式

Visual FoxPro 9.0 提供了交互式和程序运行两种工作方式。

1. 交互式工作方式

交互式工作方式分为可视化操作方式和单命令操作方式两种,都属于人机对话操作。

可视化操作是指通过选择菜单或单击工具栏上的按钮实现人机对话操作,用户只需使用鼠标即可指示系统完成各种命令功能,给用户带来极大的方便。

单命令操作方式是指在命令窗口中直接输入一条命令,按 Enter 键后直接执行,从屏幕上就可以看到命令结果。如用命令建立数据库文件 students,只需在命令窗口中输入"CRE-ATE DATABASE students",然后按 Enter 键即可。

2. 程序运行工作方式

程序运行方式是将一系列的命令按一定的顺序排列在一起,并以文件的形式存储在磁盘上,即建立程序文件,执行时系统对程序文件进行编译、运行。这种工作方式的执行效率高,能重复执行。

项目小结

本项目主要介绍了 Visual FoxPro 9.0 的操作界面、辅助工具的种类和 Visual Fox-Pro 9.0 的工作方式,为 Visual FoxPro 9.0 的使用打下了基础。

项目 2　认识 Visual FoxPro 9.0 的命令及文件

项目描述

Visual FoxPro 9.0 向用户提供了丰富的命令,大部分命令可以从键盘上直接输入并执行,以完成各种操作,其中一部分是专门为程序方式提供的,即语句。由于 Visual FoxPro 9.0 的命令多,并且功能各异,对于初学者而言,事先应该了解各命令的意义,正确理解命令的格式才能准确无误地使用命令。了解 Visual FoxPro 9.0 中的文件类型同样重要。

项目分析

学习命令需要从命令的格式、书写规则入手,而文件类型只需要认识即可。因此,本项目可分解为以下任务:

- Visual FoxPro 9.0 的命令格式
- Visual FoxPro 9.0 的文件类型

项目目标

- 掌握 Visual FoxPro 9.0 的命令格式及书写规则
- 掌握 Visual FoxPro 9.0 的数据类型

任务 1　Visual FoxPro 9.0 的命令格式

1. Visual FoxPro 9.0 的命令格式

命令一般格式:

〈命令动词〉[〈范围〉][FIELDS〈字段名表〉][FOR〈条件〉][WHILE〈条件〉]

这里:

- 命令动词:它是 Visual FoxPro 的命令名,用来指示计算机要完成的操作。
- 范围:指定命令可以操作的记录集。范围有下列四种选择:

ALL	当前表中的全部记录。
NEXT〈n〉	从当前记录开始的连续 N 条记录。
RECORD〈n〉	当前表中的第 N 号记录。
REST	从当前记录开始到最后一条记录为止的所有记录。

- FIELDS〈字段名表〉:用于对字段名表中指定的字段进行操作。
- FOR〈条件〉:对满足条件的记录进行操作。
- WHILE〈条件〉:从当前记录开始,按记录顺序从上向下处理,一旦遇到不满足条件的记录,结束该命令的执行。

2. 命令书写规则

在书写命令时应遵循如下规则:

(1)任何命令必须以命令动词开头,如果有多个功能短语,则这些短语顺序任意。

(2)命令行中各子句之间用空格分隔,如果两个子句之间嵌有双引号、单引号、括号、逗

27

号等分界符,则空格可以省略。但逻辑值.T.和.F.的圆点与字母之间不允许有空格。

(3)一个命令行的最大长度为 254 个字符。如果命令太长,一行写不下时,可以使用";"(分号)作为续行符,按 Enter 键后在下一行继续书写。

(4)命令动词及保留字不区分大小写,而且只输入每个命令动词或保留字的前四个字母的缩写即可被系统识别。

(5)不可以用 A~J 的单个字母做表名,因为它们被保留用于工作区的名称,同时也不可以用操作系统所规定的输出设备名作为文件名。

(6)尽量不要用命令动词、短语等 Visual FoxPro 保留字作为文件名、字段名和变量名,以免发生混淆。

(7)命令中如","之类的分隔符必须在英文状态下输入。

(8)每条命令都是以 Enter 键作为结束标志。

3.符号约定

本书中为了说明命令或函数,使用了一些符号,这些符号只起到说明作用,在输入具体命令时不输入。

(1)〈〉:尖括号里面的内容为必选项。

(2)[]:方括号里的内容根据实际需要确定,可有可无,为可选项。

(3)|:左右两侧的内容选择其一,两者功能有差别。

(4)/:左右两侧的内容选择其一,两者功能基本相同。

(5)…:表示前面的内容可以多次重复。

任务 2 Visual FoxPro 9.0 的文件类型

Visual FoxPro 9.0 的文件有数十种,这些文件是在不同环境下建立的,用户通过文件扩展名就可以区分它们的类型。Visual FoxPro 9.0 的文件类型如表 2-3 所示。

表 2-3 Visual FoxPro 9.0 文件类型

扩展名	文件类型	扩展名	文件类型
.app	生成的应用程序	.frx	报表
.exe	可执行程序	.frt	报表备注
.pjx	项目	.lbx	标签
.pjt	项目备注	.lbt	标签备注
.dbc	数据库	.prg	程序
.dct	数据库备注	.fxp	编译后的程序
.dcx	数据库索引	.err	编译错误
.dbf	表	.mnx	菜单
.fpt	表备注	.mnt	菜单备注
.cdx	复合索引	.mpr	生成的菜单程序
.idx	单索引	.mpx	编译后的菜单程序
.qpr	生成的查询程序	.vcx	可视类库
.qpx	编译后的查询程序	.vct	可视类库备注
.scx	表单	.txt	文本
.sct	表单备注	.bak	备份文件

项目 3　Visual FoxPro 9.0 语言基础

项目描述

通常,操纵数据库不仅需要学会菜单和工具栏,还应学会命令和程序,才能完成更加复杂的工作。Visual FoxPro 是一款数据库处理软件,其主要处理对象是数据,只有充分了解 Visual FoxPro 中的数据类型、常量、变量、函数和表达式,才能正确使用 Visual FoxPro 9.0 开发数据库系统。

项目分析

Visual FoxPro 中的常量和变量是数据运算和处理的基本对象,而函数和表达式则体现了语言对数据进行运算和处理的能力。因此,本项目可分解为以下任务:

- 了解数据类型
- 认识常量与变量
- 使用标准函数
- 运算符和表达式

项目目标

- 掌握数据类型、常量、变量和表达式的书写
- 掌握标准函数的格式和功能

任务 1　了解数据类型

数据有型和值之分,型是数据的分类,值是数据的具体表示。数据类型一旦被定义,就确定了其存储方式和使用方式。在实际工作中所采集到的原始数据,通常需要经过加工处理,使之变成对用户有用的信息。而数据处理的基本要求就是对相同类型的数据进行选择和归类。

Visual FoxPro 9.0 提供有 13 种数据类型,每种类型都有相应的书写要求及存储特点。

1. 字符型数据

字符型数据描述不具有计算功能的文字数据类型,是最常用的数据类型之一。通常用来存储姓名、单位、电话号码和地址等信息,其类型标识符为 C。

字符型数据由汉字、英文字符、数字字符、空格和其他专用字符组成。其中一个汉字占两个字节,其他字符均为一个字节,其长度范围为 0～254 个字节。

2. 数值型数据

数值型数据是具有计算功能的数据,如成绩、年龄、销售量等,其类型标识符为 N。数值型数据由 0～9 十个数字、小数点和正负号组成。数值型数据的最大长度为 20 个字节(包括正负号和小数点)。

3. 整型数据

整型数据是不包含小数部分的数值型数据,只用于数据表中的字段类型的定义。整型

数据以二进制形式存储,占 4 个字节,其类型标识符为 I。

Visual FoxPro 9.0 中新增了一个整数性质的自动增量数据类型,它类似于整型数据,而本身又可以自动增加数值。

4. 浮点型数据

浮点型数据是数值型数据的一种,它与数值型数据完全等价,但在存储形式上采用浮点格式。这主要是为了得到较高的计算精度,占 8 个字节,其类型标识符是 F,只能用于表中字段的定义。

5. 双精度型数据

双精度型数据提供更高精度的数值型数据,只用于表中字段的定义,并采用固定长度的浮点格式存储,占 16 个字节,其类型标识符为 B。

6. 货币型数据

货币型数据是用来存储金融货币值而使用的一种数据类型。货币型数据的最大长度不得超过 20 位数字,其中小数位数固定为 4 位,小数位数超过 4 位,系统会自动对其进行四舍五入。其类型标识符是 Y。

7. 日期型数据

日期型数据是用于表示日期值的数据,如出生年月日、入学日期等,其类型标识符为 D。日期型数据的长度固定为 8 位,该类型数据的格式与 SET DATE 命令的设置有关。日期型数据有多种格式,系统默认格式为“mm/dd/yyyy”,即月/日/年。

8. 日期时间型数据

日期时间型数据是用于描述日期和时间值的数据,如员工上下班的打卡时间等,其类型标识符为 T。日期时间型数据的存储格式默认为“mm/dd/yyyy hh:mm:ss”,长度固定为 8 位。

9. 逻辑型数据

逻辑型数据是描述客观事物真假值的数据,一般用于表示逻辑判断的结果。逻辑型数据只有逻辑真(. T. 或. t.)和逻辑假(. F. 或. f.)两个值。其类型标识符为 L,长度固定为 1 个字节。

10. 备注型数据

备注型数据是用于数据块的存储,只能用于表中字段类型的定义,长度固定为 4 个字节。备注型字段的内容并不存储在记录中,而是存放在系统为每个含有备注型字段的表自动建立的一个和表同名的备注文件(. fpt)中,记录中只存储指向备注文件中相应内容的指针,以指示实际数据的存放位置,其类型标识符为 M。

11. 通用型数据

通用型数据是用来存储 OLE 对象。OLE 对象可以是电子表格、文档、图形和图片等,它只用于表中字段类型的定义。通用型数据固定长度为 4 个字节,实际数据长度仅受限于磁盘空间,其类型标识符为 G。通用型字段的数据内容也是存放在与表文件同名的备注文件(. fpt)中。

任务2　认识常量与变量

1. 常量

常量是指在程序运行过程中其值不发生改变的量。Visual FoxPro 9.0 中支持数值型、字符型、逻辑型、货币型、日期型和日期时间型 6 种类型的常量。

1）数值型常量

数值型常量又称"常数"，用于表示数量的大小，由数字 0～9、小数点和正负号（正号可省略）构成。它有两种表示方法，即一般计数形式和科学计数法形式。一般计数形式如：16、−12.9、0.5697；科学计数法形式如：$2.234E-9$ 表示 $2.234 \times 10-9$、$-4.583E12$ 表示 -4.583×1012。

2）字符型常量

字符型常量又称字符串，是用一对定界符括起来的，由任意 ASCII 码字符和汉字组成的字符型数据。这里的定界符有双引号（" "）、单引号（′ ′）、方括号（[ ]）。如："ABCD"，′你好′，[认真学习]。

贴心·提示

定界符只能是半角字符，必须成对出现。定界符可以嵌套，但同一种定界符不能互相嵌套。另外，不包含任何字符的字符串为空串，它与只包含空格的字符串不同。

3）逻辑型常量

逻辑型常量用于表示逻辑值真和逻辑值假的逻辑值。逻辑常量只有两种，即.T. 和.F. 。输入.T.、.t.、.Y.、.y. 时均表示真，输入.F.、.f.、.N.、.n. 时均表示假。

4）货币型常量

货币型常量用来表示货币值，以货币符号"＄"开头，且小数位数固定为 4 位，若超过 4位，系统自动四舍五入。如：＄127.9568、＄0.67。

5）日期型和日期时间型常量

日期型和日期时间型常量用"{ }"作为定界符。系统默认的格式为"月/日/年 时：分：秒"，如{01/22/14}。严格的格式用{^yyyy−mm−dd hh:mm:ss a/p}表示，如{^2014−03−01 10:30:20 p}。

2. 变量

变量是指在程序运行过程中其值可以改变的量。变量是程序的基本单元，在 Visual FoxPro 中，变量有内存变量、字段变量、系统变量和对象变量之分。

1）内存变量

内存变量是内存中的临时存储单元，包括简单内存变量和数组变量。一般意义下所说的内存变量是指简单内存变量，它一般是由用户定义的、用来存放程序运行过程中所要临时保存的数据。在使用时，每个内存变量都必须有一个固定的名称即变量名，以标识该内存变量在内存中的存储位置。用户可以通过变量名向内存单元存取数据。

变量名一般以字母或汉字开头，由字母、汉字、下划线和数字组成，长度不超过 128 个字符。在给变量命名时应遵循操作系统的约定，要避免使用 Visual FoxPro 的保留字。譬如，

31

ABC、XY11、姓名是合法的变量名,而 B>=10、7A、STORE 就是非法的变量名。

内存变量的数据类型有数值型、字符型、逻辑型、货币型、日期型和日期时间型 6 种。一般情况下,一个内存变量的数据类型是依据其值的类型而定的,是可变的。

● 建立内存变量

建立内存变量就是给内存变量赋值。内存变量的赋值有两种格式:

格式 1:STORE〈表达式〉TO〈内存变量表〉

格式 2:〈内存变量名〉=〈表达式〉

功能:将表达式的值赋给指定的内存变量。

说明

①当变量名是一个未用过的新变量,建立该变量并赋值;若已经存在,重新赋值。

②STORE 命令可以同时为多个变量赋值,各变量名之间只需用逗号分隔。

③使用操作符"="一次只能为一个变量赋值。

课堂操作 1　在命令窗口建立变量

具 体 操 作

STORE 6 TO A,B,C　　　　　　　　&& 将数值 6 赋给变量 A,B,C

A="你好"　　　　　　　　　　&& 将字符串"你好"赋值给变量 A

R={^2014/03/21}　　　　　　　&& 将日期 2014/03/21 赋给变量 R

● 输出内存变量

用以下两种格式可输出内存变量的值。

格式 1:?[〈表达式表〉]

格式 2:??[〈表达式表〉]

功能:计算并显示表达式的值。

说明

①两种格式的区别是?命令在输出结果之前先将光标调到下一行开始,而??命令不换行。

②格式 1 中的表达式表缺省时输出一个空行。

课堂操作 2　显示变量的值

具 体 操 作

? A　　　　　　　　　　　　&& 显示结果为你好

?? B,C　　　　　　　　　　&& 在上一行后面显示 6 6

? R　　　　　　　　　　　　&& 换行显示 2014/03/21

● 显示和清除内存变量

格式 1:LIST/DISPLAY MEMORY [LIKE〈通配符〉][TO PRINTER[PROMPT]|TO FILE〈文件名〉]

功能:显示内存变量的有关信息,包括变量名称、类型、作用域和值。

说明

①LIST MEMORY 为滚动显示,DISPLAY MEMORY 为分屏显示,即显示内容满一屏后等待用户按任意键继续显示下一屏。

②选择 TO PRINTER[PROMPT]将显示结果在打印机上输出。

③选择 TO FILE〈文件名〉将显示结果输出到指定的文件中,该文件为文本文件。

格式 2:RELEASE 〈内存变量名表〉

格式 3:RELEASE ALL ［LIKE/EXCEPT 〈通配符〉］

功能:删除指定的或所有的内存变量。

说明

①选择 ALL LIKE〈通配符〉将符合〈通配符〉的那些变量删除。

②选择 ALL EXCEPT〈通配符〉将不符合〈通配符〉的那些变量删除。

2)数组变量

数组是具有相同名称而下标不同的一组变量的集合,对应内存中的一片连续存储区域。数组在使用之前必须先定义。定义数组的命令格式如下。

DIMENSION/DECLARE〈数组名 1〉〈下标上限 1[,〈下标上限 2〉])［,〈数组名2〉(〈下标上限 1〉[,〈下标上限 2〉])...］

功能:定义一个或多个一维或二维数组。

说明

①数组的下标下限值为 1。

②数组被定义后,系统为每个数组元素赋初始逻辑值假(.F.)。

③单个数组元素与内存变量的引用方法相同。

④同一数组中数组元素可以有不同的数据类型。

⑤二维数组也可以看作一维数组。

✎ **课堂操作 3　数组的定义与使用**

具 体 操 作

DIMENSION $A(5)$,$M(2,3)$

$A=3$

$M(2,1)=5$

$M(2,2)=A(1)$

DISPLAY MEMO LIKE A *

DISPLAY MEMO LIKE M *

上面操作定义了一个一维数组 M 和一个二维数组 M。A 数组有 $A(1)$、$A(2)$、$A(3)$、$A(4)$、$A(5)$ 五个元素,M 数组有 $M(1,1)$、$M(1,2)$、$M(1,3)$、$M(2,1)$、$M(2,2)$、$M(2,3)$ 共 6 个元素。它们的值如下所示:

A 数组中的全部数组元素的值均为 3,而 M 数组中,除数组元素 $M(2,1)$ 的值为 5,数组元素 $M(2,2)$ 的值为 3 外,其余数组元素的值均为.F.。

3)字段变量

字段变量是数据表文件结构中的数据项。字段变量的数据类型有数值型、浮点型、整型、双精度型、字符型、逻辑型、日期型、日期时间型、备注型和通用型。使用字段变量首先要建立数据表文件,而建立数据表时第一步就是在表设计器中定义每个字段变量的名称、类型和长度等参数。

字段变量与内存变量的区别如下：

①字段变量是表结构的一部分。要使用字段变量，必须先打开包含该字段的表，而内存变量与表无关。

②内存变量为单值变量，而字段变量为多值变量。

③当内存变量与字段变量同名时，字段变量优先于内存变量。若要访问内存变量，则应在内存变量名前冠 M. 或 M—>，否则系统默认为字段变量。

4）系统变量

系统变量是系统内部提供的、系统特有的变量，它们的名字都是以下划线开头，分别用于控制外部设备、屏幕输出格式，或处理有关计算器、日历、剪贴板等方面的信息。譬如，_DIARYDATE：存储当前日期；_CLIPTEXT：接收文本并送入剪贴板。

⏰ 贴心·提示

用户定义内存变量时不能与系统变量同名。

5）对象变量

Visual FoxPro 是面向对象的语言，系统提供了对象变量。对象是类的实例，是任何具有属性和方法的信息的集合。对象的建立可以通过设计器和 CREATE OBJECT() 实现。在 Visual FoxPro 系统中，引用对象是可视化编程的重要手段。

📶 任务 3　使用标准函数

函数就是为解决某个问题而预先编写的一段程序。当用户遇到此类问题时就可以调用该函数。每个函数都有特定的数据运算或转换功能，它往往需要由若干个参数即运算对象组成，只要调用就能得到一个相应的运算结果，即函数值或返回值。函数的调用是通过函数名加一对圆括号进行的，而参数则放在圆括号里，譬如 INT(X)。

函数的一般格式如下：

函数名([〈参数名 1〉][,〈参数名 2〉]... [,〈参数名 n〉])

函数名是系统规定的，参数可以是 0～n 个。

函数按返回值的类型可以分为数值型、字符型、日期型和逻辑型 4 种；按函数功能可以分为数值函数、字符函数、转换函数、日期函数、测试函数、环境函数、键处理函数、数组函数、窗口函数、菜单函数和其他函数共 11 种。

⏰ 贴心·提示

在 Visual FoxPro 中，掌握的函数越多，使用和操作就会越方便。

下面主要介绍数值函数、字符函数、日期函数、转换函数、测试函数和显示信息函数。

1. 数值函数

数值函数如表 2-7 所示。

表 2-7　数值函数

函数格式	函数功能	示　例
ABS(〈数值表达式〉)	返回数值表达式的绝对值	ABS(15)结果为 15,ABS(—6)结果为 6
INT(〈数值表达式〉)	返回数值表达式的整数部分	INT(12.8)结果为 12,INT(—4.9)结果为—4
SQRT(〈数值表达式〉)	返回数值表达式的算术平方根	SQRT(4)结果为 2,SQRT(0)结果为 0
SIGN(数值表达式)	返回数值表达式的类型,正数为 1,负数为—1,零时为 0	SIGN(8) 结果为 1,SIGN(0) 结果为 0,SIGN(—10) 结果为—1
MOD(〈数值表达式 1〉,〈数值表达式 2〉)	求数值表达式 1 除以数值表达式 2 的余数。模的正负号与余数相同	MOD(10,3)结果为 1,MOD(10,—3)结果为—2,MOD(—10,3)结果为 2,MOD(—10,—3)结果为—1
MAX(〈数值表达式 1〉,〈数值表达式 2〉,……)	计算各数值表达式的值,返回其中的最大值	MAX(9,2)结果为 9,MAX(3,—9,2)结果为 3,MAX("上海","北京")结果为上海
MIN(〈数值表达式 1〉,〈数值表达式 2〉,……)	计算各数值表达式的值,返回其中的最小值	MIN(3,8)结果为 3,MAX(3,—9,2)结果为—9,MAX("上海","北京")结果为北京
ROUND(〈数值表达式 1〉,〈数值表达式 2〉)	对数值表达式 1 按数值表达式 2 指定位置进行四舍五入	ROUND(154.76,—2)结果 200,ROUND(154.76,1)结果 154.8
RAND()	返回一个 0~1 之间的随机数	RAND()的结果一个随机变化的数,如 0.85

2. 字符函数

字符函数如表 2-8 所示。

表 2-8　字符函数

函数格式	函数功能	示　例
ASC(〈字符表达式〉)	返回字符表达式中最左边一个字符的 ASCII 码值	ASC("ABC")结果为 65
LEN(〈字符表达式〉)	返回字符表达式的长度	LEN("ABC") 结果为 3
UPPER(〈字符表达式〉)	将字符表达式值中小写字母转换为大写字母	UPPER("Visual FoxPro")结果为 VISUAL FOXPRO
LOWER(〈字符表达式〉)	将字符表达式值中大写字母转换为小写字母	LOWER("Visual FoxPro")结果为 visual foxpro
SPACE(n)	返回由 n 个空格组成的字符串	SPACE(4) 结果为输出 4 个空格
ALLTRIM(〈字符表达式〉)	删除字符串前导和尾部空格	LEN(ALLTRIM("student"))结果为 7
AT(〈字符表达式 1〉,〈字符表达式 2〉[,〈n〉])	返回字符表达式 1 的首字符在字符表达式 2 中第 n 次出现的位置	AT("A","ABCAB",2)结果为 4 AT("A","ABCAB")结果为 1

函数格式	函数功能	示　例
LEFT（〈字符表达式〉，〈n〉）	从字符表达式的左侧取 n 个字符	LEFT("ASCHIGH",3)结果为 ASC
RIGHT（〈字符表达式〉，〈n〉）	从字符表达式的右侧取 n 个字符	RIGHT("ASCHIGH",3)结果为 IGH
SUBSTR（〈字符表达式〉，〈n1〉[,〈n2〉]）	从字符表达式的第 n1 位置开始取 n2 个字符	SUBSTR("ASCHIGT",3,2)结果为 CH SUBSTR("ASCHIGT",3)结果为 CHIGT
OCCURS（〈字符表达式1〉,〈字符表达式2〉）	返回字符表达式 1 在字符表达式 2 中出现的次数	OCCURS("a","abadcbaradaae")结果为 6
STUFF（〈字符表达式1〉,〈n1〉,〈n2〉,〈字符表达式2〉）	用字符表达式 2 的值替换字符表达式 1 中由 n1 开始的长度为 n2 的子串	STUFF("GOOD GIRL",6,4,"BOY")结果为 GOOD BOY

3. 日期函数

日期函数如表 2-9 所示。

表 2-9　日期函数

函数格式	函数功能	示　例
DATE()	返回系统当前日期	
TIME()	返回系统当前时间	
YEAR(日期表达式)	返回日期表达式中的年份值	YEAR({^2014－01－22})结果为 2014
MONTH(日期表达式)	返回日期表达式中的月份值	MONTH({^2014－01－22})结果为 1
DAY(日期表达式)	返回日期表达式中的天数	DAY({^2014－01－22})结果为 22

4. 转换函数

转换函数如表 2-10 所示。

表 2-10　转换函数

函数格式	函数功能	示　例
CHR(数值表达式)	返回与数值表达式值对应的 ASCII 码字符	CHR(97)结果为"a"，CHR(30＋35)结果为"A"
VAL(字符表达式)	将字符串转换为对应的数值	VAL("123.56")结果为 123.56
STR(数值表达式,n,m)	将数值型数据小数点后保留 m 位转换为长度为 n 位的字符串	STR(1234.5678,7,2)结果为"1234.57" STR(1234.5678,4)结果为"1234"
DTOC(日期表达式)	将日期型数据转换为字符型数据	DTOC({^2013－5－29})结果为"05/29/13"
CTOD(字符表达式)	将字符型数据转换为日期型数据	CTOD("05/29/13")结果为{^05/29/13}

5. 测试函数

测试函数如表 2-11 所示。

表 2-11　测试函数

函数格式	函数功能
BETWEEN(〈表达式 1〉,〈表达式 2〉,〈表达式 3〉)	判断表达式 1 的值是否介于表达式 2 和表达式 3 之间,若是,返回逻辑真(. T.),否则,返回逻辑假(. F.)
ISNULL(〈表达式〉)	判断表达式的运算结果是否为 NULL 值,若是,返回逻辑真(. T.),否则逻辑假(. F.)
EMPTY(〈表达式〉)	根据表达式的运算结果是否为"空"值返回逻辑真(. T.)或逻辑假(. F.)
TYPE(〈字符表达式〉)	返回由字符表达式所描述的表达式的数据类型。若为字符型,返回 C,若为数值型,返回 N,若为日期型,返回 D,若为货币型,返回 Y,若为日期时间型,返回 T,若为逻辑型,返回 L,若为通用型,返回 G,若为对象型,返回 O,若为未定义,返回 U
FILE(〈字符表达式〉)	根据字符表达式值指定的文件名查找文件。若文件存在,返回逻辑真(. T.)否则返回逻辑假(. F.)
FCOUNT((〈工作区号〉|〈表别名〉)	返回当前表文件或指定表文件的字段数目
FIELD(字段序号[,〈工作区号〉|〈表别名〉])	返回当前表文件或指定表文件中与字段序号对应的字段名
EOF([〈工作区号〉|〈表别名〉])	测试指定表文件的记录指针是否指向文件尾,若是返回逻辑真(. T.)
BOF([〈工作区号〉|〈表别名〉])	测试指定表文件的记录指针是否指向文件首,若是返回逻辑真(. T.)
RECNO([〈工作区号〉|〈表别名〉])	返回当前表文件或指定表文件中当前记录的记录号
RECCOUNT([〈工作区号〉|〈表别名〉])	返回当前表文件或指定表文件中的记录个数。如果指定工作区上没有打开表文件,返回值为 0
FOUND()	测试 LOCATE、CONTINUE、SEEK、FIND 的查找结果,找到返回. T. ,否则返回. F.
DELETED([〈工作区号〉|〈表别名〉])	返回当前表文件或指定表文件中的当前记录是否带有逻辑删除标记" * ",若有返回逻辑真(. T.),否则返回逻辑假(. F.)

6. 显示信息函数

在程序运行过程中,经常需要显示一些如提示信息、错误信息之类的信息,MessageBox 函数就是用于显示这些信息的。

格式:MessageBox(〈信息文本〉[,对话框类型[对话框标题]])

功能:以对话框的形式显示信息,其返回值为数值。

说明

①格式中的"信息文本"是显示在对话框中的文本,通常是对用户的提示信息。

②"对话框类型"是一个数值表达式,用于指定对话框中的按钮和图标。按钮类型属性如表 2-12 所示,图标类型属性如表 2-13 所示。

③在"对话框类型"中可以指定默认按钮,设置默认按钮属性如表2-14所示。

④函数值的类型为数值型,这个数值是选取对话框中的按钮的值。按钮值的规定如表2-15所示。

表 2-12 对话框按钮组成

值	对话框按钮	值	对话框按钮
0	"确定"按钮	3	"是"、"否"和"取消"按钮
1	"确定"和"取消"按钮	4	"是"、"否"按钮
2	"放弃"、"重试"和"忽略"按钮	5	"重试"和"取消"按钮

表 2-13 对话框图标类型   表 2-14 默认按钮

值	对话框图标	值	默认按钮
16	"停止"图标	0	第一个按钮
32	"问号"图标	256	第二个按钮
48	"惊叹号"图标	512	第三个按钮
64	"信息(i)"图标		

表 2-15 按钮返回值

返回值	按 钮	返回值	按 钮
1	"确定"	5	"忽略"
2	"取消"	6	"是"
3	"放弃"	7	"否"
4	"重试"		

✍ **课堂操作 4 显示对话框**

（ 具 体 操 作 ）

在命令窗口输入:

```
a＝MessageBox("对话框练习 1",48,"提示")     && 显示对话框如图 2-11 所示
? a                                        && 对话框打开时默认"确定"按钮
MessageBox("对话框练习 2",0＋32＋1,"提示")   && 显示对话框如图 2-12 所示
```

图 2-11 对话框练习 1

图 2-12 对话框练习 2

b＝MessageBox("进入系统",1,"进入系统对话框")　　　&& 显示对话框如图 2-13 所示

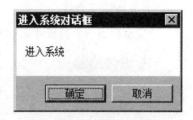

图 2-13　进入系统对话框

? b

1　　　　　&& 对话框打开时默认"确定"按钮

c＝MessageBox("使用三个按钮并带有终止图标",3＋16＋256,"提示信息对话框")　&& 显示对话框如图 2-14 所示,3 为对话框按钮组成,16 为图标类型,256 为默认按钮

? c

7　　　　　　　&& 对话框打开时默认按钮为"否"按钮

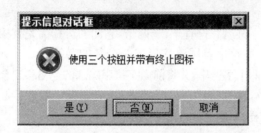

图 2-14　提示信息对话框

任务4　运算符和表达式

运算符是表示数据之间运算方式的符号。Visual FoxPro 中的运算符有算术运算运算符、字符运算运算符、关系运算运算符和逻辑运算运算符 4 种。

表达式是由运算符和括号将常量、变量和函数连接起来的有意义的式子。单个的常量、变量和函数都可以看作是最简单的表达式。按照运算结果的数据类型来分,表达式可分为数值型表达式、字符型表达式、关系表达式、逻辑型表达式、日期型表达式、日期时间表达式(T)6 种。

1. 算术运算符和算术表达式

Visual FoxPro 9.0 中的算术运算符如表 2-16 所示。

表 2-16　算术运算符

运算优先级	运算符	说明	运算优先级	运算符	说明
1	( )	构成子表达式	4	*、/	乘、除运算
2	—	取负数运算	5	%	求模运算,即取余
3	^或＊＊	乘方运算	6	＋、—	加、减运算

说明

①除求模运算符之外,算术运算符的运算规则与数学中的运算规则相同。

②运算符%用于求被除数除以除数的余数,余数的正负与除数符号相同。运算符%与取余函数 MOD()的作用相同。

③同一表达式中有多种运算符时,按优先级顺序计算,同级运算从左向右计算。

算术表达式是由算术运算符将常量、变量、数值型函数连接起来的式子。算术表达式的运算结果为数值型数据。

✐ **课堂操作5　计算算术表达式的值**

　　具 体 操 作

　　　　a＝12

　　　　b＝6

　　　　? 26＊5/2,128％5,a＊3－b,16％－7,(1＋2ˆ(1＋2))/(2＋2),mod(15,4),mod(15,－4)

　　结果为：65　　3　　30　　－5　　2.25　　3　　－1

2. 字符运算符和字符表达式

Visual FoxPro 中的字符运算符有＋,－两个,它们的运算优先级相同,运算结果为字符型。

＋运算符:前后两个字符串首尾连接形成一个新的字符串。

－运算符:连接前后两个字符串,并将前面字符串尾部的空格移到合并后的新字符串尾部。

字符表达式是由字符运算符将字符型的常量、变量及函数连接起来的式子。

✐ **课堂操作6　计算字符表达式的值**

　　具 体 操 作

　　　　x＝"Good□"

　　　　y＝"□Morning□"

　　　　?x＋y,x－y

　　结果为:Good□□Morning□ Good□Morning□□

3. 日期时间运算符和日期时间表达式

日期时间运算符只有＋和－两个符号。

日期时间表达式是由日期时间运算符将日期时间型或数值型的常量、变量、函数连接起来的式子,其运算结果为日期型或数值型数据。

日期时间表达式的格式有一定的限制,不能任意组合。合法的格式为:

〈日期|日期时间数据〉＋〈数值型数据〉

〈日期|日期时间数据〉－〈数值型数据〉

〈日期|日期时间数据〉－〈日期|日期时间数据〉

✐ **课堂操作7　计算日期时间表达式**

　　具 体 操 作

　　　　?date(),date()＋20,{ˆ2014－02－06 12:00}－360

　　结果为:03/03/14 03/23/14 02/06/14 11:46:00 AM

　　　　?{ˆ2014－08－02 11:10:10A}－{ˆ2014－08－02 11:08:10A}

　　结果为:　　120

4. 关系运算符和关系表达式

关系运算符的作用是比较两个表达式值的大小和前后,其运算结果为逻辑型数据。关系运算符如表 2-17 所示。

表 2-17　关系运算符

运算符	说明	运算符	说明	运算符	说明
＞	大于	＜＞或♯或!＝	不等于	＝＝	字符串精确比较
＜	小于	＜＝	小于等于	＄	子串包含测试
＝	等于	＞＝	大于等于		

说明

①关系运算符两边的数据类型必须相同,表达式成立,计算结果为逻辑值.T.,否则为逻辑值.F.。

②应用运算符"＝"对字符串进行比较运算时,结果与 SET EXACT ON|OFF 设置有关。在 OFF 状态下(系统默认状态),只要运算符右边的字符串是左边字符串的左子串,结果就为.T.。在 ON 状态,比较两个字符串之前,将较短的字符串后加上空格,使两个字符串等长,然后逐个字符进行比较都相等时,结果为.T.,否则为.F.。

③"＝＝"为字符串精确比较运算符,当左右两边的字符串完全相同时结果才为.T.。它不受 EXACT 设置影响。

④"＄"运算用于判断左边的字符串是否为右边字符串的子串,是子串则结果为.T.,否则为.F.。

⑤比较日期型数据时,在后面的日期大,如{^2014－2－6}大于{^2014－1－6};比较逻辑型数据时,.T.大于.F.。

⑥关系运算符都属于同一级运算。

关系表达式是由关系运算符将两个算术表达式或两个字符串表达式或两个日期型表达式连接起来的式子。

✎ **课堂操作8　计算关系表达式**

具 体 操 作

?$345＞$567,6＝8,date()＜date()＋4,"sun"＞"son","is" $ "This is a map"

结果为:.F.　　.F.　　.T.　　.T.　　.T.

✎ **课堂操作9　字符比较运算**

具 体 操 作

SET EXACT OFF

?"王珊"＝"王","王珊"＝＝"王","abc"＝"abc","abc"＝＝"abc"

结果为:.T.　　.F.　　.T.　　.T.

SET EXACT ON

?"abc"＝"a","ab"＝"ab ","abc"＝＝"ab ","abc"＝＝"abc"

结果为:.F.　　.T.　　.F.　　.T.

5.路径运算符和逻辑表达式

逻辑运算符有.NOT.或!(逻辑非运算)、.AND.(逻辑与运算)、.OR.(逻辑或运算)。

运算优先级为. NOT. →. AND. →. OR. 。逻辑表达式的运算规则如表2-18所示。

表2-18　逻辑表达式运算规则

A	B	A. AND. B	A. OR. B	. NOT. A
. T.	. T.	. T.	. T.	. F.
. T.	. F.	. F.	. T.	. F.
. F.	. T.	. F.	. T.	. T.
. F.	. F.	. F.	. F.	. T.

逻辑表达式是由逻辑运算符将逻辑型数据连接起来的式子,其运算结果为逻辑值。

 课堂操作10　计算逻辑表达式

【具体操作】

?2>9. AND. 9<56. OR. "A">"C",. NOT. 5<7

结果为：　　. F.　　　. F.

6. 运算符优先级

在同一个表达式中出现不同类型的运算符时,按运算符的优先顺序计算。不同类型运算符的运算顺序为:算术运算→字符运算、日期时间运算→关系运算→逻辑运算。括号作为运算符,可以改变其他运算符的运算顺序,其优先级最高,可以嵌套使用。有时在表达式的适当位置插入括号,并不是为了真正改变运算次序,而是为了提高表达式的可读性。

【项目小结】

　　数据类型、常量、变量、函数和表达式是Visual FoxPro的程序设计基础,只有掌握好才能使用Visual FoxPro 9.0的程序设计来开发数据库系统。

单 元 小 结

本单元通过3个项目介绍了Visual FoxPro的基本知识,学完后应该有以下收获。

(1)常量有6种类型,包括数值型(N)、字符型(C)、逻辑型(L)、货币型(Y)、日期型(D)和日期时间型(T)。

(2)变量分为字段变量和内存变量,字段变量存在于表文件结构中,内存变量是内存中的临时存储单元,包括系统内存变量和用户内存变量。建立内存变量的命令有:

　　　STORE〈表达式〉TO〈内存变量表〉

　　　〈内存变量〉=〈表达式〉

(3)熟练掌握各种运算符的运算规则。

(4)表达式按照运算结果的数据类型划分为:字符型表达式(C)、数值型表达式(N)、逻辑型表达式(L)、日期型表达式(D)、日期时间表达式(T)。

(5)不同类型运算符的运算顺序为:算术运算→字符运算、日期时间运算→关系运算→逻辑运算。

实训与练习

☞**上机实训**　在命令窗口输入命令,查看主显示区中的结果。

实训目的

熟悉系统环境,掌握常量、变量、表达式的使用方法及函数的使用格式。

实训步骤参考

①启动 Visual FoxPro:单击"开始"→"所有程序"→"Microsoft Visul FoxPro"→"Visul FoxPro 9.0"。

②熟悉操作界面的组成,查看每一个下拉菜单中的选项。

③用鼠标在"常用"工具中的每个按钮上停留,注意中文提示,掌握按钮的功能,首先记住"新建""打开""命令窗口"按钮。

④在命令窗口进行下列操作:

```
?"欢迎使用 vf!"
a=3
b=8
c=a+b
?c,b−a,abs(a−b),b/a,int(b/a)
?a>b,b>a,8%3,mod(8,3)
d=a>b
?d
?date(),year(date())
?(a+b)>(b−a).and..not..t.
x=STR(12.5,4,1)
y=RIGHT(x,3)
z="&x+&y"
?&z,z
DIMENSION A(2,3)
A=150
A(2,2,)=2*A(2,2)
?A(5),A(1,2),A(2,2)
?AT("人民","中华人民共和国")
?SUBSTR("334455",3)−"1"
```

⑤验证函数列表中的所有示例。

⏰**贴心·提示**

在以上操作中,每一行输入完毕以 Enter 键结束,注意逗号等符号是英文输入状态下的符号。

填空题

1. Visual FoxPro 9.0 的两种工作方式是_____和_____。

2. Visual FoxPro 9.0 的主界面由_____、_____、_____、_____、_____和_____六部分组成。

3. 当用户在命令窗口输入命令时,可以用_____作为续行符,表示该行的下一行仍然是同一命令的一部分。

4. 六种类型的常量是_____、_____、_____、_____、_____、_____。

5. 内存变量的命名规则是_____。

6. 定义数组的命令是_____。

7. 输入?LEN("STUDY HARD!")的结果是_____。

8. 输入?ROUND(238.926,2)的结果是_____。

9. 表达式 3+3》=6. OR. 3+3>5. AND. 2+3=5 的结果是_____。

10. 表达式"World Wide Web" $ "World"的结果是_____。

选择题

1. 设 R=2,A="3*R*R",则 &A 的值应为(   )。

   A. 0   B. 不存在   C. 12   D. 3*R*R

2. STR(109.87,7,3)的值是(   )。

   A. 109.87   B. " 109.87"   C. 109.870   D. "109.870"

3. 在逻辑运算中,正确的运算次序是(   )。

   A. NOT,OR,AND   B. NOT,AND,OR

   C. AND,OR,NOT   D. OR,AND,NOT

4. 已知 D1 和 D2 为日期型变量,下列四个表达式中非法的是(   )。

   A. D1-D2   B. D1+D2   C. D1+26   D. D1-16

5. 下列四个表达式中,运算结果为数值的是(   )。

   A. "9988"-"1677"   B. 200+600=800

   C. CTOD([11/16/04])-10   D. LEN(SPACE(3))-1

6. 设有变量 string="2014 年上半年全国计算机等级考试",能够显示"2014 年上半年计算机等级考试"的命令是(   )。

   A. ? string-"全国"

   B. ? SUBSTR(string,1,8)+SUBSTR(string,11,17)

   C. ? STR(string,1,12)+SUBSTR(string,17,14)

   D. ? SUBSTR(string,1,12)+SUBSTR(string,17,14)

7. 下列赋值语句正确的是(   )。

   A. STORE 8 TO x,y   B. STORE 8,9, TO, x,y

   C. x=8,y=9   D. x,y=8

8. 表达式 VAL(SUBSTR("本学年第 2 学期",9,1))*LEN(数据库)的结果是(   )。

   A. 0   B. 12   C. 6   D. 10

9. 设有一字段变量"姓名",当前的值为"张华",又有一内存变量"姓名",其值为"刘红",则命令"?姓名"的值是(   )。

   A. 张华   B. 刘红   C."张华"   D."刘红"

10. 假设系统日期是 2014 年 6 月 16 日,命令 N=(YEAR(DATE())-2000 是(   )。

    A. 2014   B. 14   C. 16   D. 6

第 **3** 单 元

数据库与表

在关系数据库中,一个关系的逻辑结构就是一张二维表。将一个二维表以文件的形式存入计算机中就是一个表文件,简称表。

在现实世界中,大量的数据用一个表文件来描述往往是不清楚的,它需要同时使用多个表文件来描述,而这些表文件之间也不是完全独立的,它们或多或少存在一定的联系,Visual FoxPro 将这些有联系的表文件组织在一起构成一个数据库文件。由此可知,表是组织数据、建立关系数据库的基本元素。

本单元将通过 6 个项目来介绍项目管理器创建和使用、数据库和表的基本概念、关系数据库的基础知识,以及数据表的基本操作,为学好关系数据库管理系统 Visual FoxPro 9.0 打下必要的理论基础。

项目 1　认识项目管理器

项目 2　建立和使用数据库

项目 3　创建和使用表文件

项目 4　建立和使用索引

项目 5　认识数据的完整性

项目 6　操作多数据表

项目 1　认识项目管理器

项目描述

项目管理器是 Visual FoxPro 中处理数据和对象的主要组织工具,是开发人员的工作平台,它能够对项目中的数据、程序、文档进行统一的管理,它以图标形式为数据提供了一个良好的分层结构视图,按一定的顺序和逻辑关系对应用系统的文件进行有效组织和管理。

项目分析

首先从项目的创建入手,依次掌握项目管理器的组成和使用,以便今后利用项目管理器对不同类型的文件进行统一的管理。因此,本项目可分解为以下任务:

- 创建项目和打开项目
- 项目管理器组成
- 使用项目管理器

项目目标

- 掌握项目的创建方法
- 了解项目管理器的组成
- 掌握项目管理器的使用

任务1　创建项目和打开项目

1. 创建项目

项目是文件、数据、文档和对象的集合,它对应一个扩展名为.pjx 的项目文件。

课堂操作1　创建一个名为学生管理的项目文件

具体操作

①执行【文件】→【新建】命令,或者单击常用工具栏上的【新建】按钮□,打开"新建"对话框,如图 3-1 所示。

②选中"项目"文件类型,单击【新建文件】按钮□,弹出"创建"对话框。

③在"创建"对话框中输入新项目的名称"学生管理",选择保存新项目的文件夹,单击【保存】按钮(以下操作都是针对"学生管理"项目下的对象进行的),打开"项目管理器"窗口,如图 3-2 所示。

贴心·提示

此时菜单栏中出现了【项目】菜单项。

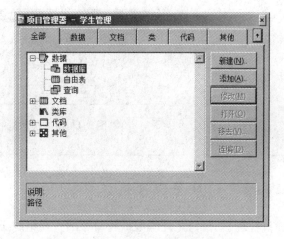

图 3-1　"新建"对话框　　　　　　　　图 3-2　"项目管理器"窗口

2. 打开项目

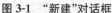 课堂操作 2　打开一个名为学生管理的项目文件

 具 体 操 作

①单击常用工具栏上的【打开】按钮 📂，弹出"打开"对话框。

②在"打开"对话框中，选择"文件类型"为"项目"，输入或选择项目名称"学生管理"，如图 3-3 所示，单击【确定】按钮即可打开学生管理项目文件。

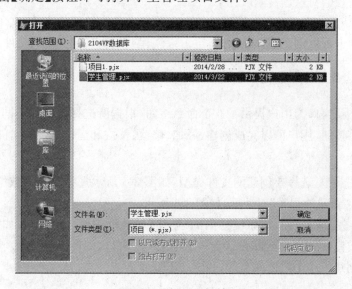

图 3-3　"打开"对话框

贴心·提示

单击项目管理器上的【关闭】按钮⊠即可关闭项目,当关闭的项目文件是空文件时,系统在屏幕上会出现提示框,要求用户确定是删除还是保持空的项目文件,如图3-4所示。

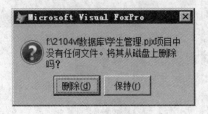

图3-4 系统提示框

任务2 项目管理器组成

"项目管理器"窗口是处理数据和对象的主要组织工具,它包括6个选项卡,其中"全部"选项卡用于显示项目中的全部对象,"数据"、"文档"、"类"、"代码"和"其他"选项卡用于分类显示各种对象。

● "全部"选项卡:包含数据、文档、类库、代码和其他各选项卡中的全部内容。

● "数据"选项卡:包含一个项目中所有的数据,譬如数据库、自由表、查询和视图。

● "文档"选项卡:包含处理数据时所用的全部文档文件,譬如表单、报表和标签。

● "类"选项卡:用于显示和管理已包含在项目文件中的用户自己创建的类库内容。

● "代码"选项卡:用于显示和管理已包含在项目文件中的扩展名为.prg的程序文件、API函数库和扩展名.app的应用程序文件。利用该选项卡可以方便地建立和添加应用程序并运行或对指定的对象进行修改。

● "其他"选项卡:用于显示和管理已包含在项目文件中的菜单文件、文本文件和其他文件。利用该选项卡可以创建或预览菜单,也可以创建或编辑其他类型的文件。

任务3 使用项目管理器

"项目管理器"窗口为用户提供了6个命令按钮,根据所选择文件的不同,出现不同的按钮组。利用这些按钮,用户可以完成创建、添加、修改、移去和运行指定的文件。

1. 创建文件

在项目管理器中,选择要创建的文件类型,如图3-5所示选择类型为数据库,单击【新建(N)】按钮,弹出"新建数据库"对话框,如图3-6所示。

单击【新建数据库】按钮,在系统弹出的"创建"对话框中输入文件名,如"学生管理",然后单击【保存】按钮,弹出"数据库设计器—学生管理"窗口,如图3-7所示。此时,在项目管理器中为项目创建了一个数据库文件,如图3-8所示。

2. 添加文件

添加文件是指将一个已经存在的文件添加到项目中来。方法是在"项目管理器"窗口

中,选定要添加的文件类型,单击【添加】按钮,在"打开"对话框中选择要添加的文件,单击
【确定】按钮即可。

图 3-5　选择数据库文件类型　　　　　　图 3-6　"新建数据库"对话框

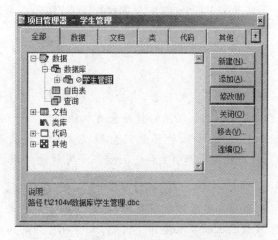

图 3-7　"数据库设计器—学生管理"窗口　　　图 3-8　创建"学生管理"数据库文件

3. 修改文件

在"项目管理器"窗口中,选定一个已有的文件,单击【修改】按钮,即可对选定文件进行
编辑修改。

4. 移去文件

移去文件有两种选择,一种是将文件从项目中移去,另一种是将文件从磁盘上删除。在
"项目管理器"窗口中选择一个文件后,单击【移去】按钮,系统将弹出如图 3-9 所示的询问

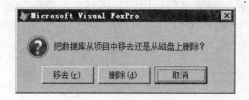

图 3-9　移去询问框

框,若单击【移去】按钮,系统仅从项目中移去文件,该文件在磁盘中仍然存在;若单击【删除】按钮,系统将该文件从项目中移去并从磁盘上删除。

5.其他操作

在"项目管理器"窗口中除了以上的操作之外,在选择不同类型的文件时,还会有其他按钮出现。如【浏览】按钮,可在浏览窗口中打开一个表;【运行】按钮,将运行选中的程序、表单和查询等。

项目小结

　　项目管理器是 Visual FoxPro 的控制中心,是处理数据和对象的主要工具,本项目主要介绍了项目管理器的创建打开的方法,项目管理器的组成和使用方法。通过项目可便于对所创建的各种不同类型的文件进行统一的管理。

 # 项目2　建立和使用数据库

项目描述

数据库是表的集合,它为用户提供了一种全新的操作环境,它强化了数据管理的功能,可以将多个相互联系的数据表有机地组织在一起,形成一个数据整体,从而提高数据的一致性和有效性,降低数据的冗余程度。它主要是通过数据库文件(.dbc)、数据库备注文件(.dct)、数据库索引文件(.dcx)三个系统文件来组织和管理数据库对象的。

项目分析

数据库是管理数据表的,要想深刻了解数据库,可从建立数据库和使用数据库入手,来掌握数据库的基本操作。因此,本项目可分解为以下任务:

● 建立数据库
● 使用数据库

项目目标

●掌握数据库的建立方法
●掌握数据库的使用方法

任务1　建立数据库

要建立一个数据库,首先要确定数据库包含哪些表以及每个表的结构,然后再确定这些表之间的联系,在此基础上,用户可以通过项目管理器方式、菜单方式或命令方式来建立数据库。

1. 通过项目管理器建立数据库

课堂操作3　建立名为"学生"的数据库文件

具 体 操 作

①在项目管理器中选择数据选项卡中的"数据库"文件类型,单击【新建】按钮,在弹出的"新建数据库"对话框中单击【新建数据库】按钮。

②弹出"创建"对话框,数据库名框中输入"学生",如图 3-10 所示,单击【保存】按钮,打开数据库设计器即可创建名为"学生"的数据库文件。

贴心·提示

以上操作结果是在"项目管理器"中建立名为"学生"的数据库文件,对应着磁盘上的学生.DBC、学生.DCT、学生.DCX3 个文件。

2. 通过菜单方式建立数据库

执行【文件】→【新建】命令,或单击常用工具栏中的【新建】按钮□,打开"新建"对话框,在"文件类型"栏中点选"数据库",如图 3-11 所示,单击【新建文件】按钮建立数据库,其后的操作与在"项目管理器"窗口中建立数据库相同。

图 3-10　"创建"对话框

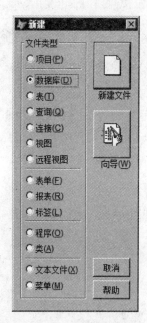

图 3-11　"新建"对话框

3. 通过命令方式建立数据库

格式:CREATE DATABASE[数据库文件名|?]

功能:用指定的文件名建立一个新的数据库文件。

说明

①如果省略数据库文件名或输入"?",系统将弹出"创建"对话框等待用户输入数据库名称。

②保存数据库后,该文件被建立并自动打开。

③用命令方式建立数据库后不打开"数据库设计器"窗口,但是数据库处于打开状态。

 课堂操作4　建立名为"学生信息管理"的数据库文件

具体操作

CREATE DATABASE　学生信息管理

任务2　使用数据库

1. 打开数据库

打开数据库有三种方法。

【方法1】在"项目管理器"窗口中打开数据库。

打开该数据库所在的项目文件,弹出"项目管理器"窗口,在该项目下的数据库将自动打开。另外,在常用工具栏中的数据库下拉列表框中也可以选择。

【方法2】利用"打开"对话框打开数据库。

单击工具栏上的【打开】按钮 或执行【文件】→【打开】命令,弹出"打开"对话框,如图3-12所示。在"文件类型"列表框中选择"数据库(＊.dbc)",然后选择或输入数据库文件名,单击【确定】按钮即可打开数据库。

图3-12　"打开"对话框

【方法3】利用命令方式。

格式:OPEN DATABASE［数据库文件名|?］［EXCLUSIVE|SHARED］［VALIDATE］

功能:打开一个指定的数据库文件。

说明

①选择EXCLUSIVE是以独占方式打开数据库,不允许其他用户同一时刻使用该数据库,等效于在"打开"对话框中勾选"独占"复选框。

②选择SHARED是以共享方式打开数据库,允许其他用户同一时刻使用该数据库。

③选择VALIDATE系统检查数据库中引用的对象是否合法,如检查表和索引中所用

的字段和索引标记是否存在。

　④用命令方式打开数据库时,不打开数据库设计器;而通过"打开"对话框或"项目管理器"打开数据库时,自动打开数据库设计器。

 课堂操作5　用命令方式打开"学生"数据库文件

　具体操作

OPEN DATABASE 学生

2. 打开数据库设计器命令

数据库设计器可以显示数据库中包含的全部表、视图和联系,是修改数据库对象的界面和工具。

格式:MODIFY DATABASE [数据库文件名|?][NOWAIT][NOEDIT]

功能:打开指定的数据库设计器。

说明

①选择 NOEDIT 选项,只打开数据库设计器,而禁止对数据库进行修改。

②NOWAIT 选项只在程序中使用,作用是在数据库设计器打开后程序继续执行后面的命令;而不带有该选项时打开数据库设计器,应用程序暂停,直到数据库设计关闭才继续执行。

3. 删除数据库

删除数据库有两种方法。

【方法 1】在"项目管理器"窗口中删除数据库。

在"项目管理器"窗口中选择要删除的数据库文件,单击右侧的【移去】按钮,系统弹出如图 3-9 所示的移去询问框。单击【移去】按钮,可从项目中删除数据库,但数据库文件仍保存在磁盘上;单击【删除】按钮,则从项目中删除数据库文件的同时从磁盘上删除;单击【取消】则取消这次删除操作。

【方法 2】通过命令方式删除数据库。

格式:DELETE DATABASE 数据库文件名|? [DELETETABLES][RECYCLE]

功能:从磁盘上删除指定的数据库文件。

说明

①选择 DELETETABLES 选项,在删除数据库文件的同时,从磁盘上删除该数据库所含的表文件等。

②选择 RECYCLE 选项,将被删除的文件放入 Windows 的"回收站"中,可以还原。

　贴心·提示

如果 SET SAFETY 设置为 ON,系统会出现提示对话框,让用户确定是否删除;为 OFF 状态则不出现提示,直接删除。

4. 设定当前数据库

Visual FoxPro 允许用户同时打开多个数据库文件,但 Visual FoxPro 系统同时只能指定一个数据库为当前的数据库,对数据库的操作也只针对当前数据库。在常用工具栏中,数据库下拉列表框中列出的数据库文件名只有一个为当前数据库,要将其他数据库设置为当前数据库,可以在数据库下拉列表框中选择。使用命令 SET DATABASE 也可以指定当前数据库。

【方法1】使用工具栏设定。

单击常用工具栏中数据库下拉列表框,在展开的列表中将会显示出当前已经打开的所有数据库文件的名称,如图 3-13 所示。用户只需用鼠标单击某个列表项,即可将该数据库文件设定为当前数据库。

图 3-13 设定当前数据库

【方法2】使用命令进行设定。

格式:SET DATABASE TO [数据库文件名]

功能:将所指定的数据库设定为当前数据库。

说明

[数据库文件名]所指定的数据库必须是已经打开的数据库。

5. 修改数据库

在 Visual FoxPro 中,修改数据库就是打开数据库设计器,在其中完成各种数据库对象的建立、修改和删除等操作。

修改数据库的方法有三种。

【方法1】在"项目管理器"中修改数据库。

打开要修改的数据库文件所在的项目文件,弹出"项目管理器"窗口,在"数据"选项卡下单击"数据库"前面的【展开】按钮田·展开数据库项目,选择要修改的数据库,单击【修改】按钮,即可打开"数据库设计器"进行数据库的修改。

【方法2】利用"打开"命令修改数据库。

单击工具栏上的【打开】按钮 ,或执行【文件】→【打开】命令,打开的数据库都会自动打开数据库设计器。

【方法3】利用命令方式。

格式:MODIFY DATABASE [数据库文件名|?][NOWAIT][NOEDIT]

功能:打开数据库设计器并允许或禁止修改当前数据库。

说明

①选择 NOWAIT 选项,表示在程序运行方式下打开数据库设计器后,程序不等待而继续执行下一条命令。

②选择 NOEDIT 选项,表示禁止对数据库进行修改。

6. 关闭数据库

数据库文件操作完成后,必须将数据库文件关闭以确保其中数据的安全性。

关闭数据库的方法有三种。

【方法 1】在"项目管理器"中关闭数据库。

打开要关闭的数据库文件所在的项目文件,弹出"项目管理器"窗口,在"数据"选项卡下单击"数据库"前面的【展开】按钮展开数据库项目,选择要关闭的数据库,单击【关闭】按钮,即可关闭打开的数据库。

【方法 2】利用菜单命令。

执行【文件】→【退出】命令,则在退出 Visual FoxPro 系统的同时自动关闭当前打开的所有数据库。

【方法 3】利用命令方式。

格式:CLOSE DATABASE ［ALL］

功能:关闭当前数据库或关闭所有打开的数据库。

说明

选择 ALL 选项表示关闭所有打开的数据库。

项目小结

　　数据库是表的集合,它为用户提供了一种全新的操作环境,它强化了数据管理的功能,可以将多个相互联系的数据表有机地组织在一起,形成一个数据整体,从而提高数据的一致性和有效性,降低数据的冗余程度。本项目主要介绍了建立数据库和使用数据库的方法。

项目 3　创建和使用表文件

项目描述

　　表是组织数据和建立关系数据库的基础。在 Visual FoxPro 9.0 中表分为"数据库表"和"自由表"两类,属于某一数据库的表为"数据库表",不属于任何数据库而独立存在的表为"自由表",二者的操作基本相同并可以相互转换。

项目分析

　　关系数据库中,表是建立和管理数据库的基本元素。要想进行数据管理,首先要学会表的创建及基本操作。因此,本项目可分解为以下任务:

● 创建表

● 表的基本操作

● 表的维护

项目目标

● 掌握表结构的建立方法

● 掌握数据表的基本操作

任务1 创建表

表是以记录和字段的形式存储数据的。可以把 Visual FoxPro 中的表理解为一张二维表格,如表 3-1 所示。

表 3-1 学生信息表

学号	姓名	性别	出生日期	入学成绩	所学专业	团员否	简历	照片
20140101	李珊	女	1993—2—15	463	会计电算化	TRUE	(略)	(略)
20140102	王大勇	男	1996—5—19	475	会计电算化	FALSE	(略)	(略)
20140201	刘天明	男	1996—1—23	579	金融管理	TRUE	(略)	(略)
20140301	张小倩	女	1995—3—17	558	计算机网络	TRUE	(略)	(略)
20140401	王静	女	1994—10—9	486	市场营销	FALSE	(略)	(略)
20140501	李星星	女	1995—6—18	523	电子商务	FALSE	(略)	(略)
20140502	周一围	男	1996—3—21	508	电子商务	TRUE	(略)	(略)
20140302	张萌	女	1995—4—26	537	计算机网络	TRUE	(略)	(略)
20140202	孙良玉	男	1995—1—21	528	金融管理	FALSE	(略)	(略)
20140402	陈曦	男	1994—12—8	519	市场营销	FALSE	(略)	(略)

表中,其中的一行称为一条记录,一列称为一个字段,而每列的列标题称为字段名。

对于一个表而言,要具有如下特征:

(1)每个表可以包含若干条记录。

(2)每条记录有若干个字段,各记录的同一字段具有相同的字段名和数据类型。

(3)各字段可以分别存储不同类型的数据。

(4)记录中每个字段的顺序与存储的数据无关。

(5)每条记录在表中的顺序与存储的数据无关。

1. 设计、建立表结构

1)设计表文件结构

每一个表都是由结构和记录两部分组成。建立新表时,应对表中存储的数据进行一定的限定,即表结构。设计表文件结构就是确定表中含有多少个字段以及每个字段的参数,即字段的名称、数据类型、宽度、小数位数以及是否允许为空值等。

● 定义字段名称

字段名是表中每个字段的名字。字段名的命名规则是:必须以汉字、字母开头,由汉字、字母、数字或下划线组成。字段名中不允许含有空格。自由表的字段名长度不得超过 10 个字符,而数据表的字段名最多可以有 128 个字符。同一表中的不同字段不能有相同的字段名。在表中应具有唯一标识各个记录的关键字段或字段的组合。譬如,表 3-1 中的"学号"。

● 选择数据类型

表中的每一个字段都有特定的数据类型,字段的可选类型可参见第 2 单元的相关内容。在设计表结构时,可以根据需要确定表中各字段的类型。对于备注型或通用型字段,将产生一个扩展名为.FPT 的备注文件。

● 确定字段宽度

即为每个字段规定一个允许存放的最大字节数或数值位数。这里,字符型、数值型和浮点型字段应根据实际需要设置字段宽度,其中,字符型字段的取值范围为 1～254,数值型字段的总宽度为"整数位数＋小数位数＋1(小数点为)";日期型字段固定为 8;逻辑型字段固定为 1;备注型字段固定为 4,用于存储指向备注内容存放地址的指针;通用型字段固定为 4,用于存储指向通用字段内容的地址的指针。

● 确定小数位数

当字段的类型为数值型和浮点型时,应为其设置小数位数。小数位数至少应比该字段的宽度小 2,若为整数,则小数位数为 0。

● 确定字段的索引顺序

若需要对表中的记录进行索引排序,则应确定是升序还是降序索引。

● 当前字段是否允许空值

空值(NULL)表示无确定的值,不等同于 0 或空格。空值不是数据类型而是一种数据值,关键字的字段不允许为空值,若省略也表示不允许为空值。

2)建立表文件结构

建立表文件时,首先建立表结构,然后输入数据记录,表文件的扩展名为.dbf。建立表文件有多种方法。

【方法 1】通过菜单命令。

打开数据库设计器,执行【数据库】→【新建表】命令,或右击数据库设计器,在弹出的快捷菜单中选择"新建表"命令。

【方法 2】通过 CREATE 命令。

格式:

CREATE 表文件名

功能:建立表文件并打开表设计器,在没有当前数据库时,该命令建立自由表。

【方法 3】通过项目管理器。

在"项目管理器"中,展开数据库,选择其下的表文件类型并单击【新建】按钮即可。

✎ **课堂操作 6　利用"项目管理器"为学生数据库建立学生信息表文件**

①在"项目管理器"中选择"学生"库下的表文件类型,单击右侧的【新建】按钮,弹出"新建表"对话框,如图 3-14 所示。

②单击【新建表】按钮,打开"创建"对话框,在"输入表名"后面的文本框中输入表名"学生信息表",如图 3-15 所示。

③单击【保存】按钮,打开"表设计器"对话框,如图 3-16 所示。

④输入字段名、类型、宽度、小数位数及是否允许空值,内容如表 3-2 所示,效果如图 3-17 所示。

图 3-14　"新建表"对话框

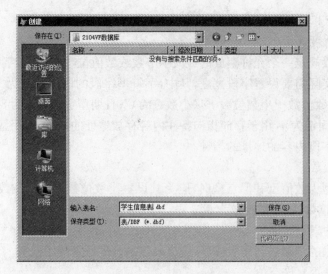

图 3-15 "创建"对话框

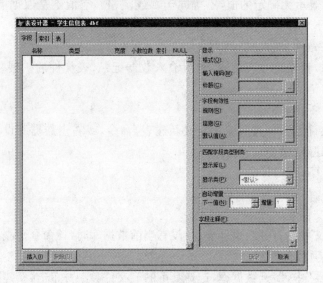

图 3-16 "表设计器"对话框

表 3-2 学生信息表文件结构

字段名	类型	宽度	小数位数	索引	NULL 值
学号	字符型	8			否
姓名	字符型	8			是
性别	字符型	2			是
出生日期	日期型	8			是
入学成绩	数值型	3	0		是
所学专业	字符型	10			是
团员否	逻辑型	1			是
简历	备注型	4			是
照片	通用型	4			是

图 3-17　"表设计器"对话框

在如图 3-17 的表设计器中：

● 显示组框：用于设置字段的输入、输出格式和字段的标题。

格式是输出掩码，用于控制字段的输出风格。如输入一个"！"，作用是在浏览窗口输入或输出数据时，将小写字母都转换为大写字母。

输入掩码用于控制字段的输入格式，起到限制输入数据的范围，确保数据有效性的作用。譬如存储的电话号码形式如 010－63056289，可在该字段的输入掩码文本框中输入"999－99999999"。其中"9"是掩码，表示该输入数字；"－"是插入性字符，不需键入，自动出现。常用掩码如表 3-3 所示。

表 3-3　常用掩码及含义

掩码符号	含　义	掩码符号	含　义
X	允许输入字母	♯	允许输入数字、空格、＋和－
！	把小写字母转换成大写字母	.	指出小数点的位置
$	在输出的数据前面显示 $ 符号	,	用逗号分隔小数点左边的数字
9	允许输入数字		

● 字段有效性组框：用于输入字段的有效性规则、若违反规则时出现的提示信息和默认值。如"性别"字段的规则文本框中输入"性别 $ "男女""、信息文本框中输入""输入有错误，请重新输入！""、默认值文本框中输入""男""。在输入记录数据时，该字段中自动显示"男"，当性别为男时，无需输入；当输入值不是"男"或"女"时，系统弹出的对话框中显示"输入有错误，请重新输入！"。

● 字段注释：用于为字段书写注释内容，便于维护数据表文件。

⑤在编辑过程中，可单击【插入】、【删除】按钮插入或删除字段。最后单击【确定】按钮完成表结构的建立，此时，项目管理器的数据表中就会显示各字段的名称，如图 3-18 所示。

2. 输入数据记录

当数据表的结构建立好了以后就可以向数据表输入记录了。

在项目管理器中，选择要输入记录的表文件名，单击【浏览】按钮，打开表的浏览窗口，如图 3-19 所示。执行【显示】→【追加方式】命令，此时，就可以输入数据记录了。

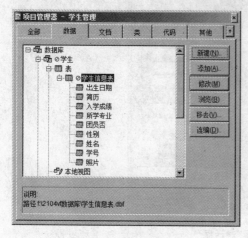

图 3-18　表字段的显示

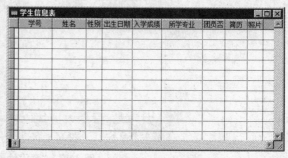

图 3-19　“学生信息表”浏览窗口

表的浏览窗口有两种显示方式：“浏览”方式和“编辑”方式。如图 3-20 所示为浏览方式窗口，它以行的形式显示记录，而图 3-21 所示为编辑方式窗口，它以列的方式显示记录。

学生信息表

学号	姓名	性别	出生日期	入学成绩	所学专业	团员否	简历	照片
20140101	李珊	女	02/15/93	463	会计电算化	T	Memo	Gen
20140102	王大勇	男	05/19/96	475	会计电算化	F	memo	gen
20140201	刘天明	男	01/23/96	579	金融管理	T	memo	gen
20140301	张小倩	女	03/17/95	558	计算机网络	T	memo	gen
20140401	王静	女	10/09/94	486	市场营销	F	memo	gen
20140501	李星星	女	06/18/95	523	电子商务	F	memo	gen
20140502	周一围	男	03/21/96	508	电子商务	T	memo	gen
20140302	张萌	女	04/26/95	537	计算机网络	T	memo	gen
20140202	孙良玉	男	01/21/95	528	金融管理	F	memo	gen
20140402	陈曦	男	12/08/94	519	市场营销	F	memo	gen
			/ /				memo	gen

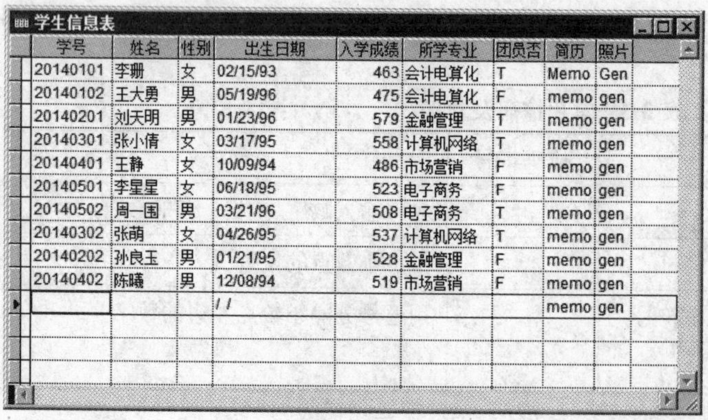

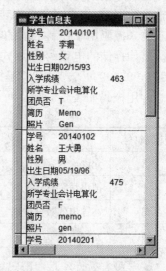

图 3-20　浏览方式窗口

图 3-21　编辑方式窗口

说明

①当输入字段值的实际宽度与设计宽度相等时自动跳到下一个字段，小于设计宽度时，按回车键，光标跳到下一个字段。

图 3-22　备注型字段编辑窗口

②输入备注型或通用型字段时，双击“memo”或“gen”，在系统打开的编辑窗口编辑字段内容。如图 3-22 所示为备注型字段的编辑窗口，在该窗口输入相关信息后，关闭当前窗口即可返回记录的输入窗口。如图 3-23 所示为通用型字段编辑窗口，在该窗口中，

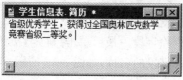

执行【编辑】→【插入对象】命令,打开"插入对象"对话框,如图 3-24 所示,若点选"新建"按钮,在"对象类型"栏选择 OLE 对象,如电子表格、图像及多媒体等,单击【确定】按钮即可启动 OLE 服务程序,创建一个新对象;若点选"由文件创建"按钮,单击【浏览】按钮,选择一个已经存在的对象文件,单击【打开】按钮,即可把所选对象插入到通用型字段中,关闭编辑窗口可返回浏览窗口。有内容的备注型、通用型字段在浏览窗口显示为"Memo"和"Gen"。

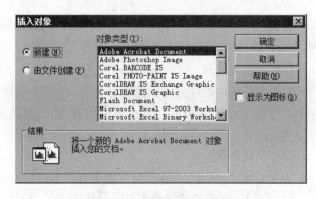

图 3-23　通用型字段编辑窗口　　　　　　图 3-24　"插入对象"对话框

③全部记录输入完毕后单击【关闭】按钮记录被保存,此时一个完整的表文件建立完成。另外,在浏览方式或编辑方式下还可以通过以下菜单命令添加记录,完成记录的输入。

● 执行【表】→【追加新记录】命令,在记录末尾添加一条新的记录。

● 执行【表】→【追加记录】命令,可将另外一个表的记录添加到当前表中。

3.建立自由表文件

建立自由表文件有以下两种方法。

【方法 1】在项目管理器中选择"自由表"文件类型,单击【新建】按钮即可建立自由表文件。

【方法 2】在没有当前数据库的状态下,通过"新建"对话框或使用 CREATE 命令建立自由表。自由表设计器如图 3-25 所示,输入字段名、类型、宽度、小数位数及输入记录等过程与数据表相同。

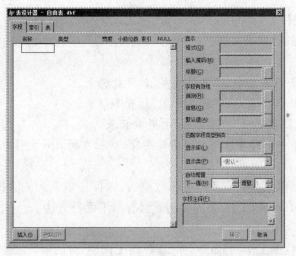

图 3-25　自由表设计器

⏰ **贴心·提示**

自由表的字段名最大长度为 10 个字符。

📶 任务2 表的基本操作

为了达到管理数据的目的,用户可以对已经创建的数据表进行各种操作,包括打开和关闭表、修改表的结构、追加新的数据记录、修改有问题的记录、删除无用的记录以及查看记录等。

1. 打开和关闭表

对表进行任何操作之前必须先打开表,打开表就是把表文件从磁盘"复制"到计算机内存中。当完成对表的操作之后,必须关闭表,关闭表就是将数据表保存到磁盘上,并将表从内存中清除。

1)打开数据表

在 Visual FoxPro 中,表的打开通常有以下两种方法。

【方法 1】使用菜单命令或工具栏按钮。

执行【文件】→【打开】命令,或单击工具栏上的"打开"按钮,弹出"打开"对话框,选择要打开的数据表,或在文件名下拉列表框中输入要打开的数据表文件名,单击【确定】按钮即可将其打开。

在"打开"对话框中,若勾选"以只读方式打开"复选框,则不允许用户对数据表进行修改,否则以"读写方式打开",允许用户修改数据表;若勾选"独占打开"复选框,则数据表在同一时刻只允许一个用户使用,否则数据表在同一时刻可以共享。

⏰ **贴心·提示**

若打开了新的数据表,则原先打开的数据表就会自动关闭。

【方法 2】在命令窗口输入 USE 命令。

格式:

      USE 〈表文件名〉[NOUPDATE][EXCLUSIVE][SHARED]

功能:打开指定的数据表文件。

说明

①选项 NOUPDATE 表示以"只读方式"打开数据表。

②选项 EXCLUSIVE 表示以"独占方式"打开数据表。

③选项 SHARED 表示以"共享方式"打开数据表。

④若数据表文件中含有备注型或通用型字段,则相应的 .fpt 文件也同时被打开。

2)关闭数据表

在对数据表的操作完成后应及时关闭数据表,以保证更新后的数据能及时存入相应的数据表中。在 Visual FoxPro 中,表的关闭通常有以下两种方法。

【方法 1】使用菜单命令。

执行【窗口】→【数据工作期】命令,弹出"数据工作期"对话框,在"别名"列表框中选择要关闭的数据表文件名,如图 3-26 所示,单击【关闭】按钮即可关闭数据表。

【方法 2】使用命令。

格式 1：

　　USE

功能：关闭当前工作区打开的数据表文件。

格式 2：

　　CLOSE ALL

功能：关闭所有工作区的所有文件，且不释放内存变量。

格式 3：

　　CLOSE〈文件类型〉

功能：关闭指定类型的文件。

格式 4：

　　CLEAR ALL

功能：关闭所有工作区的所有文件，且释放内存变量。

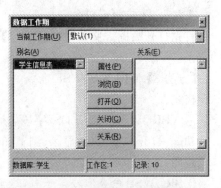

图 3-26　"数据工作期"对话框

2. 浏览与显示数据表

对于 Visual FoxPro 打开的每一个数据表，系统都会为其自动设置一个记录指针，记录指针所指向的记录称为当前记录。在数据表刚刚打开的时候，记录指针始终定位在第一条记录上。

1）浏览数据表

浏览数据表是指在浏览窗口中查看数据表文件的记录内容。

【方法 1】使用项目管理器。

在"项目管理器"窗口中选择数据表文件，单击【浏览】按钮，即可在浏览窗口中浏览数据表的记录。

 课堂操作 7　浏览"学生信息表"中的记录

具 体 操 作

在"项目管理器"中选择"学生信息表"文件，单击【浏览】按钮，结果如图 3-27 所示。

学号	姓名	性别	出生日期	入学成绩	所学专业	团员否	简历	照片
20140101	李珊	女	02/15/93	463	会计电算化	T	Memo	Gen
20140102	王大勇	男	05/19/96	475	会计电算化	F	memo	Gen
20140201	刘天明	男	01/23/96	579	金融管理	T	memo	gen
20140301	张小倩	女	03/17/95	558	计算机网络	F	memo	gen
20140401	王静	女	10/09/94	486	市场营销	F	memo	gen
20140501	李星星	男	06/18/95	523	电子商务	T	memo	gen
20140502	周一围	男	03/21/96	508	电子商务	T	memo	gen
20140302	张萌	女	04/26/95	537	计算机网络	T	memo	gen
20140202	孙良玉	男	01/21/95	528	金融管理	F	memo	gen
20140402	陈曦	男	12/08/94	519	市场营销	F	memo	gen

图 3-27　浏览表文件

【方法 2】使用菜单命令。

首先打开数据表文件,执行【显示】→【浏览】命令,即可在打开的浏览窗口中浏览数据表的记录。

【方法 3】使用 BROWSE 命令。

格式:

BROWSE [FIELDS〈字段名表〉][FOR〈条件〉]

功能:打开浏览窗口,显示、浏览和修改记录数据。

说明

①BROWSE 命令有较多子句,这里给出的只是它的最基本的命令形式。

②FIELDS 子句用于指定显示的字段,若省略,则显示所有字段。

③FOR 子句用于指定显示的记录应满足的条件。

 课堂操作 8 浏览"学生信息表"中的记录

具体操作

```
USE 学生信息表
BROW
BROW FIELDS 学号,姓名,入学成绩
USE
```

2)浏览窗口的拆分及链接

浏览窗口左下角有一个黑色矩形块,它是窗口分割器。向右拖动它可将窗口分为两个分区,该两分区显示同一张数据表的数据。默认情况下,两个分区是链接的,当在一个窗口中选择了某个记录,这种选择会反映在另一个窗口中。这里,光标所在分区为活动分区,活动分区中的数据被修改后,另一个分区中的数据也会随之更改。单击某分区可以使它成为活动分区,两个分区的显示格式可以相同,也可以不同,如图 3-28 所示。

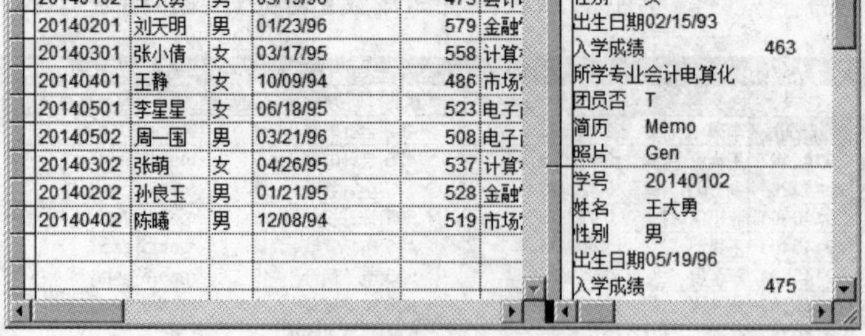

图 3-28 浏览窗口分区

执行【表】→【链接分区】命令,取消"链接分区"的勾选状态,即可打断两个分区之间的链接,使它们的功能相对独立,此时,浏览某一窗口,不会影响另一个窗口记录的显示。

3)显示数据记录

显示数据记录是指在 Visual FoxPro 的主显示区显示表文件的数据记录。

格式：LIST/ DISPLAY [OFF] [FIELDS 〈字段名列表〉] [〈范围〉] [FOR 〈条件〉] [WHILE 〈条件〉] [TO PRINTER [PROMPT] | TO FILE 〈文本文件名〉]

功能：在指定范围内显示当前表中满足条件的记录或发送到指定的设备。

说明

①选择 OFF 不显示记录号，否则显示记录号。

②选择〈范围〉时，为 ALL、RECORD(N)、NEXT(N)、REST 中的一个参数。

③省略 FIELDS 〈字段名列表〉显示当前表中的所有字段，否则显示指定的字段。如果备注型字段名出现在〈字段名列表〉中，则它的内容按 50 个字符列宽显示。

④FOR〈条件〉/WHILE〈条件〉子句用于有选择地显示某些记录，省略时则显示〈范围〉限定的全部记录。

⑤[TO PRINTER [PROMPT] | TO FILE 〈文本文件名〉]指定记录列表的输出方向；TO PRINTER [PROMPT]指定输出到打印机；TO FILE 〈文本文件名〉指定输出到所指定的文本文件中。

⑥DISPLAY 每显示一屏记录暂停一次，等待用户按任意键继续显示下一屏；LIST 连续向下显示，直到记录显示完毕为止。若省略所有可选项，DISPLAY 命令显示当前记录，而 LIST 命令显示全部记录。

课堂操作 9　显示"学生信息表"中入学成绩在 480 分以上的女同学的记录

具体操作

USE 学生信息表　　　　　　　　　　&& 打开学生信息表

LIST ALL FOR 入学成绩＞＝480 . AND. 性别＝"女"　　&& 显示入学成绩在 480 分以上的所有女同学的记录

USE　　　　　　　　　　　　　&& 关闭当前数据表

3. 记录指针的定位

由于在表操作的过程中，只能对当前记录进行操作，因此，为达到对特定记录进行操作的目的，需要对记录指针进行定位。

1）绝对定位

绝对定位是指直接将记录指针移动到某个记录上。可以使用以下几种方法进行记录指针的绝对定位。

【方法 1】在浏览窗口中定位。

在浏览窗口中直接用鼠标单击某个记录或用光标移动键↑、↓上下移动记录指针进行定位。

【方法 2】使用菜单命令。

执行【表】→【转到记录】命令，在其级联菜单中选择以下菜单项进行记录指针的绝对定位。

● 第一个：将记录指针指向第一条记录。

● 最后一个：将记录指针指向最后一条记录。

● 下一个：将记录指针指向当前记录的下一条记录。

● 上一个：将记录指针指向当前记录的上一条记录。

● 记录号:将记录指针指向指定记录号的记录。选择此菜单项时,会打开如图 3-29 所示的"转到记录"对话框,用户可在"记录号"输入框内输入要定位的记录号,单击【确定】按钮即可。

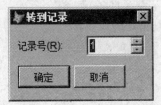

图 3-29 "转到记录"对话框

【方法 3】使用窗口命令。

格式 1:GO / GOTO [RECORD]〈数值表达式〉| TOP | BOTTOM

格式 2:〈数值表达式〉

功能:将记录指针直接定位到指定的记录上。

说明

①〈数值表达式〉是记录号,值必须大于 0,且不大于当前表文件的记录个数。格式 1 中的 RECORD 可省略。

②选择 TOP 将记录指针定位在表的第一条记录上。

③选择 BOTTOM 将记录指针定位在表的最后一条记录上。

✍ **课堂操作 10　显示"学生信息表"中 3 号记录的内容**

具体操作

  USE 学生信息表　　　　　　　　&& 打开学生信息表

  GO 3　　　　　　　　　　　　　&& 记录指针指向 3 号记录

  DISPLAY　　　　　　　　　　　　&& 显示当前记录的内容

2)相对定位

相对定位与当前记录有关,它是根据当前记录指针的位置为准作相对移动。

【方法 1】使用菜单命令。

执行【表】→【转到记录】命令,在其级联菜单中选择以下菜单项进行记录指针的相对定位。

● 下一个:将记录指针指向当前记录的下一条记录。

● 上一个:将记录指针指向当前记录的上一条记录。

【方法 2】使用窗口命令。

格式:SKIP [〈数值表达式〉]

功能:将记录指针从当前位置开始向前或向后移动若干条记录。

说明

①〈数值表达式〉的值为正数时,记录指针向下移动;当〈数值表达式〉是负数时,记录指针向上移动。

②省略〈数值表达式〉选项,默认值为 1,即 SKIP 等价于 SKIP 1。

✍ **课堂操作 11　在数据表中进行记录指针的相对定位**

具体操作

  GO 3

  SKIP

  DISPLAY　　　　　　　　　　　　&& 显示 4 号记录的内容

  SKIP −2

DISPLAY	&& 显示 2 记录的内容
GO TOP	
?RECNO( )	&& 结果为 1
?BOF( )	&& 结果为.F.
SKIP－1	
?RECNO( )	&& 结果为 1
?BOF( )	&& 结果为.T.
GO BOTTOM	
?EOF( )	&& 结果为.F.
SKIP	
?EOF( )	&& 结果为.T.

3)条件定位

条件定位是将记录指针移到满足条件的第一条记录上。

【方法 1】使用菜单命令。

执行【表】→【转到记录】命令,在其级联菜单中选择"定位"命令,打开"定位记录"对话框,用户可在"范围"下拉列表中选择定位指针的记录范围,可根据需要分别在 For 或 While 文本框中输入要定位指针的记录应满足的条件表达式,如图 3-30 所示。或单击 For 或 While 文本框右侧的 ⋯ 按钮,打开"表达式生成器",如图 3-31 所示,建立表达式。最后单击【定位】按钮,即可将记录指针指向满足条件的第一条记录。

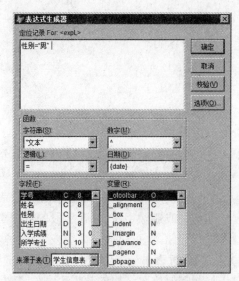

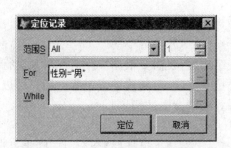

图 3-30　"定位记录"对话框　　　　图 3-31　"表达式生成器"对话框

【方法 2】使用 LOCATE/CONTINUE 命令。

格式:LOCATE [范围] FOR〈条件〉[WHILE〈条件〉]

功能:顺序查找给定范围内满足条件的第一条记录。

说明

如果没有指定范围,则默认为 ALL。若查找成功,Found( )返回值为.T.,此时,记录指针将定位在满足条件的第一条记录上;若查找不成功,Found()返回值为.F.,此时,记录指针将定位在查找范围的末尾。

格式:CONTINUE

功能:在 LOCATE 命令之后使用,顺序查找给定范围内满足条件的下一条记录。

✎ **课堂操作 12　查找"学生信息表"中入学成绩大于等于 500 分的前两条记录**

具 体 操 作

USE 学生信息表
LOCATE FOR 入学成绩>=500　　　&& 查找入学成绩大于等于 500 分的第一条记录

?FOUND()
DISPLAY　　　　　　　　　　　　&& 显示当前记录
CONTINUE　　　　　　　　　　　&& 继续查找满足条件的下一条记录
DISPLAY
USE

✎ **课堂操作 13　查找"学生信息表"中所有男生的记录**

具 体 操 作

USE 学生信息表
LOCATE FOR 性别="男"
?FOUND()　　　　　　　　　　　&& 结果为.T.
CONTINUE
?FOUND()　　　　　　　　　　　&& 结果为.T.
CONTINUE
?FOUND()　　　　　　　　　　　&& 结果为.T.

4. 修改数据表

对于已经创建好的数据表,还可以修改其结构和表中各个字段的值。

1)修改数据表的结构

为了更好地使用和维护表文件,在创建好表结构后,还需要根据实际情况对其进行改进和完善。如增加或删除字段、修改字段的数据类型及宽度、重新建立索引等。用户可以通过表设计器进行修改,也可以通过命令或编程的方式来修改表结构。

【方法 1】通过表设计器方式。

首先打开需要修改结构的数据表文件,执行【显示】→【表设计器】命令,打开"表设计器"对话框。

● 插入字段

在"表设计器"对话框的"名称"列中,选定要插入新字段的位置,单击【插入】按钮,在"名称"列中将出现一个名为"新字段"的字段,输入新的字段名并设置相应的数据类型和宽度。

● 删除字段

在"表设计器"对话框中选定要删除的字段,单击【删除】按钮,即可删除该字段。

● 修改字段属性

修改某字段属性时,该字段的所有内容都可以进行修改。用户只需在"表设计器"对话框中单击要修改的字段,直接修改其各项的内容即可。

● 改变字段的位置

在"表设计器"对话框中将鼠标指针移向字段左边的按钮,使之变成上下箭头形状,按住鼠标左键向上或向下拖动到合适的位置并释放鼠标,即可改变字段所在的位置。

● 保存或放弃修改结果

在"表设计器"对话框中单击【确定】按钮,在弹出的提示框中单击【是】按钮,即可保存对表结构的修改。若单击【否】,则放弃对表结构的修改。

⏰ 贴心·提示

在修改表结构之前,必须以独占方式打开数据表。

当表结构被修改后,若被删除的字段是被引用的索引字段,则该索引也被删除;若重命名字段是被索引的字段,则该索引也必须被更新;修改字段的宽度和小数位数将重写整个表,并可能导致数据的丢失;在修改字段的类型时,该字段的原值若无法转换成新的数据类型,将丢失数据。

【方法 2】通过 MODIFY 命令方式。

格式:

　　　MODIFY STRUCTURE

功能:打开"表设计器"对话框,修改当前数据表文件的结构。

说明

使用此命令前应先打开要修改表结构文件的数据表。

2)修改数据表的记录

【方法 1】在浏览窗口中修改记录。

首先打开浏览窗口,将光标定位在要修改记录的相应字段上,若修改的字段是"字符型"、"数值型"、"日期型"和"逻辑型",则直接进行修改即可;若修改的字段是"备注型"和"通用型",则要先打开该字段的"编辑"窗口,然后再进行修改。

【方法 2】交互式修改记录。

格式:EDIT/CHANGE

功能:系统以编辑方式打开表浏览窗口,用户可以直接修改记录。

【方法 3】成批修改记录。

格式:REPLACE 〈字段名 1〉WITH 〈表达式 1〉[,〈字段名 2〉WITH 〈表达式 2〉…][〈范围〉][FOR 〈条件〉][WHILE 〈条件〉]

功能:在当前表的指定记录中,直接用指定的表达式的值来替换字段的值。

说明

①〈字段名 1〉、〈字段名 2〉…是指定要替换值的字段,〈表达式 1〉、〈表达式 2〉指定用来进行替换的表达式。

②一次可对多个字段进行替换。

课堂操作 14　为 2 号记录的入学成绩加上 100 分

具 体 操 作

> USE 学生信息表
> GO 2
> DISPLAY 姓名,入学成绩　　　　　　&& 显示结果为:王大勇 475
> REPLACE 入学成绩 WITH 入学成绩+100
> DISPLAY 姓名,入学成绩　　　　　　&& 显示结果为:王大勇 575
> USE

课堂操作 15　将"曾获市书法大赛二等奖"添加到 6 号记录的简历字段中

具 体 操 作

> USE 学生信息表
> GO 6
> REPLACE 简历 WITH "曾获市书法大赛二等奖" ADDITIVE
> USE

5. 记录的追加与插入

数据表建立并录入记录后,还可以通过命令向数据表中追加或者插入记录。

1)追加记录

格式:APPEND [BLANK]

功能:在表文件末尾追加一条新记录。

说明

若选择 BLANK 选项,则在表文件末尾追加一条空白记录,否则追加一条新记录。

2)插入记录

格式:INSERT [BLANK] [BEFORE]

功能:在当前记录之前或之后插入一条或多条新记录。

说明

①若选择 BEFORE 选项,新记录插入在当前记录之前,当前记录和其后的记录依次向后移;否则新记录插入在当前记录之后,当前记录之后的记录顺序向后移。

②若选择 BLANK 选项,则插入一条空白记录。

③省略所有可选项,则在当前记录之后插入新记录。

贴心·提示

在 Visual FoxPro 中,如果数据库具有表缓冲或行缓冲功能,则 INSERT、APPEND 命令不能用于该数据库的表;对于具有参照完整性规则的表,也不能使用 APPEND、INSERT 命令。

✎ **课堂操作 16**　在"学生信息表"的 **3** 号记录前插入一条空白记录,在表文件末尾追加一条空白记录

具 体 操 作

USE 学生信息表
3
INSERT BEFORE BLANK
APPEND BLANK
USE

6. 记录的删除与恢复

随着数据表中记录的更新,必然会产生一些无用的记录,为了节省数据表空间,这些记录应从表中删除。在 Visual FoxPro 中,记录的删除有逻辑删除和物理删除两种含义。逻辑删除是在被删除记录前面做一个逻辑删除标记"＊",记录仍然存在表文件中,可以恢复;物理删除是将记录从表文件中真正删除,记录内容不能恢复。

1)记录的逻辑删除

【方法 1】通过菜单命令。

首先打开表的浏览窗口或编辑窗口,单击要添加删除标记的记录左侧的小方框,使其成为黑色,这个黑色的小方框即为逻辑删除标记,带有该标记的记录并不等于真正从表中被删除了。

若想有条件地删除一组记录,可执行【表】→【删除记录】命令,打开"删除"对话框,在"范围"下拉列表框中输入要删除记录的范围,在 For 或 While 文本框中输入要删除记录应满足的条件,如图 3-32 所示,或单击文本框右侧的 按钮,在打开的"表达式生成器"中输入删除条件,最后单击【删除】按钮,完成逻辑删除。

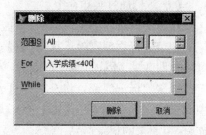

图 3-32　"删除"对话框

【方法 2】通过 DELETE 命令。

格式:DELETE［〈范围〉］［FOR〈条件表达式〉］［WHILE〈条件表达式〉］

功能:给数据表中给定范围内满足条件的记录添加删除标记。

说明

①加了逻辑删除标记的记录仍然能被操作。

②若省略范围和短语,则只逻辑删除当前一条记录。

✎ **课堂操作 17**　逻辑删除"学生信息表"中 **1995** 年以后出生的学生记录

具 体 操 作

USE 学生信息表
DELETE FOR YEAR(出生日期)＞1995
USE

2)恢复记录

【方法1】通过菜单命令。

首先打开表的浏览窗口或编辑窗口,当再次单击添加了逻辑删除标记的记录左侧的删除标记框,使其变成白色小方框,则逻辑删除标记被取消。

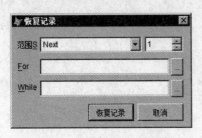

图3-33 "恢复记录"对话框

若要有选择地恢复一组记录,则执行【表】→【恢复记录】命令,打开"恢复记录"对话框,如图3-33所示,其参数设置方法与"删除"对话框类似。

【方法2】通过RECALL命令。

格式:RECALL〔〈范围〉〕〔FOR〈条件表达式〉〕〔WHILE〈条件表达式〉〕

功能:恢复数据表中指定范围内满足条件的标有逻辑删除标记的记录。

说明

若省略范围和条件短语,则只恢复当前一条记录。

课堂操作18 恢复学生信息表中1995年以后出生的男同学的记录

具体操作

> USE 学生信息表
> RECALL FOR YEAR(出生日期)>1995 . AND. 性别="男"
> USE

3)记录的物理删除

【方法1】通过菜单命令。

在浏览窗口或编辑窗口中,只能对加了逻辑删除标记的记录进行物理删除。执行【表】→【彻底删除】命令,弹出如图3-34所示的询问对话框,单击【是】按钮,则带有逻辑删除标记的记录将永久地从表中删除,并重构表中剩余的记录。若单击【否】按钮,则取消物理删除操作,保留原来的记录。

图3-34 物理删除询问框

⏰**贴心提示**

物理删除记录时,将关闭浏览窗口或编辑窗口,若要继续工作,则要重新打开浏览窗口或编辑窗口。

【方法2】通过PACK命令。

格式:PACK

功能:将表中带有逻辑删除标记的记录物理删除,不能再恢复。

说明

要求数据表必须以独占的方式打开。

【方法3】物理删除表中全部记录。

格式:ZAP

功能：一次物理删除表中的全部记录，只保留表结构。

说明

本命令等价于 DELETE ALL 和 PACK 命令的连用，删除记录的速度更快。它属于物理删除，一旦执行将无法恢复，使用时一定要谨慎。

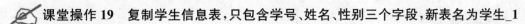 **任务 3　表的维护**

数据表建立以后还需要后期的维护，包括数据表的复制、记录的排序、数据表的计算等。

1. 表与表结构的复制

1）复制表

格式：COPY TO〈文件名〉［〈范围〉］［FIELDS〈字段名表〉］［FOR〈条件〉］［WHILE〈条件〉］

功能：对当前表文件进行复制，生成一个新的表文件。

说明

①对含有备注型字段和通用型字段的表文件进行复制时，系统在对表文件（. dbf）复制的同时自动复制备注文件（. fpt）。

②选择 FIELDS〈字段名列表〉可以复制表文件中的部分字段到新文件。

✐ **课堂操作 19**　复制学生信息表，只包含学号、姓名、性别三个字段，新表名为学生_1

具体操作

　　USE 学生信息表

　　COPY TO 学生_1 FIELDS 学号,姓名,性别

　　USE 学生_1

　　BROWSE

（2）复制表结构

格式：COPY STRUCTURE TO〈文件名〉［FIELDS〈字段名表〉］

功能：复制当前数据表文件的结构。

说明

①该命令只复制结构，不复制数据记录。

②选用 FIELDS〈字段名表〉选项，可指定新表文件结构包含的字段及次序。

✐ **课堂操作 20**　复制"学生信息表"的结构，只包含学号、姓名、入学成绩、所学专业四个字段，新表名为"学生_2"

具体操作

　　USE 学生信息表

　　COPY STRUCTURE TO 学生_2 FIELDS 学号,姓名,入学成绩,所学专业

　　USE 学生_2

　　LIST STRUCTURE

　　USE

2. 记录的排序

排序影响记录的输出次序,排序将产生一个表文件。

格式:SORT TO〈表文件名〉ON〈字段名1〉[/A｜/D][/C][,〈字段名2〉[/A｜/D][/C]...][〈范围〉][FOR〈逻辑表达式〉][WHILE〈逻辑表达式〉][FIELDS〈字段名列表〉]

功能:对当前数据表的记录按照指定的字段和给定的条件进行排序,并将排序的结果存入一个新表中。

说明

①〈表文件名〉用于指定排序后生成的新表文件名。

②根据〈字段名1〉的值对当前表排序。若带有〈字段名2〉,则首先按〈字段名1〉排序,〈字段名1〉的值相同的记录按〈字段名2〉的值排序。

③/A指定为按升序排序,/D指定按降序排序,默认为升序。如果在字符型字段名后面包含/C,则忽略大小写。

④[〈范围〉]指定需要排序记录的范围,默认范围为ALL。

⑤选择[FIELDS〈字段名列表〉]指定用SORT命令排序产生的新表中要包含的原表中的字段。如果省略FIELDS子句,新表中将包含原表中的所有字段。

✍ **课堂操作21　对"学生信息表"的记录按入学成绩排序**

【 具 体 操 作 】

```
USE 学生信息表
SORT TO 学生_1 ON 入学成绩
USE 学生_1
BROWSE
USE
```

3. 记录的分类汇总

格式:TOTAL ON〈关键字〉TO〈表文件名〉[FIELDS〈数值型字段名表〉][〈范围〉][FOR〈逻辑表达式〉][WHILE〈逻辑表达式〉]

功能:对当前数据表中的记录按照指定的关键字段分组,并在各个组内对给定范围内满足条件的记录计算数值型字段的和,汇总的结果存入一个新数据表中。

说明

〈关键字〉是排序字段或索引关键字,即当前数据表必须是有序的,否则不能正确汇总。

✍ **课堂操作22　对"学生信息表"的记录按所学专业进行分类汇总**

【 具 体 操 作 】

```
USE 学生信息表
TOTAL ON 所学专业 TO 学生_2 FIELD 入学成绩
USE 学生_2
BROWSE
USE
```

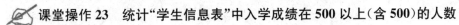

4. 统计记录个数

格式：COUNT［〈范围〉］［FOR 〈逻辑表达式〉］［WHILE 〈逻辑表达式〉］［TO〈内存变量〉］

功能：统计当前数据表中指定范围内满足条件的记录个数。

🖋 **课堂操作 23　统计"学生信息表"中入学成绩在 500 以上（含 500）的人数**

具体操作

USE 学生信息表
COUNT ALL FOR 入学成绩＞＝500 TO NUM
? NUM
USE

5. 字段求和

格式：SUM［〈表达式表〉］［〈范围〉］［FOR 〈逻辑表达式〉］［WHILE 〈逻辑表达式〉］［TO〈内存变量表〉/ARRAY〈数组〉］

功能：统计当前数据表中数值型字段的和。

6. 字段求平均值

格式：AVERAGE［〈表达式表〉］［〈范围〉］［FOR 〈逻辑表达式〉］［WHILE 〈逻辑表达式〉］［TO〈内存变量表〉/ARRAY〈数组〉］

功能：统计当前数据表中数值型字段的平均值。

项目小结

　　表是组织数据和建立关系数据库的基础，要想有效地进行数据的管理，就要学会表的结构设计和创建、表的基本操作及表的维护方法。

 项目 4　建立和使用索引

项目描述

　　对已经创建好的数据表，随着对记录的增加、删除和修改等编辑操作后，数据表中的记录的排列是杂乱无章的。而索引的引入则是对数据表中的记录进行逻辑排序，通过索引完成对记录的快速查找。

项目分析

　　在数据库设计过程中，索引是一项重要的操作。建立索引会影响记录的输出次序并产生相应的索引文件。要想创建好的索引，首先应了解索引的基本知识，然后才是创建索引和使用索引。因此，本项目可分解为以下任务：

● 索引的基本知识
● 建立索引

● 使用索引文件

项目目标

● 了解索引的基本知识

● 掌握索引的建立方法

● 掌握索引的使用方法

任务1 索引的基本知识

1. 索引的基本概念

所谓索引,就是按照一定的规则对数据表中的记录进行逻辑排序,并将排序的结果形成一个索引文件。表的索引确定了记录的处理顺序,但并不改变表中记录的物理顺序。索引文件中记录的记录号并不改变,只是对记录进行了一种逻辑排序。索引文件和表文件是分别存储的,索引文件是表文件的附属文件,它不能离开表文件而单独使用。

1)索引关键字

索引关键字是建立索引的依据,索引文件将按照索引关键字值的大小排列记录。

2)索引标识

索引标识是通过索引关键字建立的索引的名称。索引标识由不超过10个字符构成,是由用户自己指定的。

2. 索引文件的类型

索引文件是一个逻辑文件,包含按升序或降序排序的关键字值,以及在表文件中对应的记录号。索引文件根据所含有的索引标识的多少,分为独立索引文件和复合索引文件两大类。

1)独立索引文件

独立索引文件是一个扩展名为.idx的文件。每个独立索引文件只包含一个索引项。各个独立索引文件是相互独立的,每个独立索引文件的文件名通常与相应的表名没有任何关系,即使索引文件与表文件同名,也不会随着表文件的打开而自动打开。对于同一个给定的表文件,用户可以建立多个独立索引,在打开数据表时,可以打开所有的独立索引文件,也可以打开其中的若干个独立索引文件。这样就可能出现在编辑表中的数据时有些索引与表不能同步更新,甚至区分不出索引文件到底属于哪个数据表的情况。

2)复合索引文件

复合索引文件可以包含多个索引标识,其扩展名为.cdx。它是在一个物理文件中包含若干个索引关键字定义的索引排序方案,文件中每一个索引项由一个索引标识识别。

复合索引文件又可分为结构复合索引文件和非结构复合索引文件两类。非结构复合索引文件的文件名与表名不同,它由用户指定,不能随表的打开而自动打开,必须由用户手工打开。而结构复合索引文件的文件名与表名相同,在处理时把该索引文件当作表文件的固定部分进行处理,当打开表文件时,此类索引文件也会自动打开,当对表中数据进行编辑操作时,系统会自动更新相应的索引文件的所有索引定义,实现索引文件与表文件的同步更新。

3. 索引类型

Visual FoxPro 中常用的是结构复合索引，系统根据索引对关键字值的不同要求，提供了四种索引类型：主索引、候选索引、普通索引和二进制索引。它们的特点如表 3-4 所示。

表 3-4 结构复合索引

索引类型	关键字值	NULL	其他
主索引	无重复值	无 NULL	表中只能有一个
候选索引	无重复值	无 NULL	表中允许有多个
普通索引	允许重复	允许为 NULL	表中允许有多个
二进制索引	允许重复	无 NULL	表中允许有多个

任务 2 建立索引

1. 利用表设计器建立索引

在表设计器中建立索引时，系统默认为建立一个结构复合索引。

1）建立索引

执行【显示】→【表设计器】命令，打开"表设计器"，单击"字段"选项卡，如图 3-35 所示。在其中定义字段时，就可以指定某些字段为索引项，方法是用鼠标单击索引项的下拉列表，选定升序或降序（默认为无序）。这样建立的是普通索引，索引标识名与字段名相同，索引表达式为对应字段。若要建立其他类型的索引，则需在"索引"选项卡中完成。

图 3-35 "表设计器"的字段选项卡

2）编辑索引

如果要编辑该索引，可单击"索引"选项卡，如图 3-36 所示，选中索引名，再根据需要进行相关操作。

● 若要改变索引名称，则在"名称"文本框中输入索引名称。

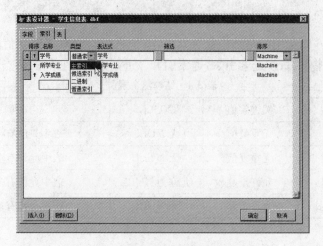

图 3-36 "表设计器"的索引选项卡

● 若要改变索引类型,则在"类型"下拉列表中根据需要选定索引类型。

● 若要改变索引顺序,则选中"排序"列的箭头来改变排序方式。

● 若要改变索引表达式,则在"表达式"文本框中输入索引表达式,或单击其右侧的▨按钮,打开"表达式生成器"对话框,编辑索引表达式后单击【确定】按钮返回表设计器。

● 若要对满足条件的记录进行索引,可在"筛选"文本框中输入筛选条件,或单击其右侧的▨按钮,打开"表达式生成器"对话框,编辑筛选表达式后单击【确定】按钮返回表设计器。

● 在该设计器窗口中还可以建立新的索引,方法同上。

 课堂操作 24 　为学生信息表建立主索引

（　具 体 操 作　）

①在"项目管理器"中选择"学生信息表",单击【修改】按钮,打开"表设计器"。

②在"表设计器"的字段选项卡中选择"学号"字段,在索引项的下拉列表中选择"↑"。

③选择"索引"选项卡,将索引类型由"普通索引"改为"主索引",如图 3-36 所示。

2. 通过命令建立索引

在表设计器中建立索引直观、快捷,但有时在程序运行过程中需要建立索引,这时就要用到建立索引的命令 INDEX。

格式:INDEX ON〈索引表达式〉TO〈独立索引文件名〉| TAG〈索引标识名〉[BINARY][OF〈复合索引文件名〉][FOR〈条件〉][ASCENDING | DESCENDING][ADDITIVE]

功能:按索引表达式值的大小为当前表文件建立索引或增加索引标识。

说明

①选择 TO〈独立索引文件名〉,将按〈索引表达式〉的值建立一个扩展名为.IDX 的独立索引文件,并打开此索引文件。独立索引文件只能按升序排列。

②选择 OF〈复合索引文件名〉子句,用于建立非结构复合索引文件,并指定非结构复合索引文件的名字。

③ASCENDING 用于设置复合索引排序文件为升序,这是默认值。DESCENDING 设置复合索引排序文件为降序。

④选择 BINARY 用于建立二进制索引。二进制索引是 Visual FoxPro 9.0 引进的新的索引类型,建立二进制索引时,不允许使用 FOR 子句和用于改变逻辑顺序的 ASCENDING、DESCENDING、UNIQUE 等关键字,也不允许使用会得出 NULL 值的索引表达式,不能设置二进制索引作为主索引,也不能在 SEEK 语句中使用二进制索引。

⑤选择 ADDITIVE 说明在建立索引时不关闭以前打开的索引,默认是关闭。

⑥使用命令不能建立主索引。

课堂操作 25　对学生信息表以姓名和入学成绩升序建立结构复合索引

具体操作

　　USE 学生信息表

　　INDEX ON 姓名＋str(入学成绩) Tag XM

课堂操作 26　对学生信息表以入学成绩字段建立一个降序结构复合索引文件

具体操作

　　USE 学生信息表

　　INDEX ON 入学成绩 Tag 成绩 DESCENDING

任务 3　使用索引文件

除了结构复合索引文件可以随着表的打开而自动打开外,其他索引文件必须通过用户的手工操作才能打开。

1.打开索引文件

结构复合索引文件可以随表文件的打开而打开,但没有主控索引。单索引和非结构复合索引在使用之前需要使用命令打开。

1)通过菜单命令打开索引

执行【文件】→【打开】命令,弹出"打开"对话框,在"文件类型"下拉列表中选择"索引(＊.IDX;＊.CDX)",在"文件名"文本框中输入索引文件名,单击【确定】按钮,即可打开指定索引文件。若当前没有打开表文件,系统将再次弹出"打开"对话框,要求用户打开相应的表文件。

2)通过命令方式打开索引

【方法 1】表与索引文件同时打开。

格式:USE〈表文件名〉INDEX〈索引文件名表〉

功能:打开指定的表文件及相关的索引文件。

说明

〈索引文件名表〉中可以包含多个索引文件,它们可以是独立索引文件,也可以是复合索引文件。其中的第一个索引文件被设置为主控索引文件,如果第一个索引文件是复合索引文件,由于包含多个索引标识,无法确定哪个索引标识起作用,因此在打开后还要确定主控索引,否则对表进行操作时,数据记录仍按物理顺序排列。

【方法 2】打开表后在打开索引文件。

格式:SET INDEX TO [〈索引文件名表〉][ADDITIVE]

功能:为当前表文件打开一个或多个索引文件。

说明

①排在索引文件名表中的第一个索引文件为独立索引时,打开的同时为主控索引。若为复合索引文件,则其中的第一个索引为主控索引。

②省略所有选项而直接使用 SET INDEX TO,将关闭当前工作区中除结构复合索引文件之外的全部索引文件。

③若省略 ADDITIVE 选项,则在打开新的索引文件时将原来的非结构索引文件关闭。

2. 设置主控索引

一个表可能有多个索引文件被打开,但在某一时刻只有一个主控索引文件。如果主控索引文件是复合索引文件,还得进一步确定哪一个索引标识是主控索引。另外,如果当前主控索引不合适,需要更换主控索引,也要重新设置主控索引。

1)通过菜单命令设置

打开当前表文件的浏览或编辑窗口,执行【表】→【属性】命令,弹出"工作区属性"对话框,在"索引顺序"下拉列表中选择索引名,如图 3-37 所示,单击【确定】按钮即可。

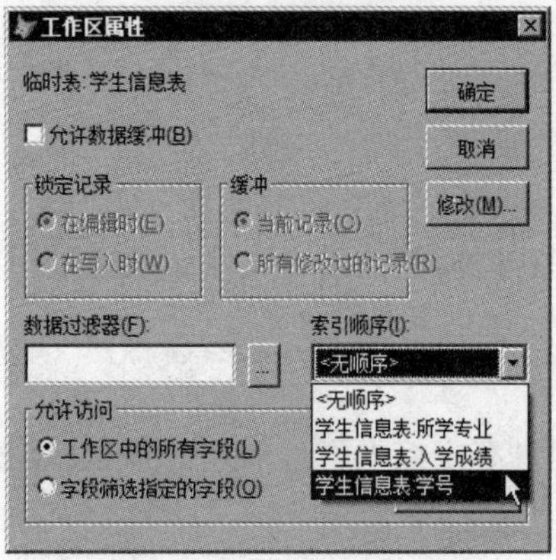

2)通过命令方式设置

在索引文件被打开后,要将某一个索引项设置为当前索引时,也可以使用命令进行操作。

格式:SET ORDER TO [〈索引序号〉|〈单索引文件名〉]|[TAG]〈索引标识名〉][OF〈复合索引文件〉]

功能:设置表的主控索引文件或主控索引标识。

说明

①索引序号是打开索引文件命令中的索引文件排列次序号,最好使用索引文件名,避免出现错误。

②|[TAG]〈索引标识名〉][OF〈复合索引文件〉]

图 3-37 "工作区属性"对话框

用于指定一个已打开的非结构复合索引中的一个索引标识为主控索引。若缺省[OF〈复合索引文件〉]选项,即指定结构复合索引中的一个索引标识为主控索引。

③不带任何短语的 SET ORDER TO 命令是取消主控索引,但索引文件仍然处于打开状态。

3. 关闭索引文件

格式 1:CLOSE INDEX

格式 2:SET INDEX TO

功能:关闭当前工作区中除结构复合索引文件以外的所有索引文件,同时取消主控索引。

4. 删除索引标识

1)通过表设计器删除

打开"表设计器"对话框,单击"索引"选项卡,选择要删除的索引,单击【删除】按钮即可。

2)通过命令方式删除

对于结构复合索引,使用表设计器删除不用的索引很直观,也可以使用命令删除。

格式 1:DELETE TAG ⟨索引标识名表⟩|ALL

功能:删除结构复合索引文件中指定的或所有的索引标识。

说明

①ALL 用于删除所有的索引标识,同时其复合索引文件(.CDX)也被删除。

②⟨索引标识名表⟩用于指定所要删除的索引标识。

格式 2:DELETE FILE ⟨索引文件名⟩

功能:删除指定的索引文件。

说明

该命令将从硬盘上删除索引文件,且无法恢复。

课堂操作 27　删除"学生信息表"文件"姓名"索引

具 体 操 作

　　USE 学生信息表

　　DELETE TAG 姓名

　　USE

5. 索引定位

格式:SEEK ⟨表达式⟩

功能:在打开的索引文件中查找与⟨表达式⟩相匹配的第一条记录。

说明

①⟨表达式⟩指定 SEEK 搜索的关键字。

②继续查找下一条时用 SKIP 命令。

课堂操作 28　查找学号为"20140502"的学生记录

具 体 操 作

　　USE 学生信息表

　　INDEX ON 学号 TAG XH

　　SEEK "20140502"

　　?FOUND()　　　　　　　　&& 结果为.T.

　　DISPLAY

　　USE

贴心·提示

表达式与索引项要匹配,如"20140502"与指定的索引"学号"数据类型一致。

项目小结

　　索引可以帮助完成对表中记录的有序排列,通过索引可以完成对记录的快速查找。索引的引入是对数据表中的记录进行逻辑排序。要充分认识索引的重要性,学会索引的创建及使用,对于管理数据库中的数据是有帮助的。

项目5　认识数据的完整性

项目描述

为了保证数据库中数据的正确性，Visual FoxPro引入了数据完整性概念，数据完整性一般包括实体完整性、域完整性和参照完整性。

项目分析

要想充分认识数据的完整性，本项目以一个实例的操作过程，来进行完整地讲解。因此，本项目可分解为以下任务：

- 数据完整性基本知识
- 建立参照完整性

项目目标

- 了解数据完整性的基本知识
- 掌握参照完整性建立的方法

任务1　数据完整性基本知识

1. 实体完整性与主关键字

实体完整性是为了保证表中记录的唯一性，即在表中不允许出现重复记录。在Visual FoxPro中利用主关键字或候选关键字来保证表中的记录唯一，即保证实体的唯一性。

主关键字的设置是在表设计器中完成的。

2. 域完整性与约束规则

域完整性，表中字段数据类型的定义就属于此范畴。所谓域完整性，是指输入适合数据类型的数据，如年龄字段的数据类型定义为整型，宽度为2。输入17、18、20等就是正确的，而输入"abc"、123就是错误的。另外，用户可以通过定义字段有效性规则进一步限定输入数据的范围，实现域完整。

3. 参照完整性

参照完整性是为了保证数据库中数据的正确性。所谓参照完整性，是指当插入、删除或更新一个表中的数据时，通过参照引用相互联系的另一个表中的数据，来检查对表的数据操作是否正确。

任务2　建立参照完整性

参照完整性与表之间的联系关系密切，在设计参照完整性之前，要保证存在有两个以上相关联的表文件。

1. 创建其他的表文件

"学生"数据库中只有一张"学生信息表"的数据表，为了更好地理解数据完整性建立的过程和要求,在该数据库中增加如表 3-5 所示的"成绩表"和表 3-6 所示的"课程表"。

　　根据数据表的设计规则,结合具体表的实践内容,可将表 3-5 所示的成绩表的结构设计成表 3-7 所示的结果。同样,表 3-6 所示的课程表的结构设计结果如表 3-8 所示。

表 3-5　成绩表

学号	课程编号	平时成绩	期末成绩	总　评
20140101	010001	29	96	
20140102	010001	27	93	
20140201	020001	25	88	
20140301	030001	28	86	
20140401	040002	29	97	
20140501	050001	27	99	
20140502	050001	26	76	
20140302	050002	30	89	
20140202	020001	28	91	
20140402	040001	26	96	
20140101	010002	29	98	
20140102	010002	29	89	
20140301	050002	30	87	
20140302	030001	27	96	
20140201	020002	30	93	
20140202	020002	28	97	
20140501	030002	29	99	
20140502	030002	29	95	
20140401	040001	26	87	
20140402	040002	27	91	

表 3-6　课程表

课程编号	课程名称	学　时	学　分
010001	基础会计	72	4
010002	会计实操	36	2
020001	金融实务	72	4
020002	经济法	54	3
030001	网络基础	72	4
030002	网页制作	36	2
040001	市场营销基础	72	4
040002	广告策划与设计	54	3
050001	电子商务概论	72	4
050002	网站搭建	36	2

表 3-7　成绩表文件结构

字段名	类型	宽度	小数位数	索引	NULL 值
学号	字符型	8			否
课程编号	字符型	6			是
平时成绩	数值型	3	0		是
期末成绩	数值型	5	1		是
总评	数值型	5	1		是

表 3-8　课程表文件结构

字段名	类型	宽度	小数位数	索引	NULL 值
课程编号	字符型	6			否
课程名称	字符型	14			是
学时	数值型	3	0		是
学分	数值型	1	0		是

✎ **课堂操作 29　利用"项目管理器"为学生数据库依次建立成绩表和课程表文件**

【 具 体 操 作 】

❶在"项目管理器"中选择"学生"库下的表文件类型,单击右侧的【新建】按钮,弹出"新建表"对话框,如图 3-38 所示。

❷单击【新建表】按钮,打开"创建"对话框,在"输入表名"后面的文本框中输入表名"学生信息表",如图 3-39 所示。

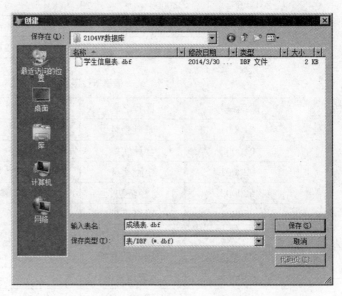

图 3-38　"新建表"对话框　　　　　图 3-39　"创建"对话框

❸单击【保存】按钮,打开"表设计器"对话框,如图 3-40 所示。

④依次输入该表文件的字段名、类型、宽度、小数位数及是否允许空值,效果如图 3-41 所示。

图 3-40 "表设计器"对话框

图 3-41 字段效果

⑤单击【确定】按钮,保存所建表结构。在"项目管理器"中,选择"成绩表",单击【浏览】按钮,打开成绩表的浏览窗口。执行【显示】→【追加方式】命令,进入表编辑状态,依次输入成绩表的记录,效果如图 3-42 所示。

⑥用同样方法创建课程表文件,已建好的课程表效果如图 3-43 所示。

图 3-42 成绩表记录

图 3-43 课程表记录

2.设计参照完整性

参照完整性与表之间的联系关系密切,在设计参照完整性之前,首先要建立表之间的联系。

1)建立表之间的联系

在数据库设计器中建立表之间的联系时,首先在父表中建立主索引,在子表中建立普通索引,然后通过父表的主索引和子表的普通索引建立起两个表之间的联系。

✍ 课堂实训 30　在数据库中建立好如图 3-45 所示的三个表文件之间的联系

具 体 操 作

①在"表设计器"中分别为成绩表的"学号"和"课程编号"字段建立普通索引,为课程表的"课程编号"字段建立主索引。执行【显示】→【数据库设计器】命令,打开"数据库设计器"窗口,如图 3-44 所示。

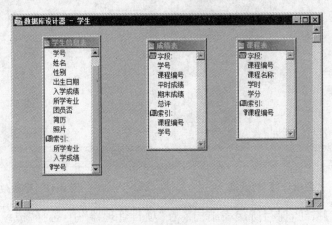

图 3-44　"数据库设计器"窗口

②在数据库设计器中用鼠标左键选中"学生信息表"中的主索引学号,保持按住鼠标左键,鼠标箭头变成小矩形状,拖动到成绩表的学号索引上,释放鼠标。

③用同样的方法可以在"课程表"和"成绩表"之间建立联系,如图 3-45 所示。从图中可知表与表之间的联系为一对多联系。

④在建立联系时,如有错误操作,可随时编辑修改。方法是用鼠标右键单击表之间的关系连线,在弹出的快捷菜单中选择"编辑关系"后,弹出"编辑关系"对话框,如图 3-46 所示。

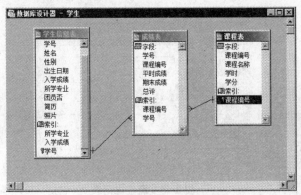

图 3-45　建立表之间的联系　　　　　图 3-46　"编辑关系"对话框

2)设置参照完整性

建立表之间的联系后,清理数据库,然后才能设置参照完整性。清理数据库是物理删除表中所有带删除标记的记录。在"数据库设计器"窗口中,执行【数据库】→【清理数据库】命令,完成清理数据库操作。

　　清理完数据库后,执行【数据库】→【编辑参照完整性】命令,或右键单击关系连线,在弹出的快捷菜单中选择【编辑参照完整性】选项,打开"参照完整性生成器",如图 3-47 所示。

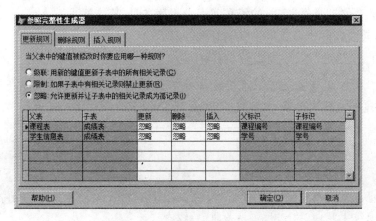

图 3-47　"参照完整性生成器"对话框

参照完整性规则包括更新规则、删除规则和插入规则。

更新规则是指当更新父表中的主关键字时,如何处理相关子表中的记录,有三种选择:

- 若选择"级联",用新的主关键字值自动修改子表中的所有相关记录。
- 若选择"限制",子表中有相关记录,则禁止修改父表中主关键字字段的值。
- 若选择"忽略",允许修改父表记录的主关键字,与子表无关。

删除规则是指删除父表中的记录时,如何处理子表中相关的记录,有三种选择:

- 若选择"级联",自动删除子表中所有相关记录。
- 若选择"限制",子表中有相关记录时,禁止删除父表中的记录。
- 若选择"忽略",允许删除父表中的记录,与子表无关。

插入规则规定了在子表中插入记录时,如何选择:

- 若选择"限制",在父表中没有相匹配的关键字段值时,禁止在子表中插入记录。
- 若选择"忽略",允许在子表中插入记录,与父表无关。

参照完整性的设计是与数据库的实际应用密不可分的。

如图 3-48 所示,父表"学生信息表"与子表"成绩表"的参照完整性,更新规则选择"级

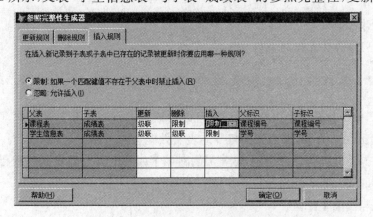

图 3-48　"参照完整性生成器"对话框

联",当修改主表中的"学号"字段的值时,子表中相关记录的"学号"字段的值自动修改;删除规则选择"级联",在父表中删除记录时,子表中相关记录自动删除;插入规则选择"限制",在子表中插入新记录的"学号"字段的值在父表中不存在时,禁止插入。

以上设置符合实际中在校学生学籍管理的要求。

 贴心提示

在设置了参照完整性之后,对表的操作不像以前那么方便。不能使用 APPEND、INSERT命令追加或插入记录,只能使用 SQL 的 INSERT 命令插入记录。

项目小结

为了保证数据库中数据的正确性,Visual FoxPro 引入了数据完整性概念,数据完整性一般包括实体完整性、域完整性和参照完整性。

 项目 6 操作多数据表

项目描述

在实际应用中,常常需要对两个或两个以上的表同时进行操作。在 Visual FoxPro 中运用工作区概念,一次可以打开多个数据库,在每个数据库中又可以打开多个数据表文件,另外还可以打开多个自由表文件。

项目分析

如何同时使用多个数据库和数据表,这就要引入工作区的概念,因此,本项目可分解为以下任务:

- 工作区的概念及操作
- 不同工作区表间的关联

项目目标

- 了解工作区的概念
- 掌握不同工作区表间的关联

任务 1 工作区的概念及操作

使用 USE 命令打开一个表文件后,就可以对该表进行浏览及各种操作,此时若想使用 USE 命令再打开另一个表,那么先前打开的表文件就会被关闭。这种只能对一个表进行的操作称为单表操作。在实际应用中,常常需要对两个或两个以上的表同时进行操作,这就涉及多表操作的问题。多表操作是以工作区为基础的。

1. 工作区与当前工作区

工作区是用来保存表及其相关信息的一片存储区域。所谓打开表,就是将表从磁盘调入内存的某一个工作区。在每个工作区中只能打开一张表,但可以同时打开与表相关的其他文件,譬如,索引文件、查询文件等。若在一个工作区中打开一个新的表,则该工作区中原来的表就会关闭。

有了工作区的概念,用户就可以在不同的工作区同时打开多个表,但在任何时候用户只能使用一个工作区。当前正在使用的工作区称为当前工作区。

2. 工作区的区号和别名

不同的工作区可以通过其编号或别名来区分,Visual FoxPro 提供了 32767 个工作区,系统分别以 1～32767 作为各工作区的编号。系统总是默认在第 1 个工作区打开表文件。

工作区的别名有两种:

(1)系统定义的别名:1～10 号工作区的别名分别为字母 A～J。

(2)表名或用户定义的别名:若用户在某个工作区打开表文件时未赋予另外的别名,则在该工作区上打开的表名即为其别名。若打开表文件时指定了别名,则该别名将作为表所在工作区的别名。

为表定义别名的命令是:

格式:USE〈表文件名〉[ALIAS〈别名〉][IN〈工作区号〉]

功能:在指定工作区打开表并创建表的别名。

说明

①USE〈表文件名〉用来打开表,表名即为其别名。

②USE〈表文件名〉ALIAS〈别名〉用于在打开指定的表文件时赋予其指定的别名,该别名将作为该表所在工作区的别名。别名可以包含最多 254 个字母、数字、下划线,且必须以字母或下划线开头。

③使用此命令为表定义别名后,不允许原表名以别名身份出现在 Visual FoxPro 命令中。

3. 指定当前工作区

格式:SELECT〈工作区号〉|〈别名〉|0

功能:选择一个工作区为当前工作区。

说明

①工作区的切换不影响各工作区记录指针的位置。

②SELECT 0 表示选择当前没有被使用的最小工作区号为当前工作区。

✎ **课堂操作 31　多工作区的应用**

具 体 操 作

```
    SELECT 1
    USE 学生信息表
    SELECT 2
    USE 成绩表
    LIST
    SELECT 学生信息表                    && 与 SELECT 1 等价
    LIST
```

另外,使用"USE 学生信息表 IN 1 ALLIAS st "命令选择工作区的同时,可打开表文件并为表文件指定别名。

4. 不同工作区的互访

在当前工作区中可以访问其他工作区中表的数据,但要在非当前工作区表的字段名前面加上别名和连接符,引用格式为:别名.字段名 或者:别名－＞字段名。

 课堂操作 32　不同工作区中数据的互访

具 体 操 作

> SELECT 2
> SEEK "20140201" ORDER 学号 IN 学生信息表
> ?学号,A.学号,B－＞学号

任务 2　不同工作区表间的关联

表之间的联系是永久性的关系,表之间的关联是临时性的关系。建立表之间的关联目的在于使两个工作区中的表记录指针联动,这是永久性关系不能实现的。

1. 建立表之间的关联命令

格式:SET RELATION TO［索引关键字 INTO 工作区号|别名］

功能:将当前工作区中的表与指定工作区中的表建立临时性关系。

说明

①索引关键字一般是父表的主索引、子表的普通索引。

②工作区号或别名是指定由当前工作区的表与哪个区的表建立临时性关系。

③不带选项的 SET RELATION TO 命令是取消当前表到所有表的临时关系。

④取消某个临时联系需使用命令:

> SET RELATION OFF INTO 工作区号|别名

课堂操作 33　两表之间临时关系的应用

具 体 操 作

> OPEN DATABASE 学生
> USE 学生信息表 IN 1 ORDER 学号
> USE 成绩表 IN 2 ORDER 学号
> SET RELATION 学号 INTO 成绩表
> BROWSE
> SELECT B
> BROWSE

此时在"学生信息表"中单击 6 号记录,此时"成绩表"的显示结果如图 3-49 所示。

2. 数据工作期窗口

下面以"学生信息表"作为父表,"成绩表"为子表,举例说明在数据工作期窗口如何建立表间的关联。

图 3-49 表之间的关联

✍ 课堂操作 34 在"数据工作期"窗口中建立表之间关联

具体操作

①执行【窗口】→【数据工作期】命令,打开"数据工作期"窗口。

②单击【打开】按钮,分别打开"学生信息表"和"成绩表"两个表文件。

③选择"学生信息表"作为父表。在别名列表框中选中"学生信息表"后单击【关系】按钮,将其送入"关系"列表框,此时在"关系"列表框中出现"学生信息表"表名,其下连一折线,表示它在关系中作为父表,如图 3-50 所示。

④选择"成绩表"作为子表。单击别名框中的"成绩表",弹出"表达式生成器"对话框,此时若没有指定主控索引,会弹出"设置索引顺序"对话框,选择"学号"为主控索引,如图 3-51 所示,单击【确定】按钮,确定索引关键字后,数据工作期窗口如图 3-52 所示。

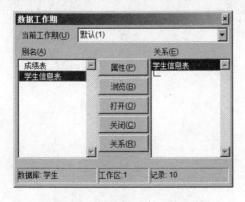

图 3-50 "数据工作期"对话框

图 3-51 "设置索引顺序"对话框

⑤表之间的关联建立完成后,在"数据工作期"窗口中,先选择"学生信息表"后单击【浏览】按钮,再选择"成绩表"单击【浏览】按钮,当单击父表"学生信息表"中的某一记录时,则在子表中出现与其相对应的记录,如图 3-53 所示,说明父表的指针移动时,子表的指针就会自动移到与父表当前学号相同的记录上。

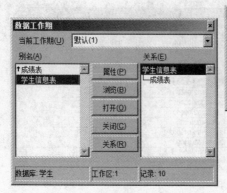

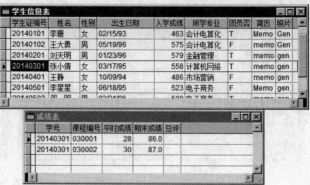

图 3-52 "数据工作期"窗口　　　　图 3-53 父表与子表一对一关系的指针移动

项目小结

　　在实际应用中,常常需要对两个或两个以上的表同时进行操作。在 Visual FoxPro 中运用工作区概念,就可以实现一次打开多个数据表,并在多工作区间进行表的互访。

单 元 小 结

本单元共完成 6 个项目的学习,学完后应该有以下收获。

(1)熟练掌握创建项目文件及"项目管理器"的使用。

(2)熟练掌握数据库的建立与使用以及数据库设计器环境和数据库菜单的使用。

(3)熟练掌握表的设计过程及表的基本操作。

(4)掌握以下命令的使用:

①打开和关闭表文件命令:

　　USE〔〈表文件名〉〔 ALIAS〈别名〉〕〔EXCLUSIVE〕〔SHARED〕〕

②逻辑删除记录命令:

　　DELETE〔〈FOR 条件表达式〉〕

③恢复命令:

　　RECALL〔〈FOR 条件表达式〉〕

④物理删除记录命令:

　　PACK

⑤记录值替换命令:

　　REPLACE〈字段名 1〉WITH〈表达式 1〉〔,〈字段名 2〉WITH〈表达式 2〉…〕〔〈范围〉〕〔FOR〈条件〉〕〔WHILE〈条件〉〕

⑥ 排序命令:

　　SORT TO〈表文件名〉ON〈字段名 1〉〔/A∣/D〕〔/C〕〔,〈字段名 2〉〔/A∣/D〕〔/C〕…〕〔〈范围〉〕〔FOR〈逻辑表达式〉〕〔WHILE〈逻辑表达式〉〕〔FIELDS〈字段名列表〉〕

(5)复合索引文件中的索引类型有主索引、候选索引、唯一索引和普通索引四种类型。

复合索引文件具有与表文件主名相同的文件名、扩展名为.CDX、伴随表文件的打开而打开、索引项自动维护的特点。为表建立索引,是数据库中许多操作的准备工作。

建立索引的命令是:

INDEX ON〈索引关键字表达式〉TO〈索引文件名〉| TAG〈索引名〉[OF〈复合索引文件名〉][FOR〈条件〉] [ASCENDING | DESCENDING][CANDIDATE| UNIQUE][ADDITIVE]

(6)设计参照完整性:参照完整性的设计是保证数据库中数据完整性的重要操作,分三个步骤进行:一是建立表之间的联系,二是清理数据库,最后打开"参照完整性生成器"进行设计。

(7)工作区的概念及选择,多工作区数据表的使用,表之间的关联的建立。

实训与练习

☞ **上机实训** 建立学生数据库。

实训目的

掌握项目文件、数据库文件和表文件的建立方法,熟练掌握建立表文件的过程及相关操作,深刻理解表之间的联系和参照完整性的设计过程。

实训步骤参考

① 为以下操作建立一个文件夹 D:\vfp,并设置默认文件位置。方法是:【工具】→【选项】→"文件位置"→"默认目录"→【修改】,然后在"更改文件位置"对话框中勾选"使用默认目录",在"定位默认目录"下的文本框中输入"D:\vfp",单击【确定】按钮,最后在"选项"对话框中单击【确定】按钮。

② 建立一个项目文件。单击【新建】按钮打开"新建"对话框,选择文件类型为"项目",之后在"创建"对话框中输入项目文件名为"学生管理"。

③ 建立数据库。在"项目管理器"中选择"数据库文件"类型,单击右侧的【新建】按钮。设置数据库的文件名为"学生管理",关闭数据库设计器。

④ 建立表文件。选择数据库"学生管理"下的表文件类型,建立表3-9所示的表文件。

表3-9　学生表

学号	姓名	性别	入学成绩	出生日期	家庭住址
20141203	李珊	女	463	1997－2－15	唐山
20141204	王大勇	男	475	1997－5－19	石家庄
20141205	刘天明	男	539	1996－1－23	蚌埠
20141227	张小倩	女	398	1995－3－17	秦皇岛
20141210	王静	女	486	1997－10－9	日照

在设计表结构时,注意字段的类型与宽度的确定,字段的宽度以够用且能存放记录中最大值。

⑤ 在"项目管理器"中选择"自由表"文件类型,建立表3-10、表3-11、表3-12所示的三个自由表文件。

<table>
<tr><td colspan="3">表 3-10　成绩表</td></tr>
</table>

学号	课号	成绩
20141203	01	82
20141203	03	75
20141204	01	90
20141204	03	95
20141205	01	92
20141205	03	90
20141227	01	78
20141227	03	85
20141210	03	98

表 3-11　选课表

课号	课程名
01	高数
02	英语
03	哲学
04	计算机基础
05	体育
06	VB 程序设计
07	心理学

表 3-12　必修课表

课号	必修专业	课号	必修专业	课号	必修专业
1	计算机网络	2	计算机应用	5	计算机网络
1	计算机应用	4	计算机网络	5	计算机应用
2	计算机网络	4	计算机应用	6	计算机应用

⑥将三个自由表文件添加到"学生管理"数据库中。

⑦分别为四个表文件建立索引。

⑧设计参照完整性。

首先清理数据库(选择数据库菜单中的清理数据库),然后用鼠标选择主表中的主索引拖动到子表的普通索引上放开。用鼠标右键单击关系连线,在弹出的快捷菜单中选择"编辑参照完整性",打开"参照完整性生成器"对话框,编辑完整性。

⑨打开"学生表",修改表结构,增加一个字段:专业(C,12),并从 1 号记录开始,分别设置专业字段值为:(计算机网络,计算机网络,计算机应用,计算机网络,计算机应用);打开"选课表",修改表结构,增加一个字段:学分(N,1,0),并从 1 号记录开始,分别设置学分字段值为:(3,3,3,4,3,4,2)。

⑩在"学生表"中追加一条记录,记录内容为:

20141209	李珊	女	347	02/18/97		计算机应用	

⑪为"成绩表"追加下列记录:

20141203	02	91
20141203	04	95
20141205	05	67
20141205	06	92

填空题

1. Visual FoxPro 中的表分为 ＿＿＿＿＿ 表和 ＿＿＿＿＿ 表两种,它们的扩展名均为 ＿＿＿＿＿。

2. Visual FoxPro 中每个表都是由 ＿＿＿＿＿ 和 ＿＿＿＿＿ 两部分构成的。

3. 打开数据库文件的命令是 ＿＿＿＿＿。

4. Visual FoxPro 的主索引和候选索引可以保证数据的 ＿＿＿＿＿ 完整性。

5. 在数据库设计器中建立表之间的联系时主表中建立 ＿＿＿＿＿ 索引,子表中建立 ＿＿＿＿＿ 索引。

6. Visual FoxPro 中允许同时打开 ＿＿＿＿＿ 数据库和自由表。

7. 不允许记录中出现重复值的索引是 ＿＿＿＿＿ 索引。

8. 在 Visual FoxPro 的窗口、或使用 SET RELATION 命令建立两表之间的关系是 ＿＿＿＿＿ 关系。

9. 参照完整性规则有 ＿＿＿＿＿、＿＿＿＿＿、＿＿＿＿＿ 三种。

10. Visual FoxPro 中表的日期型字段的宽度为 ＿＿＿＿＿,逻辑型字段的宽度为 ＿＿＿＿＿,备注型字段的宽度为 ＿＿＿＿＿。

选择题

1. 在当前文件夹下建立学生表 STUD. DBF 的命令是(　　　)。
   A. CREATE STUD
   B. EDIT STUD
   C. MODIFY STUD
   D. MODI COMM STUD

2. 修改当前表结构的命令是(　　)操作。
   A. MODIFY　　　　B. MODI COMM　　　　C. EDIT STRU　　　　D. CREATE

3. 在创建数据表结构时,若数值型字段的宽度为 4,小数位为 1,那么其可以表示的最大数为(　　　)。
   A. 9999　　　　B. 999.9　　　　C. 99.9　　　　D. 9.999

4. 表文件的全部备注型字段的内容存储在(　　)中。
   A. 同一备注文件
   B. 不同备注文件
   C. 同一文本文件
   D. 同一数据库文件

5. 假若当前表中有 10 条记录,当前记录 2,使用 APPEND BLANK 命令增加一条空白记录,那么当前记录是(　　)。
   A. 2　　　　B. 3　　　　C. 1　　　　D. 11

6. 当前工作区是指(　　)。
   A. 刚进入 Visual FoxPro 时,打开的数据表所占用的工作区
   B. 最后一次用 SELECT 命令选择的工作区
   C. 最后执行 USE 命令所在的工作区
   D. 可以对该工作区的数据进行操作的工作区

7. 命令 SELECT 0 的结果是(　　)。
   A. 选择了 0 号工作区
   B. 选择了空闲的最小的工作区
   C. 选择一个空闲工作区
   D. 显示出错信息

8. 以下关于空值(NULL)的叙述正确的是(　　)。

  A. 空值等同于空字符串   B. 空值表示字段或变量还没有确定的值

  C. Visual FoxPro 不支持空值   D. 空值等同于数值 0

9. 用 LIST 命令显示当前表的当前记录,命令格式是(   )。

  A. LIST   B. LIST ALL   C. LIST REST   D. LIST NEXT 1

10. 以下叙述正确的是(   )。

  A. 自由表字段名最长 20 个字符   B. 数据库表字段名最长 100 个字符

  C. 字段名中可以有空格   D. 字段名中不可以有空格

第4单元

查询与视图

建立数据库的重要目的之一就是方便、快速地检索数据。在 Visual FoxPro 9.0 中用户可以通过执行 SQL 语句、运行查询文件和运行视图文件三种方法对数据库的数据进行查询。

SQL 是关系数据库的标准化通用查询语言,而查询是从指定数据库表或视图中提取满足条件的记录;视图是基于表定义的一种虚拟表,可以从表中提取一组记录,改变记录的值,并把更新结果送回表。

本单元将通过 3 个项目的讲解,介绍 Visual FoxPro 9.0 中 SQL 查询命令的使用,以及使用查询和视图工具进行查询的方法,以便方便、快速地检索和操作数据库。

项目 1　认识 SQL

项目 2　使用查询设计器

项目 3　创建和使用视图

项目 1　认识 SQL

项目描述

在 Visual FoxPro 9.0 关系数据库管理系统中,除了使用 Visual FoxPro 命令外,也支持使用 SQL 命令。SQL 是 Structured Query Language 的缩写,即结构化查询语言。它是关系数据库的标准语言。由于其功能丰富、使用灵活、语言简洁易学,得到了广泛的应用。

项目分析

首先从 SQL 的数据查询入手,依次讲解数据查询、数据修改和数据定义的方法,以便快速、准确地进行数据检索。因此,本项目可分解为以下任务:

- SQL 语言概述
- SQL 数据查询功能
- SQL 数据修改功能
- SQL 数据定义功能

项目目标

- 了解 SQL 的特点
- 掌握 SQL 的查询命令
- 掌握 SQL 的修改命令
- 掌握 SQL 的定义命令

任务 1　SQL 语言概述

SQL 语言是一种功能齐全的数据库语言,它提供了一系列完整的数据定义、数据操纵、数据查询和数据控制功能。包括定义数据库和表的结构,实现表中数据的录入、修改、删除及查询、维护、数据库安全性控制等功能。而且,经过优化处理,一条 SQL 命令可以替代多条 Visual FoxPro 命令。SQL 语言的基本特点如下。

1. 一体化语言

SQL 是一种一体化的语言,它可以完成数据库操作中全部的工作,包括数据定义、数据查询、数据操纵和数据控制等方面的功能。

2. 高度非过程化

对完成任务的过程而言,SQL 是一种高度非过程化的语言。用户不必告诉计算机怎么去做,只需告诉它做什么,SQL 语言就可以将要求交给系统,系统自动完成全部工作,并且在执行过程中实行优化。

3. 简洁实用

SQL 语言的功能很强,而且语句非常简单,只有为数不多的几条命令,核心功能只需要使用 9 个命令动词,语法结构近似自然语言,比较容易学习掌握。

4.使用方法较少

SQL 有两种使用方法。一种是以与用户交互的方式联机使用,该方式也称为交互式 SQL,是最终用户即得查询,非常适合非计算机专业人员使用;另一种是作为子语言嵌入到其他程序设计语言中使用,该方式也称为宿主式 SQL,适合软件开发人员使用高级语言编写应用程序并与数据库打交道时,嵌入到主语言中使用。用户可以根据情况灵活选择,并且 SQL 语言的语法基本一致。

贴心·提示

在 Visual FoxPro 9.0 中,系统所支持的 SQL 语言并不是全部的 SQL 语言,其暂不支持数据控制功能。为了简化对 SQL 的提法,这里所说的 SQL 是指 Visual FoxPro 9.0 所支持的 SQL 语言。

下面将从数据查询、数据修改和数据定义三方面介绍 Visual FoxPro 9.0 支持的 SQL 语言。

为了讲解方便,本单元操作统一使用第 3 单元建立的"学生.dbc"数据库,该数据库中有学生信息表、成绩表及课程表,分别如表 4-1～表 4-3 所示。

表 4-1　学生信息表

学号	姓名	性别	出生日期	入学成绩	所学专业	团员否	简历	照片
20140101	李珊	女	1993－2－15	463	会计电算化	TRUE	(略)	(略)
20140102	王大勇	男	1996－5－19	475	会计电算化	FALSE	(略)	(略)
20140201	刘天明	男	1996－1－23	579	金融管理	TRUE	(略)	(略)
20140301	张小倩	女	1995－3－17	558	计算机网络	TRUE	(略)	(略)
20140401	王静	女	1994－10－9	486	市场营销	FALSE	(略)	(略)
20140501	李星星	女	1995－6－18	523	电子商务	FALSE	(略)	(略)
20140502	周一围	男	1996－3－21	508	电子商务	TRUE	(略)	(略)
20140302	张萌	女	1995－4－26	537	计算机网络	TRUE	(略)	(略)
20140202	孙良玉	男	1995－1－21	528	金融管理	FALSE	(略)	(略)
20140402	陈曦	男	1994－12－8	519	市场营销	FALSE	(略)	(略)

表 4-2　成绩表

学号	课程编号	平时成绩	期末成绩	总　评
20140101	010001	29	96	
20140102	010001	27	93	
20140201	020001	25	88	
20140301	030001	28	86	
20140401	040002	29	97	

续表

学号	课程编号	平时成绩	期末成绩	总 评
20140501	050001	27	99	
20140502	050001	26	76	
20140302	050002	30	89	
20140202	020001	28	91	
20140402	040001	26	96	
20140101	010002	29	98	
20140102	010002	29	89	
20140301	050002	30	87	
20140302	030001	27	96	
20140201	010001	30	93	
20140202	010001	28	97	
20140501	050002	29	99	
20140502	050002	29	95	
20140401	040001	26	87	
20140402	040002	27	91	

表 4-3　课程表

课程编号	课程名称	学　时	学　分
010001	基础会计	72	4
010002	会计实操	36	2
020001	金融实务	72	4
030001	网络基础	72	4
040001	市场营销基础	72	4
040002	广告策划与设计	54	3
050001	电子商务概论	72	4
050002	网站搭建	36	2

任务 2　SQL 数据查询功能

所谓数据查询,是指从数据库存储的数据中,根据用户的需要提取数据。另外,还可以统计查询结果和排序结果。数据查询是数据库的核心操作,SQL 提供了简单而又丰富的查询语句,在 SQL 语言中,查询命令 SELECT 又是其核心。SELECT 语句可以实现数据库上的任何查询。

1. 基本查询语句

格式：SELECT［ALL｜DISTINCT］〈字段名列表〉；

　　　　FROM〈表名〉；

　　　　［WHERE〈条件表达式〉］

功能：从指定的表中查询满足条件的数据。

说明

①ALL：表示显示全部查询记录，包括重复记录。

②"＊"号表示全部字段。

③DISTINCT：表示显示无重复结果的记录。

④FROM 子句指定表的名称。

⑤WHERE 子句指定查询条件，可以用关系运算符、逻辑运算符及特殊运算符构成较复杂的〈条件表达式〉。

⑥SQL 支持的关系运算符有：＝、＜＞、！＝、♯、＝＝、＞、＞＝、＜、＜＝。

⑦多个查询条件可以用 AND、OR 或 NOT 连接。

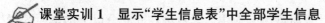 **课堂实训 1　显示"学生信息表"中全部学生信息**

具 体 操 作

　　　SELECT ALL ＊ FROM 学生信息表

查询结果如表 4-1 所示，显示了表中全部学生信息。

课堂实训 2　列出"学生信息表"中非计算机网络专业全部学生的学号、姓名及入学成绩

具 体 操 作

　　　SELECT 学号，姓名，入学成绩 FROM 学生信息表 WHERE 所学专业！＝"计算机网络"

说明

①WHERE 子句说明查询的限制条件是：所学专业！＝"计算机网络"，也可以写成：所学专业＜ ＞"计算机网络"或 NOT（所学专业＝"计算机网络"）。

②查询结果只显示满足条件的记录的指定字段的值，如图 4-1 所示。

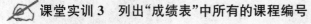 **课堂实训 3　列出"成绩表"中所有的课程编号**

具 体 操 作

　　　SELECT DISTINCT 课程编号 FROM 成绩表

说明

成绩表中存储着所有课程的课程编号，但如果直接用 SELECT 命令选取就会有重复行出现。用 DISTINCT 选项可以去掉重复行。查询结果如图 4-2 所示。

图 4-1　查询结果　　　　　　　　　　　图 4-2　查询结果

✎ **课堂实训 4**　查询"学生信息表"中 **1996** 年 **1** 月 **1** 日以后出生的学生名单

（具 体 操 作）

SELECT 姓名 FROM 学生信息表 WHERE 出生日期＞CTOD("01/01/96")
查询结果如图 4-3 所示。

✎ **课堂实训 5**　列出金融管理或计算机网络专业中入学成绩在 **550** 分以上的学生的学
号、姓名和所学专业

（具 体 操 作）

SELECT 学号,姓名,所学专业 FROM 学生信息表 WHERE 入学成绩＞550 AND
（所学专业＝"金融管理" OR 所学专业＝"计算机网络"）
查询结果如图 4-4 所示。

图 4-3　查询结果　　　　　　　　　　　图 4-4　查询结果

2．几个特殊查询运算符

特殊运算符包括 BETWEEN…AND、IN 、IS NULL 和 LIKE。下面举例说明这四种特
殊运算符的使用。

1）BETWEEN…AND 运算符

查询中,如果要求某列的数值在某个区间范围内,可使用此运算符。

✎ **课堂实训 6**　查找期末成绩在 **80** 到 **95** 分之间的学生选课得分情况

（具 体 操 作）

SELECT ＊ FROM 成绩表 WHERE 期末成绩 BETWEEN 80 AND 95
等价于:

SELECT * FROM 成绩表 WHERE 期末成绩 >=80 AND 期末成绩<=95

说明

与 BETWEEN…AND 含义相反的,可以使用 NOT BETWEEN…AND。查询结果如图 4-5 所示。

2)IN 运算符

查询中,如果要求表中某列在某几个值中取值,可以使用 IN 运算符。

课堂操作 7　列出选修 030001 号课或 050002 号课的全体学生的学号、课程编号和期末成绩

具体操作

SELECT 学号,课程编号,期末成绩 FROM 成绩表 WHERE 课程编号 IN ("030001","050002")

等价于:

SELECT 学号,课程编号,期末成绩 FROM 成绩表 WHERE 课程编号="030001" OR 课程编号="050002"

说明

同样可以使用 NOT IN 来表示与 IN 完全相反的含义。查询结果如图 4-6 所示。

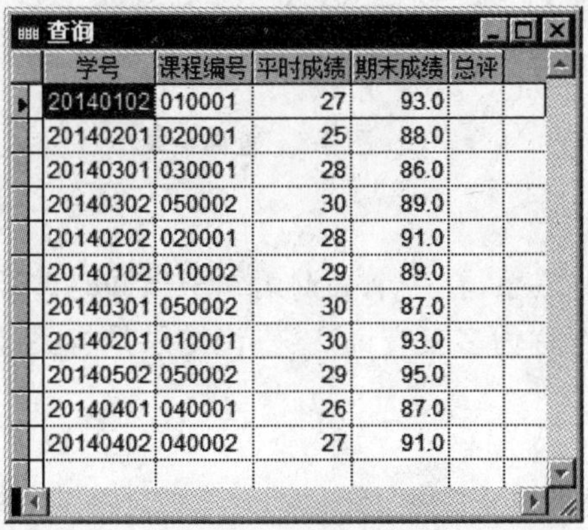

学号	课程编号	平时成绩	期末成绩	总评
20140102	010001	27	93.0	
20140201	020001	25	88.0	
20140301	030001	28	86.0	
20140302	050002	30	89.0	
20140202	020001	28	91.0	
20140102	010002	29	89.0	
20140301	050002	30	87.0	
20140201	010001	30	93.0	
20140502	050002	29	95.0	
20140401	040001	26	87.0	
20140402	040002	27	91.0	

图 4-5　查询结果

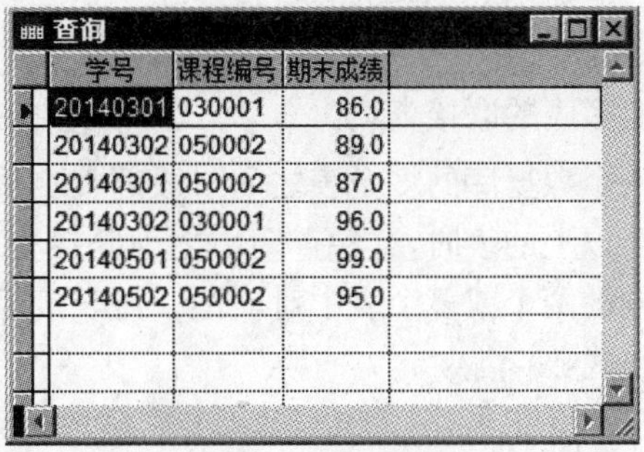

学号	课程编号	期末成绩
20140301	030001	86.0
20140302	050002	89.0
20140301	050002	87.0
20140302	030001	96.0
20140501	050002	99.0
20140502	050002	95.0

图 4-6　查询结果

3)LIKE 运算符

LIKE 运算符专门对字符型数据进行比较。它提供了以下两种字符串匹配方式。

- 使用下划线符号“_”匹配一个字符。
- 使用百分号“%”匹配 0 个或多个字符。

课堂操作 8　列出所有 2014 级学生的 010001 号课程成绩

具体操作

SELECT * FROM 成绩表 WHERE 学号 LIKE "2014%" AND 课程编号="010001"

或者:

SELECT * FROM 成绩表 WHERE 学号 LIKE "2014%" AND 课程编号="010001"

说明

同样可以使用 NOT LIKE,表示与 LIKE 相反的含义。查询结果如图 4-7 所示。

4)IS NULL 运算符

IS NULL 运算符可以测试字段值是否为空值。在查询时用"列名 IS [NOT] NULL"的形式。

✎ **课堂操作 9　列出参加了期末考试的学生的学号**

(具 体 操 作)

SELECT DISTINCT 学号 FROM 成绩表 WHERE 期末成绩 IS NOT NULL

说明

不能写成"期末成绩＝NULL"或"期末成绩！＝NULL"的形式。查询结果如图 4-8 所示。

图 4-7　查询结果

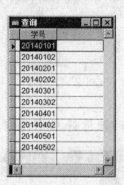

图 4-8　查询结果

3. 多表的联接查询

一个数据库的多个表之间一般都存在着某些联系,在一个查询语句中当同时涉及两个或两个以上的表时,这种查询称之为联接查询(也称为多表查询)。查询结果是将关键字段值相同的两个或多个表中对应记录行联接起来。

格式:

SELECT [ALL|DISTINCT]〈字段名列表〉FROM〈表1〉[,表2…] WHERE〈条件表达式〉

✎ **课堂操作 10　列出选修"010001"号课的学生姓名及期末成绩**

(具 体 操 作)

SELECT 姓名,期末成绩 FROM 学生信息表,成绩表 WHERE 学生信息表.学号＝成绩表.学号 AND 课程编号="010001"

说明

①由于两个表中都有学号字段,需要在字段前加上表名作为前缀,以示区别。

②如果字段名是唯一的,可以不加表名。

②加表名前缀防止了二义性,但输入时很麻烦;可在 FROM 子句中定义临时标记,在查询的其他部分使用临时标记。这种临时标记称为"别名"。课堂操作 10 中如果加别名,则可改写为如下方式:

SELECT 姓名,期末成绩 FROM 学生信息表 a,成绩表 b WHERE a.学号＝b.学号 AND 课程编号＝"010001"

查询结果如图4-9所示。

课堂操作 11 输出至少选修了课程编号为 010001 和 020001 的学生的学号

【具体操作】

SELECT X.学号 FROM 成绩表 X,成绩表 Y WHERE X.学号＝Y.学号 AND X.课程编号＝"010001"AND Y.课程编号＝"020001"

图 4-9 查询结果

说明

联接不仅可以建立在不同的表之间,也可以建立在同一个表上,即将表与表自身连接,就像是两个表一样。查询结果如图4-10所示。

课堂操作 12 显示选修010001号课且期末成绩在95(含95)分以上的同学的姓名和成绩

【具体操作】

SELECT X.姓名,Y.平时成绩,Y.期末成绩 FROM 学生信息表 X,成绩表 Y WHERE Y.期末成绩＞＝95 AND X.学号＝Y.学号 AND Y.课程编号＝"010001"

查询结果如图4-11所示。

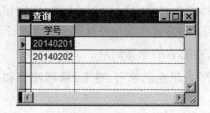

图 4-10 查询结果

图 4-11 查询结果

课堂操作 13 在选修010001号课程的同学中,显示该课程期末成绩大于学号为"20140201"的同学的所有学生的学号及成绩

【具体操作】

SELECT X.学号,X.平时成绩,X.期末成绩 FROM 成绩表 X,成绩表 Y WHERE X.期末成绩＞Y.期末成绩 AND X.课程编号＝Y.课程编号 AND Y.课程编号＝"010001" AND Y.学号＝"20140201"

说明

①将成绩表看作X和Y两张独立的表,Y表中选出的是学号为"20140201"的同学的010001号课程期末成绩,X表中选出的是选修010001号课程学生的成绩。

②X.期末成绩＞Y.期末成绩反映的是不等值连接。

查询结果如图 4-12 所示。

4. 带连接子句的连接查询

连接是表的基本操作之一,连接查询是一种基于多表的查询,一般由 SQL 语句的 FROM 子句提供。连接分为内部连接和外部连接。外部连接又可分为左外部连接、左外部连接和全外部连接。

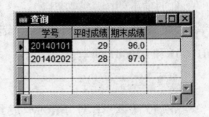

图 4-12 查询结果

1)内部连接

内部连接是指将所有满足连接条件的记录都包含在查询结果中。上面两个例子就属于内部连接。在 Visual FoxPro 中,内部连接动词为 INNER JOIN(等价于 JOIN),连接条件用 ON 引出。

✍ **课堂操作 14 将课堂操作 10 中的 SELECT 语句改写成内联接查询语句**

🔲 **具 体 操 作**

SELECT a. 姓名,b. 期末成绩 FROM 学生信息表 a INNER JOIN 成绩表 b ON a. 学号＝b. 学号 AND 课程编号＝"010001"

查询结果与"课堂操作 10"完全相同。

2)外部连接

与内部链接不同,在外部连接中,某些不满足连接条件的记录也会显示出来。外部连接只能用于两个表中,可以使用三种连接关键字。

外部连接是把两个表分为左侧表和右侧表,右外部连接(Right Outer Join)是连接满足条件的右侧表的全部记录,左外部连接(Left Outer Join)是连接满足条件的左侧表的全部记录,全外部连接(Full Outer Join)是连接满足条件的左右表的全部记录。

✍ **课堂实训 15 从学生信息表和成绩表中查询所有学生的学号、姓名、课程编号和期末成绩**

🔲 **具 体 操 作**

SELECT a. 学号,姓名,课程编号,期末成绩 FROM 学生信息表 a LEFT OUTER JOIN 成绩表 b ON a. 学号＝b. 学号

查询结果如图 4-13 所示。

5. 嵌套查询

在一个 SELECT 命令的 WHERE 子句中,如果出现了另一个 SELECT 命令,则这种查询称为嵌套查询。

把 WHERE 子句中的 SELECT 命令称为子查询,或内部查询。仅嵌入一层子查询的 SELECT 命令称为单层嵌套查询,把嵌入子查询多于一层的查询称为多层嵌套查询。Visual FoxPro 9.0 增加了支持多层嵌套查询的功能,允许嵌套的层次深度没有限制。

1）返回单值的子查询

 课堂实训 16　列出所有选修网站搭建课的学生的学号及期末成绩

具体操作

SELECT 学号，期末成绩 FROM 成绩表 WHERE 课程编号＝；

（SELECT DISTINCT 课程编号 FROM 课程表 WHERE 课程名称＝"网站搭建"）

说明

上述 SQL 语句执行的过程是：首先在课程表中找出"网站搭建"的课程编号；由课程表得出该课程的编号为"050002"，然后在成绩表中找出课程编号为"050002"的记录，列出这些记录的学号和期末成绩。查询结果如图 4-14 所示。

学号	姓名	课程编号	期末成绩
20140101	李珊	010001	96.0
20140101	李珊	010002	98.0
20140102	王大勇	010001	93.0
20140102	王大勇	010002	89.0
20140201	刘天明	020001	88.0
20140201	刘天明	010001	93.0
20140301	张小倩	030001	86.0
20140301	张小倩	050002	87.0
20140401	王静	040002	97.0
20140401	王静	040001	87.0
20140501	李星星	050001	99.0
20140501	李星星	050002	99.0
20140502	周一国	050001	76.0
20140502	周一国	050002	95.0
20140302	张萌	050002	89.0
20140302	张萌	030001	96.0
20140202	孙良玉	020001	91.0
20140202	孙良玉	010001	97.0
20140402	陈曦	040001	96.0
20140402	陈曦	040002	91.0

图 4-13　查询结果

图 4-14　查询结果

2）返回一组值的子查询

如果某个子查询返回值不止一个，则必须指明在 WHERE 子句中应怎么使用这些返回值。常用的运算符有 ANY、SOME、ALL 和 IN。

课堂操作 17　使用 ANY 或 SOME 运算符列出选修 050002 号课的学生中期末成绩比选修 010001 号课的最低期末成绩要高的学生的学号和成绩

具体操作

SELECT 学号，平时成绩，期末成绩 FROM 成绩表 WHERE 课程编号＝"050002" AND 期末成绩＞ ANY（SELECT 期末成绩 FROM 成绩表 WHERE 课程编号＝ "010001"）

说明

①上述 SQL 语句执行的过程是：先找出选修 010001 号课的所有学生成绩，然后选出 050002 号课期末成绩高于任何一个 010001 号课期末成绩的所有学生记录，显示其学号、平时成绩和期末成绩。

②谓词 ANY 与 SOME 含义相同。

查询结果如图 4-15 所示。

课堂操作 18　使用 ALL 运算符列出选修 010001 号课，并且该课程期末成绩比选修 030001 号课程的所有学生的期末成绩都要高的学生的学号和成绩

具体操作

SELECT 学号,平时成绩,期末成绩 FROM 成绩表 WHERE 课程编号="010001" AND 期末成绩>ALL(SELECT 期末成绩 FROM 成绩表 WHERE 课程编号="030001")

说明

上述 SQL 语句执行的过程是：先找出选修 030001 号课程的所有学生成绩，然后求出 010001 号课程的期末成绩高于 030001 号课程期末成绩的所有学生，即比 030001 号课程最高期末成绩还要高的学生。查询结果如图 4-16 所示。

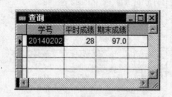

查询

学号	平时成绩	期末成绩
20140501	29	99.0
20140502	29	95.0

图 4-15　查询结果

查询

学号	平时成绩	期末成绩
20140202	28	97.0

图 4-16　查询结果

课堂操作 19　使用 IN 运算符查看会计电算化专业的所有学生的成绩

具体操作

SELECT * FROM 成绩表 WHERE 学号 IN;
(SELECT 学号 FROM 学生信息表 WHERE 所学专业="会计电算化")

说明

上述 SQL 语句执行的过程是：先从学生信息表中找出所有会计电算化专业的学生的学号，然后在成绩表中查询学号属于该专业的所有记录。IN 是属于的意思，等价于"=ANY"，即等于子查询中任何一个结果值。

查询

学号	课程编号	平时成绩	期末成绩	总评
20140101	010001	29	96.0	
20140102	010001	27	93.0	
20140101	010002	29	98.0	
20140102	010002	29	89.0	

图 4-17　查询结果

查询结果如图 4-17 所示。

3) 多层嵌套查询

Visual FoxPro 中，SELECT 子句是允许嵌套使用。

课堂操作 20　查看选修了基础会计的所有学生的学号、姓名和所学专业

具体操作

SELECT 学号,姓名,所学专业 FROM 学生信息表 WHERE 学号 IN;
(SELECT 学号 FROM 成绩表 WHERE 课程编号=;
(SELECT 课程编号 FROM 课程表 WHERE 课程名称="基础会计"))

说明

　　上述 SQL 语句执行的过程是：先从课程表中找出基础会计所对应的课程编号，然后在成绩表中找出选修该课程编号对于课程的学生的学号，最后在学生信息表中找出该学号所对于学生的学号、姓名及所学专业等信息。查询结果如图 4-18 所示。

6. 排序、分组及使用库函数查询

1）排序查询结果

● ORDER BY 子句

使用 SQL 语言的 ORDER BY 子句可以将查询结果排序。

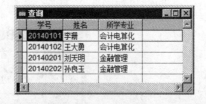

图 4-18　查询结果

格式：

　　SELECT［ALL｜DISTINCT］〈字段列表〉

　　FROM〈表名〉

　　［WHERE〈条件表达式〉

　　ORDER BY〈排序项〉［ASC｜DESC］……

功能：默认为升序排列，升序排列用 ASC 表示，降序排列用 DESC 表示。如何按多字段进行排列，要在 ORDER BY 后面的字段名与字段名之间加上逗号。

　　✎ **课堂操作 21　查询选修 010001 号课程且期末成绩大于 90 分的所有学生的学号及成绩，并按期末成绩由高到低排序**

　　具 体 操 作

SELECT 学号，平时成绩，期末成绩 FROM 成绩表；

WHERE 课程编号＝"010001" AND 期末成绩＞90；

ORDER BY 期末成绩 DESC

说明

"ORDER BY 期末成绩 DESC"子句表示将查询结果按照期末成绩的降序排序。DESC 表示降序。排序使用的字段名必须在查询目标字段中。

图 4-19　查询结果

查询结果如图 4-19 所示。

● TOP 的用法

使用 TOP 短语可以限定只显示满足查询条件的前若干条记录。

格式：TOP〈数值表达式〉［PERCENT］

说明

①TOP 短语要与 ORDER BY 子句同时使用才有效。

②当缺省 PERCENT 选项时，〈数值表达式〉是 1～32767 之间的整数，表示显示前几条记录；当选择 PERCENT 选项时，〈数值表达式〉是 0.01～99.99 之间的实数，说明显示结果中前百分之几的记录。

③TOP 短语不在相同值间进行选择。例如，指定显示前 6 条记录，若第 6 条记录和第 7 条记录值相同，则查询结果仍然只显示前 6 条记录。

✎ **课堂操作 22   显示学生信息表中入学成绩最高的前三门学生的信息**

 具 体 操 作

SELECT TOP 3 * FROM 学生信息表 ORDER BY 入学成绩 DESC

查询结果如图 4-20 所示。

学号	姓名	性别	出生日期	入学成绩	所学专业	团员否	简历	照片
20140201	刘天明	男	01/23/96	579	金融管理	T	memo	gen
20140102	王大勇	男	05/19/96	575	会计电算化	F	memo	Gen
20140301	张小倩	女	03/17/95	558	计算机网络	T	memo	gen

图 4-20   查询结果

2)分组查询

在 SELECT 命令中可以包含 GROUP BY 子句,实现将查询结果进行分组统计。

● GROUP BY 子句

格式:

SELECT [ALL | DISTINCT]〈字段列表〉

FROM〈表名〉

[WHERE〈条件表达式〉

GROUP BY〈分类字段列表〉...

功能:GROUP BY 子句可以将查询结果按指定字段进行分组。GROUP BY 子句通常与统计函数一起使用,共同实现对每一组生成汇总值,即每组产生一个汇总记录。

说明

分组字段必须是在查询结果中包含的字段。

✎ **课堂操作 23   计算各门课的平均成绩、最高成绩、最低成绩和选课人数**

 具 体 操 作

SELECT 课程编号,AVG(期末成绩) AS 平均成绩,MAX(期末成绩) AS 最高分,MIN(期末成绩) AS 最低分,COUNT(学号) AS 选课人数 FROM 成绩表 GROUP BY 课程编号

说明

①〈字段列表〉有时以"[表别名.] 检索项 [AS 列名] [, [表别名.] 检索项 [AS 列名]...]"的形式出现,用来指定查询结果的各列,各列的字段值由检索项确定,字段名由"AS 列名"确定。

②如果有同名的检索项,通过在各项前加表别名予以区分,表别名与检索项之间用"."分隔。检索项可以是 FROM 子句中表的字段名、常量、函数、表达式。

③本例中检索项是几个统计汇总的库函数。

查询结果如图 4-21 所示。

● HAVING 子句

格式:

查询

课程编号	平均成绩	最高分	最低分	选课人数
010001	94.75	97.0	93.0	4
010002	93.50	98.0	89.0	2
020001	89.50	91.0	88.0	2
030001	91.00	96.0	86.0	2
040001	91.50	96.0	87.0	2
040002	94.00	97.0	91.0	2
050001	87.50	99.0	76.0	2
050002	92.50	99.0	87.0	4

图 4-21　查询结果

SELECT [ALL | DISTINCT]〈字段列表〉

FROM〈表名〉

[WHERE〈条件表达式〉

GROUP BY〈分类字段列表〉...

HAVING〈过滤条件表达式〉

功能：HAVING 子句用来指定每一分组内应满足的条件，从而实现对分组查询结果的限定和筛选。在使用 HAVING 子句时，它必须与 GROUP BY 子句连用才起作用。

说明

①HAVING 子句和 WHERE 子句的区别：WHERE 子句指定表中各行所应满足的条件，而 HAVING 子句指定每一分组所应满足的条件，只有满足 HAVING 条件的那些组才能在结果中被显示。

②SELECT 命令在使用了 GROUP BY 子句后，SELECT 中的列名必须是 GROUP BY 子句中的列名，或使用统计函数。

课堂操作 24　列出团员人数在 1 人以上的专业和人数

具体操作

SELECT 所学专业，COUNT(＊) AS 团员人数 FROM 学生信息表 WHERE 团员否=.T. GROUP BY 所学专业 HAVING COUNT(＊)>1

说明

先在学生信息表中按所学专业进行分组，然后在每个分组中检测其团员个数是否大于等于 1，如果条件满足，说明此专业的学生团员人数在一人以上，则该组的专业即为所求；再从学生信息表中找出该专业的团员人数。

查询结果如图 4-22 所示。

查询

所学专业	团员人数
计算机网络	2

图 4-22　查询结果

3)库函数查询

SELECT-SQL 语言支持各种统计汇总的库函数。这些库函数可以从一组值中计算出一个汇总信息，如通过库函数对满足条件的记录进行最大值、最小值、平均值、总和等运算。

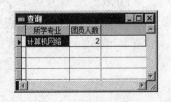

常用的库函数有 5 种。

(1)MIN()求字符(日期、数值列)的最小值。

(2)MAX()求字符(日期、数值列)的最大值。

（3）COUNT（）计算所选数据的行数。

（4）SUM（）计算数值型字段列的总和。

（5）AVG（）计算数值型字段列的平均值。

✎ **课堂操作 25　查询计算机网络专业的学生人数**

SELECT COUNT（＊）FROM 学生信息表 WHERE 所学专业＝"计算机网络"

说明

COUNT 的特殊形式是 COUNT（＊），用于统计满足 WHERE 子句中逻辑表达式的记录的行数。

查询结果如图 4-23 所示。

✎ **课堂操作 26　显示总分大于 180 的学生的学号及总成绩**

SELECT 学号，SUM（期末成绩）AS 总成绩 FROM 成绩表 Y；

GROUP BY 学号 HAVING SUM（期末成绩）＞180

查询结果如图 4-24 所示。

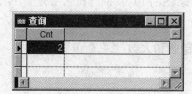

图 4-23　查询结果

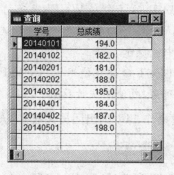

图 4-24　查询结果

✎ **课堂操作 27　找出选修 010001 号课程的期末成绩最高的学生的学号、姓名、所学专业**

SELECT A.学号，A.姓名，A.所学专业 FROM 学生信息表 A，成绩表 B；

WHERE A.学号＝B.学号 AND B.课程编号＝"010001" AND B.期末成绩＝；

（SELECT MAX（期末成绩）FROM 成绩表 WHERE 课程编号＝"010001"）

查询结果如图 4-25 所示。

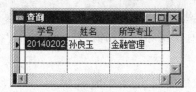

图 4-25　查询结果

7. 查询结果去向

1)将查询结果保存到数组中

格式:INTO ARRAY〈数组名〉

说明

数组为二维数组,每一行对应一条记录,如果数组不存在,则系统自动建立数组。

✐ **课堂操作 28**　将期末成绩在前三名的学生的学号及期末成绩保存在数组 QQZ 中

具体操作

SELECT TOP 3 学号,期末成绩 FROM 成绩表;

ORDER BY 期末成绩 DESC INTO ARRAY QQZ

2)将查询结果保存到临时表中

格式:INTO CURSOR〈临时表〉

说明

临时表是一种特殊的表,只保存在内存中,用于存放临时数据,当表关闭时,临时表将自动删除。通常用于存放临时结果或多步查询的中间结果。

✐ **课堂操作 29**　将课堂操作 28 的查询结果保存在临时表 TEMP1 中,再从 TEMP1 和学生信息表中查询前三名学生的姓名、课程编号和期末成绩

具体操作

SELECT TOP 3 学号,课程编号,期末成绩 FROM 成绩表;

ORDER BY 期末成绩 DESC INTO CURSOR TEMP1

然后: SELECT 学生信息表.姓名，TEMP1.课程编号,TEMP1.期末成绩;

FROM TEMP1,学生信息表 WHERE TEMP1.学号=学生信息表.学号

查询结果如图 4-26 所示。

图 4-26　查询结果

3)将查询结果保存到永久表中

格式:INTO TABLE〈表名〉或 INTO DBF〈表名〉

说明

①永久表即一般表。

②对于需要长期保存的查询结果通常保存到永久表。

✐ **课堂操作 30**　将课堂操作 28 的查询结果保存到永久表 T1 中

具体操作

SELECT TOP 3 学号,期末成绩 FROM 成绩表;

ORDER BY 期末成绩 DESC INTO TABLE T1

4)将查询结果保存到文本文件中

格式:TO FILE〈文本文件名〉[ADDITIVE]

说明

①文本文件的默认扩展名为.txt。

②带 ADDITIVE 选项是将结果追加到文件的尾部。

③保存的内容为字段名和各条记录。

课堂操作 31　将课堂操作 28 的查询结果保存到文本文件 TEXT1 尾部

具体操作

SELECT TOP 3 学号,期末成绩 FROM 成绩表;

ORDER BY 期末成绩 DESC TO FILE TEXT1 ADDITIVE

5)将查询结果直接输出到打印机

格式:TO PRINTER [PROMPT]

说明

①打印格式:第 1 行为字段名,第 2 行以后为各条记录。

②带 PROMPT 在打印之前弹出"打印机设置"对话框。

课堂操作 32　将课堂操作 28 的查询结果输出到打印机

具体操作

SELECT TOP 3 学号,期末成绩 FROM 成绩表;

ORDER BY 期末成绩 DESC TO PRINTER PROMPT

8. 总结 SELECT 语句的完整格式

格式:

SELECT [ALL | DISTINCT] [TOP 数值表达式[PERCENT]]

[表别名.] 检索项 [AS 列名]

[,[Alias.] 检索项 [AS l 列名]...]

FROM [数据库名!]表名 [逻辑别名]

[WHERE 连接条件 [AND 连接条件...]

[AND | OR 条件表达式[AND | OR 条件表达式...]]]

[GROUP BY 列名 [,列名...]]

[HAVING 条件表达式]

[UNION [ALL]SELECT 语句]

[ORDER BY 排序项[ASC | DESC][,排序项[ASC | DESC]...]]

说明

[UNION [ALL]SELECT 语句]子句指明查询结果与该子句的 SELECT 语句的查询结果的列数及各列对应的属性要一致。

任务 3　SQL 数据修改功能

在数据库系统中,当表的结构确定之后,数据操纵语言(Data Manipulation Language)用于对表进行插入记录、更新记录和删除记录的操作。

1.插入记录

向表中插入数据由 INSERT－SQL 命令实现,它有两种格式。

格式 1:

INSERT INTO 表名[(字段名 1[,字段名 2,...])]

VALUES (表达式 1[,表达式 2,...])

功能:向指定表的表尾插入一条新记录。

说明

①插入记录的值为 VALUES 子句中表达式的值。

②当需要对表中所有字段插入数据时,字段子句可以缺省,但 VALUES 子句中表达式的值应与表中字段的位置一一对应。

课堂操作 33 在学生信息表中插入数据

具 体 操 作

INSERT INTO 学生信息表(学号,所学专业)VALUES ("20140303","计算机网络")

格式 2:

INSERT INTO 表名 FROM ARRAY 数组名｜FROM MEMVAR

功能:向指定表的表尾插入一条新记录,其值来自于数组或对应的同名内存变量。

说明

①FROM ARRAY 数组名:表示新记录的值是指定的数组中各元素的数据。数组中各元素与表中各字段顺序对应。

②如果数组中元素的数据类型与其对应的字段类型不一致,则新记录的字段为空值;

③如果表中字段个数大于数组元素的个数,则多出的字段为空值。

④FROM MEMVAR:表示添加的新记录的值是与指定表各字段名同名的内存变量的值。如果同名的内存变量不存在,则相映的字段为空。

⑤如果指定的表没有打开,当前工作区也没有表被打开,该命令执行后将在当前工作区打开该表;如果当前工作区有打开的其他表,则该命令执行后将在一新的工作区中打开该表,添加记录后,仍保持原当前工作区。

⑥ 如果指定的表在非当前工作区中打开,添加记录后,保持原当前工作区。

课堂操作 34 数组 A(7)中各元素的值分别为:A(1)="20140103",A(2)="张洋";A(3)="女";A(4)={1995/09/01};A(5)=518;A(6)="会计电算化";A(7)=. T.。在学生信息表中插入一条记录,记录的值是数组 A(7)中各元素的值

具 体 操 作

INSERT INTO 学生信息表 FROM ARRAY A

LIST

运行结果如图 4-27 所示。

记录号	学号	姓名	性别	出生日期	入学成绩	所学专业	团员否	简历	照片
1	20140101	李珊	女	02/15/93	463	会计电算化	.T.	Memo	Gen
2	20140102	王大勇	男	05/19/96	575	会计电算化	.F.	memo	Gen
3	20140201	刘天明	男	01/23/96	579	金融管理	.T.	memo	gen
4	20140301	张小倩	女	03/17/95	558	计算机网络	.T.	memo	gen
5	20140401	王静	女	10/09/94	486	市场营销	.F.	memo	gen
6	20140501	李星星	女	06/18/95	523	电子商务	.F.	Memo	gen
7	20140502	周一国	男	03/21/96	508	电子商务	.T.	memo	gen
8	20140302	张萌	女	04/26/95	537	计算机网络	.T.	memo	gen
9	20140202	孙良玉	男	01/21/95	528	金融管理	.F.	memo	gen
10	20140402	陈曦	男	12/08/94	519	市场营销	.F.	memo	gen
11	20140303			/ /		计算机网络	.F.	memo	gen
12	20140103	张洋	女	09/01/95	518	会计电算化	.T.	memo	gen

图 4-27　在学生信息表中插入记录

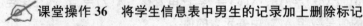**课堂操作 35**　内存变量组的变量学号＝"20140203"，姓名＝"李明"，入学成绩＝530。将变量组各变量的值添加到学生信息表中

具 体 操 作

INSERT INTO 学生信息表 FROM MEMVAR

说明

新记录中除学号、姓名、入学成绩字段外，其他字段均为空值。

2. 删除记录

在 Visual FoxPro 中，为指定的数据表记录加删除标记可以使用 DELETE－SQL 语句。

格式：

　　DELETE FROM［数据库名!］表名

　　［WHERE 条件表达式 1［AND | OR 条件表达式 2...］］

功能：从指定的表中，根据指定的条件逻辑删除记录，即添加删除标记。

说明

①FROM［数据库名!］表名：指定加删除标记的表名及该表的数据库名，用"!"分割表名和数据库名。数据库名为可选项。

②WHERE 条件表达式 1［AND | OR 条件表达式 2...］］：指明 Visual FoxPro 只对满足条件的记录添加删除标记。

③添加了删除标记的记录并没有物理删除，只有执行了 PACK 命令，有删除标记的记录才能真正物理删除。设置了删除标记的记录可以用 RECALL 命令取消删除标记。

④本命令对工作区的影响同插入命令相同。

课堂操作 36　将学生信息表中男生的记录加上删除标记

具 体 操 作

DETLETE FROM 学生信息表 WHERE 性别＝′男′

3. 更新记录

更新记录就是对存储在表中的记录进行修改，可以使用 UPDATE－SQL 语句。

格式：

　　UPDATE［数据库名!］表名

　　SET 列名 1＝表达式 1［,列名 2＝表达式 2...］

　　[WHERE 条件表达式 1[AND | OR 条件表达式 2...]]

　　功能：对表中的记录进行修改，实现记录数据的更新。

　　说明

　　①[数据库名!]表名：指明将要更新数据的记录所在的表名和数据库名。

　　②SET 列名 1＝表达式 1[，列名 2＝表达式 2...]：指明被更新的字段及该字段的新值。如果省略 WHERE 子句，则该字段每一行都用同样的值更新。

　　③WHERE 条件表达式 1[AND | OR 条件表达式 2...]：指明将要更新数据的记录。即表中符合条件表达式的记录。

　　④也可以对查询结果进行数据更新。

⏰ **贴心·提示**
───────────────────────────────────

　　UPDATE－SQL 只能在单一的表中更新记录。

───────────────────────────────────

✍ **课堂操作 37**　将成绩表中的"010001"号课程的平时成绩都分别提高 5 分，将学生信息表中学号＝"20140203"同学的所学专业置为"金融管理"

　　【 具 体 操 作 】

　　UPDATE 成绩表 SET 平时成绩＝平时成绩＋5 WHERE 课程编号＝"010001"

　　UPDATE 学生信息表 SET 所学专业＝"金融管理"WHERE 学号＝"20140203"

✍ **课堂操作 38**　为计算机网络专业全体学生的各科成绩加 5 分

　　【 具 体 操 作 】

　　SELECT 学号 FROM 学生信息表 WHERE 所学专业＝"计算机网络"

　　UPDATE 成绩表 SET 期末成绩＝期末成绩＋5；

　　WHERE 学号 IN(SELECT 学号 FROM 学生信息表 WHERE 所学专业＝"计算机网络")

🔘 任务 4　SQL 数据定义功能

　　数据定义语言(Data Definition Language)的功能是定义数据库的结构，用于定义被存放数据的结构和组织，以及数据项之间的关系，主要包括创建表或视图，修改表或视图，删除表或视图所涉及的语句和命令。

　　Visual FoxPro 支持的 SQL 定义命令包括下列语句：CREATE TABLE—SQL；CREATE CURSOR—SQL；ALTER TABLE—SQL；DROP TABLE—SQL。

　　1.建立表结构

　　可以用 CREATE TABLE 命令建立表的结构。

　　格式：

　　CREATE TABLE | DBF 表名 1[NAME 长表名][FREE]

　　(字段名 1 类型 [(字段宽度[,小数位数])])

　　[NULL | NOT NULL]

[CHECK 逻辑表达式 1 [ERROR 字符型文本信息 1]]

[DEFAULT 表达式 1]

　　[PRIMARY KEY | UNIQUE]

　　[REFERENCES 表名 2 [TAG 标识名 1]]

　　[NOCPTRANS]

[,字段名 2...]

　　[,PRIMARE KEY 表达式 2 TAG 标识名 2

　　|,UNIQUE 表达式 3 TAG 标识名 3]

　　[,FORELGN KEY 表达式 4 TAG 标识名 4[NODUP]

　　　　REFERENCES 表名 3[TAG 标识名 5]]

[,CHECK 逻辑表达式 2[ERROR 字符型文本信息 2]])

| FROM ARRAY 数组名

功能:建立表的结构。

说明

该命令可以指明表名及结构,包括表中的各字段的名字、类型、精度、比例,是否允许空值以及参照完整性规则。其中各选项及子句的功能说明如下:

①TABLE 和 DBF 选项等价,都是建立表文件。

②表名 1:为新建表指定表名;NAME 长表名:为新建表指定一个长表名。只有打开了数据库,在数据库中创建表时,才能指定一个长表名。长表名可以包含 128 个字符。

③FREE:建立的表是自由表。

④NULL:允许该字段值为空;NOT NULL:该字段值不能为空。缺省值为 NOT NULL。

下面的子句使用时需要打开一个数据库,即在数据库中建立表。如果没有打开数据库,创建的为自由表,此时,使用了下面的子句将会产生错误。

①HECK 逻辑表达式 1:指定该字段的合法值及该字段值的约束条件。

②ERROR 字符型文本信息 1:指定在浏览或编辑窗口中该字段输入的值不符合 CHECK

子句的合法值时,Visual Fox Pro 显示的错误信息。

③DEFAULT 表达式 1:为该字段指定一个缺省值,表达式的数据类型与该字段的数据类型要一致。即每添加一条记录时,该字段自动取该缺省值。

④PRIMARY KEY:为该字段创建一个主索引,索引标识名与字段名相同。主索引字段值必须唯一。

⑤UNIQUE:为该字段创建一个候选索引,索引标识与字段名相同。

🕐**贴心·提示**

候选索引包含 UNIQUE 选项,索引关键字段的值在物理表中必须唯一。它与用 INDEX 命令建立的具有 UNIQUE 选项的索引不同,用 INDEX 命令建立的唯一索引允许索引字段的值在物理表中重复。

⑥REFERENCES 表名 2 [TAG 标识名 1]:指定建立持久关系的父表,同时以该字段

为索引关键字建立外索引,用该字段名作为索引标识名。表名 2 为父表表名,标识名 1 为父表中的索引标识名。如果省略索引标识名 1,则用父表的主索引关键字建立关系,否则不能省略。如果指定了索引标识名 1,则在父表中存在的索引标识字段上建立关系。父表不能是自由表。

⑦NOCPTRANS:只对于字符型和备注型字段定义该子句,当该表转换为其他代码页时,NOCPTRANS 子句禁止该字段转换。

✎ **课堂操作 39**　假设已经建立了学生管理数据库,在库中建立学生登记表,该表结构如表 4-4 所示

表 4-4　学生登记表表结构

字段名	字段类型	字段长度	小数位数	约束条件
学号	C	6		主索引
姓名	C	8		不能为空值
性别	C	2		
入学成绩	N	3	0	大于等于 300 小于等于 700
出生日期	D			
照片	G			禁止转换
备注	M			禁止转换

具 体 操 作

OPEN DATABASE 学生管理　　　　　　　　&& 打开学生管理数据库
CREATE TABLE 学生登记表(学号 C(6) PRIMARY KEY,姓名 C(8) NOT NULL,性别 C(2),入学成绩 N(3)CHECK 入学成绩≥=300 AND 入学成绩<=700 ERROR "入学成绩在 300～700,请输入正确的入学成绩",出生日期 D,照片 G NOCPTRANS,备注 M NOCPTRANS)

2. 修改表结构

如果需要对原有的表结构进行修改,而不想改变原有的数据,此时可使用 ALTER TABLE 命令。

格式:

ALTER TABLE 表名 1
ADD | ALTER [COLUMN] 字段名 1 字段类型[(长度[,小数位数])]
　　　[NULL | NOT NULL]
　　　[CHECK 逻辑表达式 1[ERROR 字符型文本信息]]
　　　[DEFAULT 表达式 1]
　　　[PRIMARY KEY | UNIQUE]
　　　[REFERENCES 表名 2 [TAG 标识名 1]]
　　　[NOCPTRANS]
功能:为指定的表的指定字段进行修改或添加指定的字段。

说明

①表名1：指明被修改表的表名。

②ADD［COLUMN］字段名1字段类型［（长度［，小数位数］）］：该子句指出新增加列的字段名及它们的数据类型等信息。

③ALTER［COLUMN］字段名1字段类型［（长度［，小数位数］）］：该子句指出要修改列的字段名以及它们的数据类型等信息。

④当在ADD子句中使用CHECK、PRIMARY KEY、UNIQUE任选项时需要删除所有数据，否则违反有效性规则，命令不被执行。

⑤在ALTER子句中使用CHECK任选项时，需要被修改的字段已有的数据满足CHECK规则；使用PRIMYRY KEY、UNIQUE任选项时，需要被修改的字段已有的数据满足唯一性，不能有重复值。

课堂操作40　为课程表添加一个开课学期字段，字段类型为数值型，长度为1，合法值为1或2

具体操作

ALTER TABLE 课程表 ALTER 开课学期 C(1)CHECK 开课学期＝"1" OR 开课学期＝"2"

3.建立临时表

Visual FoxPro支持创建临时表，创建的临时表只存在于该表被关闭之前，当表被关闭时，该临时表将消失。

格式：

CREATE CURSOR 别名

　　　（字段名1 类型［（字段宽度［，小数位数］）

　　　［NULL | TOT NULL］

　　　［CHECK 逻辑表达式 ［ERROR 字符型文本］］

　　　［DEFAULT 表达式］

　　　［UNIQUE］

　　　［NOCPTRANS］］［，字段名2...］)

　　　| FROM ARRAY 数组名

功能：为当前表创建指定的临时表。

说明

各子句的功能与CREAT TABLE命令基本相同。

①别名：指明要创建的临时表的表名。

②UNIQUE：为指定的字段创建一个候选索引，索引标识同字段名。

③CREATE CURSOR命令创建的临时表在当前未使用的最小号的有效工作区中以独占方式打开，可以通过别名访问它。临时表可以像其他的基本表一样进行浏览、索引、添加或修改记录。

　**课堂操作 41**　在 1 号工作区打开学生信息表，在 2 号工作区打开课程表，建立一个临时表 **LS**，使之包含两个字段：**XH** 字符型，长度为 6；**KH** 字符型，长度为 **2**

具体操作

CREAT CURSOR LS（XH C(6)，KHC(2)）

贴心·提示

LS 临时表将在 3 号工作区中被打开。

4.删除表

如果有些表连同它的数据都不再需要了，就可以删除这些表，以节省存储空间。删除表使用 DROP TABLE 命令。

格式：

　　DROP TABLE 表名

功能：删除指定的表。

　**课堂操作 42**　删除课堂操作 **39** 中建立的学生登记表

具体操作

DROP TABLE 学生登记表

项目小结

　　SQL 是关系数据库的标准化通用查询语言，几乎所有的关系数据库管理系统都支持它，或者提供 SQL 接口。本项目主要介绍了 SQL 的数据查询、数据操纵和数据定义的使用方法，为方便快捷地进行数据查询提供了工具。

 项目 2　使用查询设计器

项目描述

查询是从指定的表或视图中提取满足条件的记录，然后定向输出查询结果。为使基本查询过程能够被多次重复执行，一般可设计一个查询文件保存起来。查询文件的扩展名为".qpr"，它的主体是 SQL SELECT 语句。

项目分析

查询文件可以通过查询向导或查询设计器来建立。利用查询向导可以快速创建查询，而利用查询设计器可以更方便、更灵活地生成满足某些特殊要求的各种查询。因此，本项目可分解为以下任务：

● 使用查询向导创建查询

● 使用查询设计器创建查询

项目目标
● 掌握快速创建查询的方法
● 掌握创建个性化需求的方法

任务1 使用查询向导创建查询

1. 打开查询向导

1）从菜单中打开向导

执行【工具】→【向导】→【查询】命令，弹出"向导选取"对话框，这里有多个向导选项，当单击鼠标选择某个向导时，就会在"说明"区域显示该向导的功能说明。此处选择"查询向导"，如图 4-28 所示，单击【确定】按钮即可打开查询向导。

2）从新建文件打开向导

执行【文件】→【新建】命令，或单击常用工具栏上的【新建】按钮，弹出"打开"对话框，选择"查询"并单击【向导】按钮，也可弹出"向导选取"对话框，单击【确定】按钮就会打开查询向导。

3）从项目管理器打开向导

在项目管理器中，选择"向导"，单击【新建】按钮，弹出"新建查询"对话框，如图 4-29 所示，单击【查询向导】按钮，弹出"向导选取"对话框，单击【确定】按钮即可打开查询向导。

图 4-28 "向导选取"对话框

图 4-29 "新建查询"对话框

2. 使用查询向导

下面通过"课堂操作"例子来说明使用查询向导创建快速查询的方法。

✍ **课堂操作 43** 查询会计电算化专业和金融管理专业所有学生的学号、姓名、入学成绩，并按入学成绩的降序显示

具 体 操 作

①选取输出字段。

执行【工具】→【向导】→【查询】命令，弹出"向导选取"对话框，选择"查询向导"，单击【确定】按钮，弹出"查询向导"的"步骤 1—选择字段"对话框。在"数据库和表"列表框中选择作为所创建查询数据源的"学生信息表"，将所需字段"学号"、"姓名"和"入学成绩"从"可用字段"列表框中移到"选定字段"列表框中，如图 4-30 所示。

图 4-30　"查询向导"之"步骤 1－选择字段"对话框

⏰ **贴心·提示**

选取或移去字段可以通过双击字段完成,也可以使用"可用字段"右侧的 4 个按钮,它们由上到下依次代表选定、全部选定、移去和全部移去。另外,拖动字段左边的垂直双箭头,还可以重新调整字段的输出顺序。

②设置查询条件。

单击【下一步】按钮,弹出"查询向导"的"步骤 3－筛选记录"对话框,设置查询条件,创建条件表达式。由于查询只涉及一个表,因此系统自动跳过"步骤 2－关联表"对话框。

从第一行"字段"下拉列表中选择"所学专业"字段,从"操作符"下拉列表中选择"等于",在"值"文本框中输入"会计电算化";从第二行"字段"下拉列表中选择"所学专业"字段,从"操作符"下拉列表中选择"等于",在"值"文本框中输入"金融管理";为了表示两个条件具备哪一个都行,点选"或"单选按钮,如图 4-31 所示。

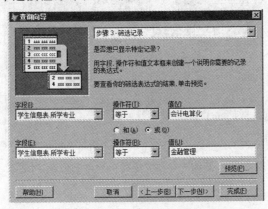

图 4-31　"查询向导"之"步骤 3－筛选记录"对话框

⏰ **贴心·提示**

在向"值"文本框中输入值时,字符型数据不用输入字符串定界符,日期型数据不用输入花括号,但逻辑型数据必须输入定界符。

❸查询结果排序。

单击【下一步】按钮,弹出"查询向导"的"步骤4-排序记录"对话框,在"可用字段"列表框中选定作为排序依据的"入学成绩"字段,单击【添加】按钮,将其添加到"选定字段"列表框中,点选"降序"按钮,如图4-32所示。

也可以选择多个排序字段进行排序,查询结果将先按第一个字段进行排序,若字段值相同,则按第二个字段排序,依此类推。

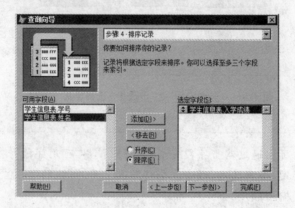

图4-32 "查询向导"之"步骤4-排序记录"对话框

❹对输出记录的限制。

单击【下一步】按钮,弹出"查询向导"的"步骤4a-限制记录"对话框,点选"全部记录"单选按钮,如图4-33所示。这里有两组单选按钮用来设置在查询结果浏览窗口中显示记录的限制。可选择按部分类型输出,也可以指定在查询结果中的数量。

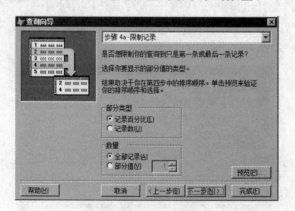

图4-33 "查询向导"之"步骤4a-限制记录"对话框

❺保存查询文件。

单击【下一步】按钮,弹出"查询向导"的"步骤5-完成"对话框,点选"保存查询并运行它"单选按钮,如图4-34所示,单击【完成】按钮,打开"另存为"对话框,输入文件名后单击【保存】按钮即可创建快速查询,同时显示如图4-35所示的查询运行结果。

这里,"保存查询"表示查询以.qpr文件形式存盘,以后可以在程序中运行该查询;"保存并运行查询"表示该查询以文件形式存盘后立即显示运行结果;"保存查询并在查询设计器修改"表示该查询以文件形式存盘,并在查询设计器中修改或运行。

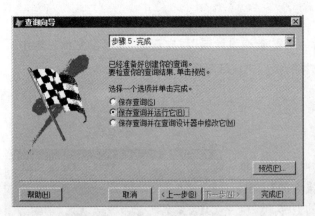

图 4-34 "查询向导"之"步骤 5—完成"对话框   图 4-35 查询结果

在单击【完成】按钮之前,用户可以通过【预览】先查一下查询结果,若满意,单击【完成】按钮创建一个查询,若不满意,可以不断单击【上一步】按钮进行反复修改,直到满意为止。

任务2 使用查询设计器创建查询

查询向导只能满足一般的查询需求,具有较大的局限性。譬如,不能输出表达式的值,不能进行分组汇总,只能将查询结果输出到浏览窗口显示等。为了克服这些局限性,就需要使用能够方便灵活地执行查询操作的查询设计器。

1. 打开查询设计器

打开查询设计器的方法通常有下列 4 种:

(1)用 CREATE QUERY 命令打开查询设计器建立查询。

(2)执行"文件"→"新建"命令,或单击常用工具栏的【新建】按钮 □,打开"新建"对话框,选择"查询"并单击【新建文件】按钮。

(3)在"项目管理器"的"数据"选项卡下选择"查询",然后单击【新建】按钮。

(4)在命令窗口直接执行命令:MODIFY QUERY 查询文件名。

打开查询设计器如图 4-36 所示。

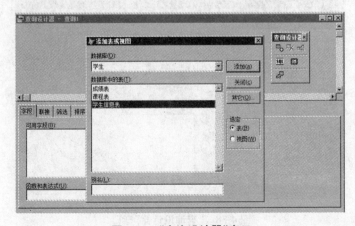

图 4-36 "查询设计器"窗口

2. 建立查询

✍️ 课堂操作 44 打开学生数据库,利用"查询设计器"建立查询,显示学生信息表中所有女生的学号、姓名、课程编号和期末成绩,按期末成绩降序排列

【 具 体 操 作 】

① 打开查询设计器窗口

② 选择被查询的表。

(1)在图 4-35 所示的"添加表或视图"对话框的列表框中选择"学生信息表",单击【添加】按钮,该表就被添加到"查询设计器"窗口的上部。

(2)在"添加表或视图"对话框中,选择"成绩表",单击【添加】按钮,将该表添加到"查询设计器"窗口的上部,此时弹出"联接条件"对话框,将显示根据联系进行字段值自动配对的联接条件。这里设置联接条件为:学生信息表.学号=成绩表.学号,如图 4-37 所示。

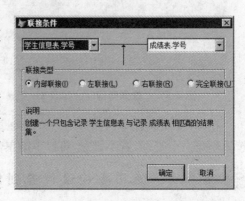

图 4-37 "联接条件"对话框

⏰ 贴心·提示

当一个查询是基于多个表时,这些表之间必须是有联系的。查询设计器会自动根据联系提取联接条件,否则在打开图 4-36 所示的"查询设计器"窗口之前还会打开一个指定联接条件的对话框,由用户设计联接条件。

可以执行"查询"→"添加表"命令来添加表;执行"查询"→"移去表"命令将"查询设计器"窗口上部的表移去。还可以利用"查询设计器"工具栏中的【添加】或【移去】按钮。如果单击"其他"按钮,还可以选择自由表。

(3)单击【确定】按钮,返回"添加表或视图"对话框,再单击【关闭】按钮进入如图 4-38 所示的"查询设计器"窗口。

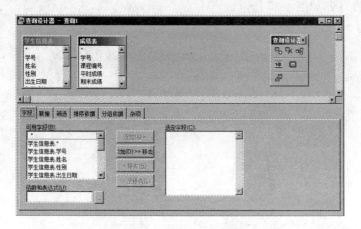

图 4-38 "查询设计器"窗口

说明

图 4-38 所示"查询设计器"窗口的各选项卡和 SQL SELECT 语句的各短语是对应的。

①对查询表或视图的选择,对应 FROM 短语;还可以从"查询"菜单的选项中或工具栏中选择【添加表】或【移去表】按钮重新指定设计查询的表。这里指定"学生信息表"和"成绩表"。

②"字段"选项卡对应 SELECT 短语,用来指定所要查询的数据,即选择输出字段。

可以单击【全部添加】按钮选择所有字段,也可以单击【添加】按钮逐个选择字段;在"函数和表达式"编辑框中可以输入或编辑计算表达式。这里将学生信息表中的学号、姓名字段和成绩表中的课程编号、期末成绩字段从"可用字段"列表框移到"选定字段"列表框,指定学号、姓名、课程编号和期末成绩 4 个字段,如图 4-39 所示。

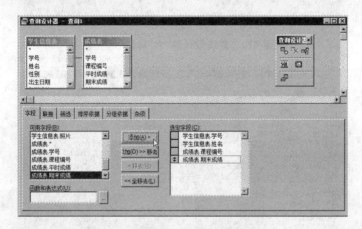

图 4-39　"查询设计器"之"字段"选项卡

③"联接"选项卡对应 JOIN ON 短语,用于编辑联接条件。这里设置的联结条件为:学生信息表.学号＝成绩表.学号,如图 4-40 所示。

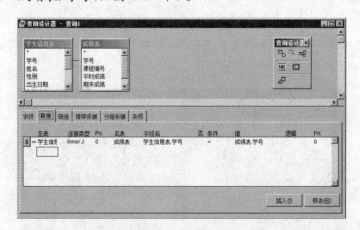

图 4-40　"查询设计器"之"联接"选项卡

④"筛选"选项卡对应 WHERE 短语,用于指定查询条件,这里指定的条件是:性别＝"女",如图 4-41 所示。

⑤"排序依据"选项卡对应 ORDER BY 短语,用于指定排序的字段和排序方式,这里指

定"期末成绩"字段,方式为"降序",如图 4-42 所示。

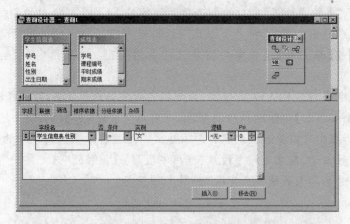

图 4-41 "查询设计器"之"筛选"选项卡

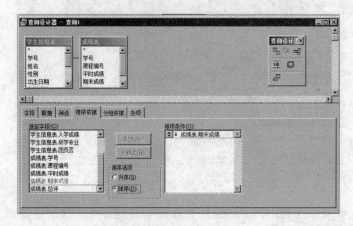

图 4-42 "查询设计器"之"排序依据"选项卡

⑥"分组依据"选项卡对应 GROUP BY 短语和 HAVING 短语,用于分组。

⑦"杂项"选项卡可以指定是否是重复记录(对应 DISTINCT)及列在前面的记录(对应 TOP 短语)等,如图 4-43 所示。

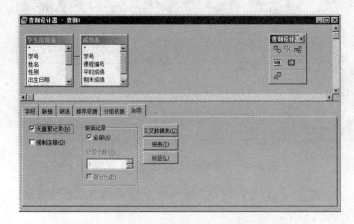

图 4-43 "查询设计器"之"杂项"选项卡

至此,一个简单的查询就建立好了。

说明

①在查询设计器中可以执行"查询"→"查看 SQL"命令,或单击"查询设计器"工具栏中的【显示 SQL 窗口】按钮 **SQL**,查看相应的 SQL SELECT 语句。

②此例中由查询设计器建立的查询实际上就是生成了如下的 SQL SELECT 语句:

　　　SELECT 学生信息表.学号,学生信息表.姓名,成绩表.课程编号,成绩表.期末成绩;

　　　FROM 学生信息表 INNER JOIN 学生!成绩表;

　　　ON 学生信息表.学号 ＝ 成绩表.学号;

　　　WHERE 学生信息表.性别 ＝ "女";

　　　GROUP BY 学生信息表.学号;

　　　ORDER BY 成绩表.期末成绩 DESC

3. 运行查询

要查看查询的结果,可以采用下列方法之一运行查询。

(1)执行"查询"→"运行查询"命令,或单击常用工具栏中的【运行】按钮 **!**。

(2)按 Ctrl＋Q 组合键。

(3)在"查询设计器"窗口中单击鼠标右键,在弹出的快捷菜单中选择"运行查询"。

(4)在命令窗口中执行"DO 查询文件名.QPR"命令。

✒ **课堂操作 45　运行课堂操作 44 中设计的查询**

 具体操作

按 Ctrl＋Q 键,弹出如图 4-44 所示查询结果。

4. 查询去向

设计查询的目的不只是为了完成一种查询功能,在"查询设计器"中同样可以根据需要为查询输出定位查询去向。创建查询时,系统默认查询输出的去向是浏览窗口,实际上,系统提供了不同的输出去向可供选择。

✒ **课堂操作 46　为课堂操作 44 中建立的查询指定查询去向为"临时表"**

学号	姓名	课程编号	期末成绩
▶ 20140501	李星星	050001	99.0
20140501	李星星	050002	99.0
20140101	李珊	010002	98.0
20140401	王静	040002	97.0
20140101	李珊	010001	96.0
20140302	张萌	030001	96.0
20140302	张萌	050002	89.0
20140301	张小倩	050002	87.0
20140401	王静	040001	87.0
20140301	张小倩	030001	86.0

图 4-44　查询结果

具体操作

①执行"查询"→"查询去向"命令,或在"查询设计器"工具栏中单击【查询去向】按钮 ,或在"查询设计器"上单击右键,在弹出的快捷菜单中选择"输出设置"选项,都可以打开"查询去向"对话框,如图 4-45 所示。选择不同的按钮可设置不同的输出方向。

这些查询去向的具体含义如下:

● 浏览:在"浏览"(Browse)窗口中显示查询结果(默认的输出去向)。

● 临时表:将查询结果暂时保存在一个命名的临时只读表中。

● 表:将查询结果永久保存在一个命名的表中。

查询去向
输出去向:
浏览(B)
临时表(C)
表(T)
屏幕(S)
确定
取消

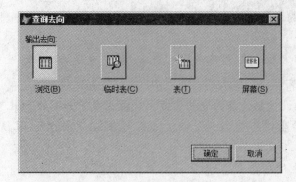

图 4-45 “查询去向”对话框

- 屏幕:在 Visual FoxPro 主窗口或当前活动输出窗口中显示查询结果。

贴心提示

每个按钮都有一个可以影响输出结果的附加选择,根据选择不同的查询去向,生成的查询文件均会有所变化。

②选择查询去向为“临时表”,在下方输入一个临时表名,如:“查询 1”,如图 4-46 所示,单击【确定】按钮。

查询去向
输出去向:
浏览(B)
临时表(C)
表(T)
屏幕(S)
临时表名(N) 查询1
读写(W)
无过滤(F)
确定
取消

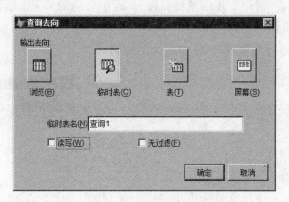

图 4-46 确定查询去向为临时表

③单击“查询设计器”工具栏中的【显示 SQL 窗口】按钮 SQL ,可以看到如图 4-47 所示的内容:

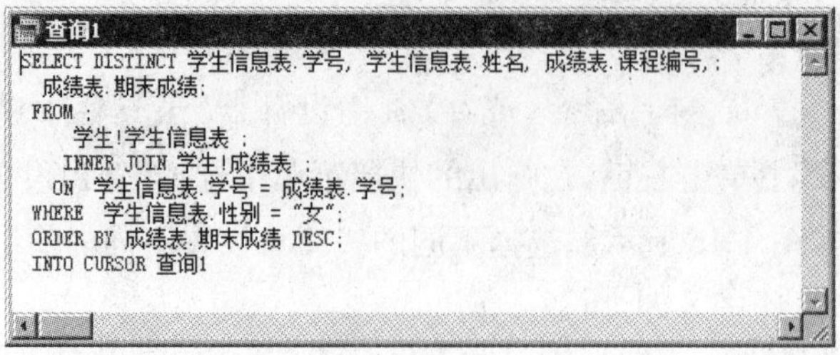

查询1
SELECT DISTINCT 学生信息表.学号, 学生信息表.姓名, 成绩表.课程编号,;
成绩表.期末成绩;
FROM ;
学生!学生信息表 ;
INNER JOIN 学生!成绩表 ;
ON 学生信息表.学号 = 成绩表.学号;
WHERE 学生信息表.性别 = "女";
ORDER BY 成绩表.期末成绩 DESC;
INTO CURSOR 查询1

图 4-47 SQL 窗口内容

⏰**贴心·提示**

其中的 SQL SELECT 语句中增加了 INTO CURSOR 子句,表示将查询结果先存储到一个临时文件中。

5. 保存查询

将"查询设计器"窗口切换为当前窗口后,可采用下列方法之一保存查询。

(1)按 CTRL+W 组合键。

(2)执行"文件"→"保存"命令。

(3)单击"查询设计器"窗口中的【关闭】按钮

🅇,弹出如图 4-48 所示的"询问"对话框,单击【确定】按钮。

当建立查询并存盘后将产生一个扩展名为.QPR的文件,它是一个文本文件,主体是 SQL SELECT 语句,另外还有与输出定向相关的语句。事实上,"查询设计器"有其局限性,它只能建

图 4-48 "询问"对话框

立一些比较规则的查询,无法建立复杂的查询,也不能利用"查询设计器"打开并修改。

6. 修改查询

修改查询需要先打开"查询设计器"。打开已经存在的查询文件的"查询设计器"窗口,常用以下两种方法。

(1)执行"文件"→"打开"命令,或单击常用工具栏上的【打开】按钮 📂,弹出"打开"对话框,选择要修改的查询文件,单击【确定】按钮,打开"查询设计器"。

(2)用命令打开"查询设计器"。命令格式是:MODIFY QUERY〈查询文件名〉

修改后的查询文件可以通过"保存"命令保存所做的修改。

项目小结

查询是 Visual FoxPro 中常用的操作,除使用 SQL 命令外,还可以通过查询向导快速创建一个简单的查询,也可以通过查询设计器创建一个满足特殊需求的规则查询。

🔸 项目3 创建和使用视图

项目描述

在 Visual FoxPro 中,视图是从一个表、多个表或其他视图派生出来的"表",视图也是根据对表的查询定制的一个虚拟表,它能动态地反映来源表中的当前数据。

项目分析

表和视图都是关系数据库中的关系,可以像使用表一样使用视图。视图与表的不同是

视图中没有数据,仅仅是一条 SQL 查询语句,按照此查询语句检索出的数据以表的形式表示。因此,本项目可分解为以下任务:

- 认识视图
- 创建本地视图
- 使用视图
- 创建远程视图

项目目标

- 了解视图的概念、分类及与查询的区别
- 掌握创建和使用本地视图的方法
- 掌握远程视图的创建和连接方法

任务1 认识视图

在 Visual FoxPro 中,视图是引用一个或多个表,根据对表的查询定制的一个虚拟表。视图与表的不同之处是:视图中没有数据,仅仅是一条 SQL 查询语句,按照此查询语句检索出的数据以表的形式表示。

概括地说,视图具有如下几个实用的功能:

- 视图是操作表的一种手段,通过视图可以查询表,也可以更新表。
- 视图兼有"表"和"查询"的特点,与查询相类似的地方是,可以用来从一个或多个相关联的表中提取有用信息。
- 可以从本地表、其他视图、存储在服务器上的表或远程数据源中创建视图。

1. 视图的分类

根据数据来源的不同,视图可分为本地视图和远程视图两种类型。基于本地计算机上的 Visual FoxPro 系统自身的数据表或视图建立的视图是本地视图,使用本地计算机数据库管理系统之外的数据源(如 SQL Server 或其他 ODBC)建立的视图是远程视图。

远程有两方面的含义:首先是数据源不在本地,需要进行远程数据连接才能获取所需要的数据源表中的数据。其次是数据源表不是 Visual FoxPro 表或视图,而是其他数据库系统的数据。只要符合其中的一种情况就需要创建远程视图。

Visual FoxPro 允许将一个或多个远程视图添加到本地视图中,以便能在同一个视图中同时访问 Visual FoxPro 数据和远程 ODBC 数据源中的数据。

2. 视图与查询的区别

视图兼有表和查询的特点。视图与表都可以浏览和更新来源表中的数据并将更新结果永久地保存在磁盘上,也可以用视图使数据暂时从数据库中分离出来,成为自由表数据,以便在主系统之外收集和修改数据。

视图和查询都可以从一个或多个相关表中提取有用的数据,并且它们创建的步骤很相似。视图与查询的区别主要表现在:

1)视图是表的动态窗口

查询仅反映表的当前数据,即使将查询去向选择为表保存起来,这个表也只是当前查询结果的一个静态写照。当表被更新之后,再次运行查询结果会有所改变,但上次保存的查询结果仍保持不变。而视图是根据表定义的观察表中数据的一个定制窗口,每次打开视图时均动态地反映表的当前情况。

2)视图可以更新表

视图是操作表的一种手段,对视图的操作是双向的。通过视图既可以查看数据表中的原有数据,也可以更新表。在视图中可以修改数据,并将更新结果送回源表中,以更新源表中相对应的记录。而查询操作是单向的,在查询结果中修改数据是没有意义的。视图的使用更加灵活,它基于表又超越表。视图是数据库的一个特有功能,只有在包含视图的数据库打开时才能使用视图。

任务 2　创建本地视图

创建本地视图的方法与创建查询类似,Visual FoxPro 中提供了使用命令、使用"视图向导"和使用"视图设计器"三种创建视图的方法。

1. 使用命令创建视图

格式:CREATE VIEW 视图名称 [〈字段名表〉] AS〈查询语句〉

功能:创建指定名称和字段的视图。

说明

①查询语句可以是任意的 SELECT-SQL 语句,它说明和限定了视图中的数据;

②当没有为视图指定字段名时,视图的字段名将与查询语句中指定的字段名或表中的字段同名。

1)从单个表派生出的视图

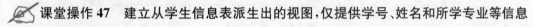 **课堂操作 47**　建立从学生信息表派生出的视图,仅提供学号、姓名和所学专业等信息

具 体 操 作

　　CREATE VIEW V_1 AS SELECT 学号,姓名,所学专业 FROM 学生信息表

说明

①V_1 是视图的名称。对用户来说,就好像有一个包含学号、姓名和所学专业 3 个字段的表。如图 4-49 所示。

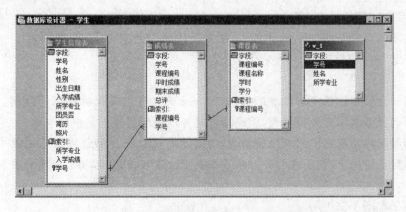

图 4-49　视图 V_1

133

②视图一经创建,可以和基本表一样进行各种查询,也可以进行一些数据的修改。

③对于用户来说,有时并不需要知道操作的是基本表还是视图。譬如,为了查询学号和姓名,可以使用命令:

SELECT 学号,姓名,所学专业 FROM V_1

或:SELECT 学号,姓名,所学专业 FROM 学生信息表

✍ **课堂操作 48** 建立从学生信息表派生出视图,仅提供会计电算化专业的学生学号、姓名和入学成绩等信息

具体操作

CREATE VIEW V_2 AS SELECT 学号,姓名,入学成绩;

FROM 学生信息表 WHERE 所学专业="会计电算化"

运行结果如图 4-50 所示。

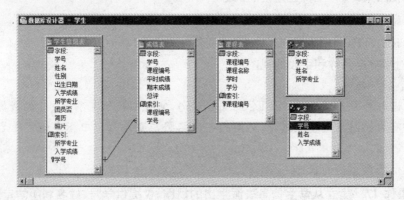

图 4-50 视图 V_2

2)从多个表派生出的视图

✍ **课堂操作 49** 建立从学生信息表、成绩表派生出的视图,提供选修 010001 号课程的学生学号、姓名和期末成绩等信息

具体操作

CREATE VIEW V_3 AS;

SELECT 学生信息表.学号,姓名,期末成绩 FROM 学生信息表,成绩表;

WHERE 学生信息表.学号=成绩表.学号

说明

①视图一方面可以限定对数据的访问,另一方面又可以简化对数据的访问。如果能按照用户复杂的业务需求定义出视图,最终用户就可以用视图替代复杂的查询。

②关闭数据库后视图中的数据将消失,当再次打开数据库时视图从基本表中重新检索数据。所以默认情况下,视图在打开时从基本表中检索数据,然后构成一个独立的临时表供用户使用。

运行结果如图 4-51 所示。

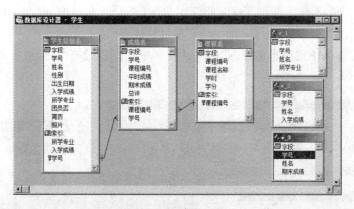

图 4-51　视图 V_3

2. 使用"视图向导"创建视图

视图是数据库的一部分,只有打开或创建包含视图的数据库后才能创建视图。

打开"视图向导"的方法有以下 3 种:

(1)在数据库设计器中执行【数据库】→【新建本地视图】命令,弹出"新建本地视图"对话框,单击【视图向导】按钮,即可打开"视图向导"。

(2)执行【文件】→【新建】命令,打开"新建"对话框,点选"视图"单选按钮,单击【向导】按钮,即可打开"视图向导"。

(3)在数据库设计器窗口中单击鼠标右键,在弹出的快捷菜单中选择"新建本地视图"命令,打开"新建本地视图"对话框,单击【视图向导】按钮,即可打开"视图向导"。

使用本地视图向导的操作步骤与创建查询的步骤基本相同,均包括选择字段、关联表、筛选记录、排序记录和完成 5 个部分。

3. 使用"视图设计器"创建视图

"视图设计器"是一个交互式的工具,它能够可视化地创建视图。

✍ 课堂操作 50　用"视图设计器"创建课堂操作 47 中的视图

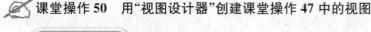

①有以下三种方法可以打开视图设计器,如图 4-52 所示。

(1)用 CREATE VIEW 命令打开"视图设计器"。

(2)执行"文件"→"新建"命令,或单击常用工具栏上的【新建】按钮☐,打开"新建"对话框,选择"视图",单击【新建文件】按钮打开"视图设计器"。

(3)在项目管理器的"数据"选项卡下展开数据库,选择"本地视图"或"远程视图",单击【新建】按钮打开视图设计器。

②在"添加表或视图"对话框中选择"学生信息表",单击【添加】按钮,向"视图设计器"添加该表。

③关闭"添加表或视图"对话框。

④单击"字段"选项卡,从"可用字段"中选择学号、姓名、所学专业等字段,单击【添加】按钮将它们添加到"选定字段"中。

⑤关闭"视图设计器",在弹出的询问框中单击【是】按钮,弹出"保存"对话框,输入视图名称,如"学生情况",单击【确定】按钮,返回"项目管理器"。

⑥在项目管理器中选择本地视图"学生情况",单击【浏览】按钮,即可看到视图的数据结果,如图4-53所示。

图4-52 "视图设计器"窗口   图4-53 "学生情况"视图

说明

"视图设计器"和"查询设计器"的使用方法完全一样。可以对比图4-38的"查询设计器"窗口和图4-52所示的"视图设计器"窗口,主要有以下不同:

①"查询设计器"的结果是将查询以扩展名为.qpr的文件保存在磁盘上,而视图设计完后,在磁盘上找不到类似的文件,视图的结果保存在数据库中。

②由于视图是可以更新的,所以在"视图设计器"中多了一个"更新条件"选项卡。

③在"视图设计器"中没有"查询去向"的选择。

4.视图与数据更新

视图是根据源表派生出来的,使用视图时会在两个工作区分别打开视图和源表,默认情况下,对视图的更新不反映在源表中,对源表的更新在视图中也得不到反映。

视图的去向只有视图浏览窗口,在该窗口中用户可以编辑修改记录,并自动按修改结果在源表中进行更新。在"视图设计器"的"更新条件"选项卡下进行数据的更新,为了通过视图能够更新源表中的数据,需要勾选该窗口左下角"发送SQL更新"复选框。

✎ **课堂操作51** 用"视图设计器"更新课堂操作47中的视图 **V_1** 的所学专业字段

具 体 操 作

①在学生数据库中打开视图 V_1。

②在 V_1 上单击右键,选择"修改",重新打开"视图设计器"。

③指定可更新的字段:选择"更新条件"选项卡,单击"所学专业"左边的灰色按钮,出现如图4-54所示界面。

(1)在"字段名"左侧有两列标志,"钥匙" 🔑 表示关键字,"铅笔" ✎ 表示更新,通过单击相应列可以改变相关的状态。默认为更新所有非关键字字段,并且通过源表的关键字完成更新,即 Visual FoxPro 用这些关键字字段来唯一标识那些已在视图中修改过的源表中的记录。

(2)建议不要试图通过视图来更新源表中的关键字字段值,如果必要可以指定更新非关键字字段值。

④勾选图 4-54 所示界面左下角的"发送 SQL 更新"复选框。

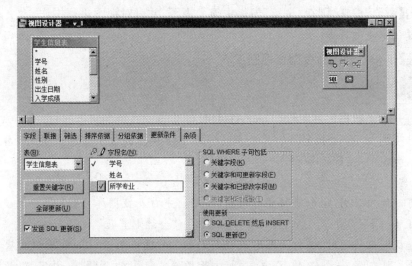

图 4-54 视图的更新

⑤关闭"视图设计器",保存更新。

此时,如果更新了视图 V_1 中的"所学专业"字段,这种更新就会自动反映到源表"学生信息表"中。

任务 3 使用视图

视图设计完成后,可以像运行查询一样运行视图,也可以命名保存视图。打开数据库时,保存的视图将会出现在"数据库设计器"窗口中。视图一经建立,就可以像表一样使用,凡是用到表的地方都可以使用视图。用户不但可以通过视图显示和更新数据,还可以通过调整视图的属性提高性能。

1. 视图操作

视图允许以下操作:

(1)在数据库中使用 USE 命令打开或关闭视图。

(2)在"浏览器"窗口中显示或修改视图中的记录。

(3)使用 SQL 语句操作视图。

(4)在文本框、表格控件、表单或报表中使用视图作为数据源等。

(5)使用 DROP VIEW〈视图名〉命令删除视图。

2. 使用视图

可以在"项目管理器"中"浏览"视图,也可以通过命令来使用视图。

1）在"项目管理器"中使用视图

✎ **课堂操作52　在"项目管理器"中浏览视图 V_1**

（具 体 操 作）

①在"项目管理器"中选择"学生"数据库。

②选择视图 V_1。

③单击【浏览】按钮，则在"浏览"窗口中显示视图，并可对视图进行操作。

2）通过命令使用视图

✎ **课堂操作53　通过命令浏览视图 V_1**

（具 体 操 作）

①先打开学生数据库：OPEN DATABASE 学生

②打开视图 V_1：USE V_1　　　　　　&& V_1是根据学生信息表建立的视图

③输入浏览命令：BROWSE

说明

①也可以使用 SQL 语句直接操作视图，使用前先打开数据库。如：

SELECT ＊FROM V_1 WHERE 所学专业＝"会计电算化"

②一个视图在使用时，将作为临时表在自己的工作区中打开。如果此视图基于本地表，即本地视图，则在另一个工作区中同时打开源表，视图的源表是由定义视图的 SQL SELECT语句访问的。对视图的更新是否反映在源表里，则取决于在建立视图时是否在"更新条件"选项卡中勾选了"发送 SQL 更新"复选框。

③视图不可以用 MODIFY STRUCTURE 命令修改结构，因为视图毕竟不是独立存在的表文件，它是由源表派生出来的，只能修改视图的定义。

④总的来说，视图一经建立就基本可以像源表一样使用，适用于源表的命令基本都可以用于视图。

🌀 **任务4　创建远程视图**

使用远程视图，不需要将所有的记录下载到本地计算机上即可提取远程 ODBC 服务器上的数据子集。可以在本地机上操作这些选定的记录，然后把更改或添加的值返回到远程数据源中。有两种连接远程数据源的方法：一是直接访问在机器上注册的 ODBC 数据源；二是用"连接设计器"创建自定义连接。

1. 创建连接

如果想用服务器创建定制的连接，可以使用"连接设计器"，创建的连接将作为数据库的一部分保存起来，并含有如何访问特定数据源的信息。

可以设置连接选项，命名并存储连接供以后使用。在设置时，或许需要同系统管理员商量或查看服务器的文档，以便找到连接到特定服务器上的正确设置。

课堂操作 54　使用服务器创建新连接

具 体 操 作

①打开学生数据库,执行"数据库"→"连接"命令,在打开的"连接"对话框中单击【新建】按钮;或执行"文件"→"新建"命令,在打开的"新建"对话框中选择【连接】单选按钮,然后单击【新建文件】按钮,打开如图 4-55 所示的"连接设计器"对话框。

②在"连接设计器"对话框中,根据服务器的设置输入选项后,单击【验证连接】按钮,测试连接是否成功。

③单击【确定】按钮保存连接。

2. 创建新的远程视图

在视图中访问远程数据可以使用已创建的连接或用新视图创建连接。

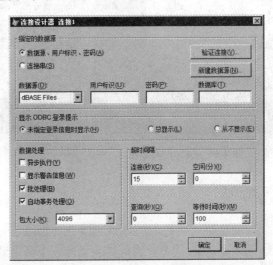

图 4-55　"连接设计器"对话框

课堂操作 55　使用视图创建连接

具 体 操 作

①打开学生数据库,执行"数据库"→"新建远程视图"命令,在打开的"新建远程视图"对话框中单击【新建视图】按钮。

②在打开的"选择连接或数据源"对话框中选择【连接】或【可用的数据源】单选按钮,并选定一个数据源或连接,如图 4-56 所示。

③单击【确定】按钮,打开如图 4-57 所示的"选择工作簿"对话框,选定一个远程工作簿名称后,单击【确定】按钮。

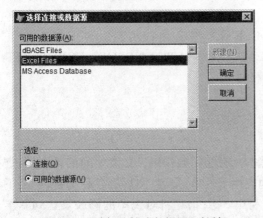

图 4-56　"选择连接或数据源"对话框

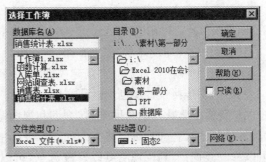

图 4-57　"选择工作簿"对话框

④在弹出的"打开"对话框中选定一个工作表,如图 4-58 所示,单击【添加】按钮将弹出"视图设计器"窗口,如图 4-59 所示。以后的创建过程与创建本地视图一样,并且也可以使用远程视图更新数据和发送已经更新的数据。

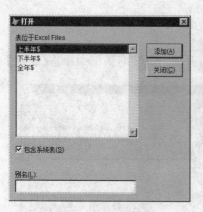

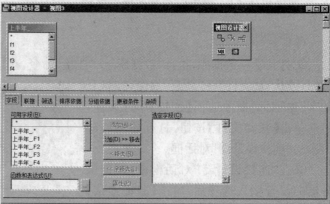

图 4-58 "打开"对话框　　　　　　　　图 4-59 "视图设计器"窗口

项目小结

　　视图是从一个表、多个表或其他视图派生出来的"表",视图也是根据对表的查询定制的一个虚拟表,它能动态地反映来源表中的当前数据。根据数据来源的不同,视图可分为本地视图和远程视图两种类型。本地视图可通过视图向导和视图设计器来创建,而远程视图则通过连接设计器来自定义创建。

单 元 小 结

　　本单元主要介绍了 Visual FoxPro 检索和操作数据库的两个基本工具和手段:查询和视图,以及标准查询语言 SQL 的数据查询、数据修改和数据定义三方面功能。要求重点掌握:

　　(1)数据查询功能:由 SELECT-SQL 语句实现。

　　其中:WHERE 子句对应选择操作(选择行),SELECT 子句对应投影操作(选择列),FROM 子句对应连接操作(多表连接)。

　　(2)数据修改功能:包括 INSERT－SQL,DELETE－SQL 和 PDATE－SQL 三条语句。

　　(3)数据定义功能:包括 CREATE TABLE－SQL,CREATE CURSOR－SQL,ALTER TABLE－SQL 和 DROP TABLE－SQL 四条语句。

　　(4)利用"查询设计器"建立查询。

　　(5)利用"视图设计器"或"新建视图"命令建立视图。

　　(6)利用连接设计器创建远程视图。

　　从普通检索数据的角度来讲,查询和视图基本具有相同的作用。二者之间的区别是:查询可以定义输出去向,可以将查询的结果灵活地应用于表单、报表、图形等各种场合,但是不可以修改数据;而利用视图可以修改数据,可以利用 SQL 语句将对视图的修改发送到基本表,特别是对于远程表的操作,利用视图是非常有效的。

实训与练习

选择题

1. 具有数据定义功能的 SQL 语句是(　　　)。
   A. CREAT TABLE　　　　　　　　B. CERAT CURSOR
   C. UPDATE　　　　　　　　　　　D. ALTER TABLE

2. 从数据库中删除表的命令是(　　　)。
   A. DROP TABLE　　　　　　　　　B. ALTER TABLE
   C. DELETE TABLE　　　　　　　　D. USE

3. 建立表结构的 SQL 命令是(　　　)。
   A. CREAT CURSOR　　　　　　　　B. CREAT TABLE
   C. CREAT INDEX　　　　　　　　　D. CREAT VIEW

4. DELETE FROM S WHERE 年龄>60 语句的功能是(　　　)。
   A. 从 S 表中彻底删除年龄大于 60 岁的记录
   B. S 表中年龄大于 60 岁的记录被加上删除标记
   C. 删除 S 表　　　　　　　　　　D. 删除 S 表的年龄列

5. UPDATE—SQL 语句是(　　　)。
   A. 属于数据定义功能　　　　　　B. 属于数据查询功能
   C. 可以修改表中某些列的属性　　D. 用于修改表中某些列的内容

6. 关于 INSERT—SQL 语句描述正确的是(　　　)。
   A. 可以向表中插入若干条记录　　B. 在表中任何位置插入一条记录
   C. 在表尾插入一条记录　　　　　D. 在表头插入一条记录

填空题

1. 在 VFP 支持的 SQL 语句中，_____命令可以向表中出入记录，_____命令可以检查和查询表中的内容。

2. 在 VFP 支持的 SQL 语句中，_____命令可以修改表中的数据，_____命令可以修改表的结构。

3. ALTER-SQL 语句中，_____子句用于修改列的性质，_____子句用于增加列。

4. 在 VFP 支持的 SQL 语句中，_____命令可以从表中删除行，_____命令可以从数据库中删除表。

5. 在 SELECT-SQL 语句中，用_____子句消除重复出现的记录行。

6. 在 SELECT-SQL 语句中，条件表达式用 WHERE 子句，分组用_____子句，排序用_____子句。

7. 在 ORDER BY 子句的选择项中，DESC 代表_____输出；省略 DESC 时，代表_____输出。

8. 在 SELECT-SQL 语句中，定义一个区间范围的特殊运算符是_____，检查一个属性值是否属于一组值中的特殊运算符是_____。

9. 在 SELECT-SQL 语句中，字符串运算符用_____，匹配符_____表示零个或多个字符，_____表示任何一个字符。

第**5**单元

结构化程序设计

在前面各单元中我们介绍了在 Visual FoxPro 的操作界面进行的交互式工作方式,虽然这种工作方式方便直观,可以完成数据库的一些管理,但在实际的数据库应用系统的开发过程中并不能完全代替程序的作用。若想开发一个高质量的 Visual FoxPro 数据库应用系统,必须熟练使用程序设计的方法。

本单元将通过 4 个项目的讲解,介绍 Visual FoxPro 9.0 中结构化程序的基本概念,三种基本控制结构程序的设计方法,子程序及自定义函数的创建和调用,过程及过程文件的使用,为熟练掌握结构化程序设计的方法打下基础。

项目 1　结构化程序设计基础

项目 2　程序的三种基本结构

项目 3　子程序及其调用

项目 4　编译和调试应用程序

项目 1　结构化程序设计基础

项目描述

前面单元中都是采用命令或菜单交互的工作方式操作和使用 Visual FoxPro 数据库的。本单元将介绍另一种更高效的工作方式,即程序方式。

在 Visual FoxPro 9.0 中将结构化程序设计与面向对象程序设计结合在一起,可以设计出功能更强、灵活多变的数据库应用系统。

项目分析

首先从程序和程序设计的概念入手,依次介绍结构化程序的三种基本结构,程序的建立编辑及运行的方法以及在程序中常用的命令。因此,本项目可分解为以下任务:

- 程序与程序设计
- 结构化程序的三种基本结构
- 程序文件的建立、编辑及运行
- 程序中的输入输出命令
- 程序中的常用命令

项目目标

- 了解程序及程序设计的概念
- 掌握程序的三种基本结构
- 掌握程序文件的建立编辑及运行方法
- 掌握程序中常用命令的使用

任务 1　程序与程序设计

所谓程序,就是为了完成某一具体任务而编写的一系列命令的有序集合。Visual FoxPro 程序与其他高级语言程序一样,也是由若干行命令组成的。以下是一个简单的 Visual FoxPro 程序示例。

```
* 此程序查找所有女同学
CLEAR
OPEN DATABASE 学生
USE 学生信息表 IN 0
LIST STRUCTURE
LIST 学号,姓名,所学专业 FOR 性别="女"
CLOSE DATABASE
RETURN
```

所谓程序设计是编写程序的过程。用户设计程序的目的就是用灵活自动的方法来处理数据以及解决大量的重复性工作,以降低成本、节省时间、提高工作效率。

在程序方式下,当执行程序时,Visual FoxPro 会自动依次执行程序中的所有命令;而在命令或菜单的交互式方式下,许多任务无法用一条命令完成,需要执行一组命令。采用在命令窗口中逐条输入命令或通过选择菜单来执行命令的工作方式显然很麻烦,而且执行过程也不能保存,这时就需要采用程序方式。

与人机交互方式相比,程序方式有明显的优点:

(1)可以利用编辑器来输入、修改和保存程序。

(2)可以自动、多次执行程序。

(3)程序之间可以相互调用。

任务2 结构化程序的三种基本结构

结构化程序有三种基本结构,它们是顺序结构、分支结构和循环结构,如图 5-1 所示。

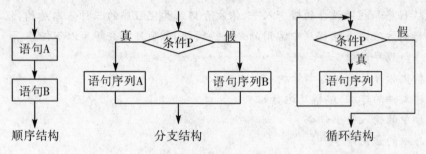

图 5-1 三种基本结构

顺序结构是按照命令书写的先后顺序由上到下依次执行;分支结构是根据指定条件是否满足来选择两条程序路径中的一条执行;而循环结构则是根据指定条件是否满足来决定循环体中的命令是否需要重复执行。

在设计结构化程序时,应遵循的原则是自顶向下、逐步求精和模块化。

其设计过程是:分析问题,确定算法,绘制流程图,根据流程图编写程序。

✍ **课堂操作 1 已知圆的半径为 10cm,编程求圆的面积**

根据题意,求圆的面积需要依次执行下列操作:

(1)给出圆的半径 R=10

(2)根据公式 S=3.1416×R^2 计算圆的面积

(3)输出圆的面积

具 体 操 作

用 Visual FoxPro 程序描述上述过程为

　　R=10

　　S=3.1416 * R * R

　　?"圆面积=",S

任务3 程序文件的建立、编辑及运行

程序文件也称命令文件,是将一系列命令有机地组合在一起并存放在磁盘上的文件,其扩展名为.prg。

Visual FoxPro 的应用程序是一个文本文件,它的建立和编辑可以通过系统提供的编辑器进行,也可以使用其他常用文本编辑软件获得。Visual FoxPro 中应用程序的建立、编辑、保存和运行都可以通过以下三种方式进行,它们是菜单方式、命令方式和项目管理器方式。

1. 建立程序文件

在 Visual FoxPro 中,可以通过以下三种方式来建立程序文件。

方式 1：菜单方式。在 Visual FoxPro 的系统菜单栏中,执行"文件"→"新建"命令,在弹出的"新建"对话框中,点选"程序"单选按钮,如图 5-2 所示,单击【新建文件】按钮,即可在 Visual FoxPro 用户界面打开程序编辑窗口"程序 1. prg",如图 5-3 所示。在程序编辑窗口中可以逐条输入命令,并按 Enter 键换行。

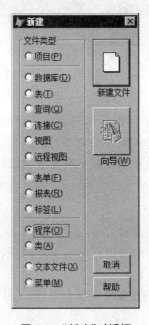

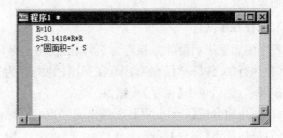

图 5-2　"新建"对话框　　　　　　　图 5-3　程序编辑窗口

方式 2：命令方式。在命令窗口键入如下命令：

　　MODIFY COMMAND [〈文件名〉|?]

或

　　MODIFY FILE [〈文件名〉|?]

Visual FoxPro 在用户界面将打开如图 5-3 所示的程序编辑窗口"程序 1. prg"。

说明

①若文件名缺省,当使用第一条命令时系统默认文件名为"程序 1. prg";当使用第二条命令时系统默认文件名为"文件 1",因此,使用第二条命令时,文件名后要写扩展名. prg。

②在文件名前可指明路径,若未指明则默认为当前路径。如果在编辑结束后想改变该程序文件存放的路径,可执行"文件"→"另存为"命令,重新设置保存位置。

方式 3：在项目管理器中,单击"代码"选项卡,选择"程序"选项,单击【新建】按钮,同样打开如图 5-3 所示的程序编辑窗口"程序 1. prg"。

✎ **课堂操作 2　用命令方式创建任务 1 中的示例程序**

具体操作

①在命令窗口中键入 MODIFY COMMAND 命令后回车,弹出程序编辑窗口。

②在程序编辑窗口中输入如图 5-4 所示的程序代码。

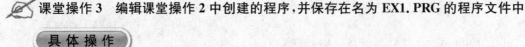

图 5-4　任务 1 程序代码

2. 编辑程序文件

程序的编辑是在程序编辑窗口完成的,在程序编辑过程中可以使用复制和移动的方法来加速编辑过程。在编辑程序的过程中,要注意 Visual FoxPro 程序是命令行的序列,每条命令都必须以 Enter 键结尾,并且一行只能写一条命令,需要分行书写一条命令时,分行处要添加续行符";"。

3. 保存程序文件

程序编辑完毕后要注意保存,以备以后使用。保存程序有两种方法:

(1)执行"文件"→"保存"命令,在弹出的"另存为"对话框中确定程序的保存路径、文件名和扩展名,然后单击【保存】按钮。

(2)使用组合键【Ctrl+W】,在弹出的"另存为"对话框中确定程序的保存路径、文件名和扩展名,然后单击【保存】按钮。

如果放弃保存,按【Esc】键或使用组合键【Ctrl+Q】,系统会弹出提示框,提示"放弃修改?",单击【是】按钮,放弃保存操作。

✎ **课堂操作 3　编辑课堂操作 2 中创建的程序,并保存在名为 EX1. PRG 的程序文件中**

具体操作

①检查程序中的命令行是否符合 Visual FoxPro 程序的语法规则。

②执行"文件"→"保存"命令或按【Ctrl+W】组合键保存程序,在弹出的"另存为"对话框中输入文件名:EX1. PRG。

4. 打开和修改程序文件

只有打开程序文件才能修改程序,其操作与创建程序文件时相似,有以下三种方式。

方式 1:菜单方式。执行"文件"→"打开"命令,弹出"打开"对话框,在"文件类型"列表框中选择"程序",在文件名列表中选择要打开的程序文件名,单击【确定】按钮。

方式 2:命令方式。修改程序命令与创建程序命令相同,但必须带文件名或"?"。如果是"?",则从文件列表中,选择要修改的程序文件名,再单击【打开】按钮。

方式 3：若程序包含在一个项目中，则可以在项目管理器中选定它，然后单击【修改】按钮。

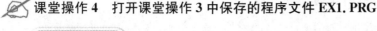 **课堂操作 4　打开课堂操作 3 中保存的程序文件 EX1. PRG**

 具 体 操 作

输入命令：

  MODIFY COMMAND EX1. PRG

5. 运行程序文件

程序在执行之前必须经过编译操作，未经编译的程序称为源程序。

运行程序文件也有三种方式。

方式 1：菜单方式。执行"程序"→"运行"命令，在弹出的"运行"对话框中，选择需要运行的程序，然后单击【运行】按钮即可。

方式 2：命令方式。在命令窗口键入命令：

  DO〈文件名〉［WITH〈发送参数表〉］

说明

①Visual FoxPro 允许使用带参数的程序文件。

②在编写带参数的程序文件时，必须把命令 PARAMETERS〈参数表〉作为程序的第一条命令。

方式 3：若程序包含在一个项目中，则可以在项目管理器中选定它，单击【运行】按钮。

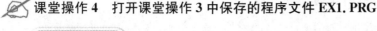 **课堂操作 5　运行程序文件 EX1. PRG**

 具 体 操 作

输入命令：

DO EX1. PRG

6. 程序的注释

为了增强程序的易读性，通常需要在程序中加上注释，其命令格式如下：

格式 1：＊〈注释内容〉

格式 2：NOTE〈注释内容〉

格式 3：〈语句〉＆＆〈注释内容〉

说明

①以符号"＊"或命令字"NOTE"开始的注释行可以出现在程序的任何地方，而"＆＆"则主要用于在命令的尾部添加注释。

②注释命令是非执行命令，对程序没有影响。

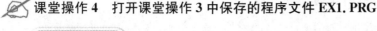 **课堂操作 6　为程序文件 EX1. PRG 添加注释命令**

 具 体 操 作

①在程序头部输入下列三条注释命令：

  ＊本程序用于在学生信息表中查找所有女同学

  NOTE 本程序用在库文件中查找满足条件的记录

SET DEFAULT TO F:\VFP 　　　&&设置程序运行环境

②保存程序并运行,观察运行结果有无变化。

任务4　程序中的输入输出命令

一个程序中往往包含数据输入、数据处理、数据输出三部分,Visual FoxPro 有专门的数据输入和输出命令。

1.输出命令

格式:

?|?? [〈表达式1〉][,〈表达式2〉] [,〈表达式3〉]…

功能:依次计算表达式的值,并将其显示在屏幕上。

说明

①"表达式"可以是数值型、字符型、逻辑型、日期型、日期时间型等数据类型。

②?表示从屏幕下一行的第一列显示结果,?? 表示从当前行的当前列显示结果。

2.输入命令

1)单字符输入命令

格式:

　　　　WAIT[〈提示信息〉][TO 〈内存变量〉][WINDOWS]

功能:暂停程序的运行,等待用户按下键盘上的任意一个键或按鼠标键,然后立即执行下一条命令。

说明

①用户通过可选项[〈提示信息〉]指定提示内容,缺省为"按任意键继续…"。

②TO〈内存变量〉用于指定一个内存变量来存放操作过程中用户所键入的一个字符(不需要按 Enter 结束,除非 Enter 键就是要等待的一个字符),并自动定义该变量为字符型。

③[WINDOWS]能在 Visual FoxPro 主窗口的右上角开出一个提示信息的显示窗口。

④相应地,NOWAIT 只显示提示信息,不暂停程序的执行。

例如:WAIT "谢谢使用本系统!" WINDOWD

2)字符型数据输入命令

格式:

　　　　ACCEPT[〈提示信息〉][TO〈内存变量〉]

功能:暂停程序执行,在屏幕上显示提示信息,等待用户从键盘上输入数据,按回车键结束输入,并将数据赋给内存变量。

说明

①该命令把用户输入的任何数据都作为字符型常量保存,因此用户不需要输入定界符,如果输入了定界符,则定界符也被作为字符串的一部分而存放到内存变量中。

②命令中可选项缺省时,屏幕上无显示信息而直接等待用户的输入;提示信息也可以是字符型表达式。

✏ **课堂操作 7　编写程序，在学生信息表中按姓名查找某一指定学生的基本情况**

🔵 **具 体 操 作**

①在命令窗口中键入 MODIFY COMMAND 命令后回车，弹出程序编辑窗口。

②在程序编辑窗口中输入程序如下：

```
CLEAR
USE 学生信息表
ACCEPT"请输入学生姓名:"TO NAME
LOCATE ALL FOR 姓名＝NAME
DISPLAY
UES
```

③保存程序并运行，观察运行结果。

3) 任意类型数据输入命令

格式：

INPUT[〈提示信息〉][TO〈内存变量〉]

功能：暂停程序执行，在屏幕上显示提示信息，等待用户从键盘上输入一个表达式，按 Enter 键结束输入。

说明

①该命令能接受字符型、数值型、日期型和逻辑型的表达式，输入的表达式的值计算出来后向内存变量赋值，内存变量的类型由表达式值的类型来决定。

②输入字符型常量必须加字符型定界符，输入逻辑型常量必须为. T. 或. F. ，输入日期型常量必须用函数转换或加日期型定界符{}，只有输入数值型常量时，才能直接输入数据。

③命令中可选项缺省时，屏幕上无显示信息而直接等待用户的输入。

④提示信息也可以是字符型表达式。

✏ **课堂操作 8　为程序文件 EX1. PRG 添加一段输入输出命令**

🔵 **具 体 操 作**

①在程序第二行后输入下列命令：

```
ACCEPT "请输入用户名:"TO NAME
INPUT"请输入等待时间(秒):" TO T
WAIT"要继续,请输入字符′Y′:"TO X WINDOWS
```

②保存程序并运行，观察运行结果。

🌐 **任务 5　程序中的常用命令**

1. 清屏命令

格式：

CLEAR

功能：清除当前屏幕上所有信息，光标定位在屏幕左上角。

2. 信息显示控制命令

格式：

SET TALK ON/OFF

功能：有些命令执行后，会在屏幕最下方的图形状态栏返回有关信息，实现人机"对话"。程序中若设置 SET TALK OFF 命令，将关闭对话，默认为 ON 状态。

3. 系统初始化命令

格式

CLEAR ALL/ CLOSE ALL

功能：清除所有内存变量和数组，关闭所有打开的各类文件，选择 1 号工作区为当前工作区，使系统恢复到初始状态。

🕐 **贴心·提示**

CLOSE ALL 不能清除内存变量。

✍ **课堂操作 9　演示常用命令功能的一个简单程序**

具 体 操 作

输入并执行下面的程序 EX2. PRG

CLEAR

SET TALK ON

USE 学生信息表 IN 0

SKIP

WAIT

SET TALK OFF

SKIP

WAIT

🕐 **贴心·提示**

在程序运行期间注意观察"图形状态栏"的变化。

4. 终止程序运行命令

格式：

CANCEL

功能：终止程序的运行并关闭所有打开的文件、清除内存变量，返回命令窗口。

5. 退出 Visual FoxPro 命令

格式：

QUIT

功能：终止程序的运行并退出 Visual FoxPro。

使用 QUIT 命令退出 Visual FoxPro，不会造成数据丢失或破坏打开的文件，同时还可将磁盘中的临时文件删除。

6. 返回命令

格式:

　　RETURN

功能:结束一个程序的运行并使控制返回调用程序或交互状态。

说明

在一个程序的最后是否使用 RETURN 命令是任选的,因为在每个程序执行的最后,系统都会自动执行一个 RETURN 命令。

项目小结

　　程序是为完成某一具体任务而编写的一系列命令的有序集合。程序的建立、编辑及运行都可以通过菜单方式、命令方式及项目管理器方式实现。掌握程序中的常用命令为今后的结构化程序设计打好基础。

项目 2　程序的三种基本结构

项目描述

Visual FoxPro 为用户提供了三种基本的程序控制结构,它们是顺序结构、分支结构和循环结构。利用这三种基本的程序控制结构,可以解决任何复杂的数据处理问题。

项目分析

本项目分别介绍三种基本结构程序设计的特征及程序执行的过程,让用户弄清不同问题采用哪种基本结构来解决。因此,本项目可分解为以下任务:

- 设计并运行顺序结构
- 设计并运行分支结构
- 设计并运行循环结构

项目目标

- 掌握顺序结构的程序设计方法
- 掌握分支结构的程序设计方法
- 掌握循环结构的程序设计方法

任务 1　设计并运行顺序结构

顺序结构程序是按照命令排列的先后顺序,由上到下逐条依次执行的。

程序运行时,每条命令都要执行一次,且只执行一次。顺序结构是程序设计中最基本、最简单的一种结构。

✑ **课堂操作 10 根据输入的学号，查找并浏览该学生的情况**

具 体 操 作

输入并运行下面的程序：

```
* EX1. PRG
CLEAR
USE 学生信息表
ACCEPT"请输入学号："TO XH
LOCATE ALL FOR 学号＝XH
DISPLAY
USE
```

运行结果如下：

请输入学号: 20140202

记录号	学号	姓名	性别	出生日期	入学成绩	所学专业	团员否	简历	照片
9	*20140202	孙良玉	男	01/21/95	528	金融管理	.F.	memo	gen

该程序运行时，计算机按照从上到下的顺序，一条条地执行完顺序结构程序中的所有命令，这就是顺序结构程序的特征。

🔘 **任务 2 设计并运行分支结构**

在分支结构中，程序根据给定的条件是否成立来选择执行不同的分支程序段。也就是说，在两条或多条分支中选择一条执行，这些不同的选择就构成了分支结构。

Visual FoxPro 提供了三种格式的分支结构。

1. 单分支结构

格式：

　　IF〈条件表达式〉［THEN］

　　　　〈命令序列〉

　　ENDIF

功能：首先计算条件表达式的值，若取值为.T.，执行命令序列；否则跳过〈命令序列〉，直接执行 ENDIF 后面的语句。其结构图如图 5-5 所示。

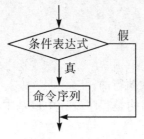

说明

①〈条件表达式〉可以是各种表达式的组合，但运算结果是逻辑值.T.或.F.。

②〈命令序列〉可以是一条或多条命令或语句。

③IF 语句必须与 ENDIF 语句成对出现，在程序中各占一行。

④IF—ENDIF 语句只能在程序中使用，不能作为命令操作。

图 5-5 单分支结构图

课堂操作 11　单分支结构的程序示例(判断一个数是否是正数)

具体操作

输入并运行下面的程序：

```
*EX2.PRG
CLEAR
INPUT "请输入 X 的值:" TO X
IF X>0
  ?'正数'
ENDIF
RETURN
```

运行结果如下：

```
请输入 X 的值:26
正数
```

课堂操作 12　单分支结构的程序示例(在课程表中查找课程名称是网络基础的课程，如果其学分大于 3，则将其学分改为 3，并将学时改为 54)

具体操作

输入并运行下面的程序：

```
*EX3.PRG
CLEAR
USE 课程表
LOCATE ALL FOR 课程名称="网络基础"
IF 学分>3
  REPLACE 学分 WITH 3,学时 WITH 54
ENDIF
BROWSE
USE
RETURN
```

运行结果如图 5-6 所示。

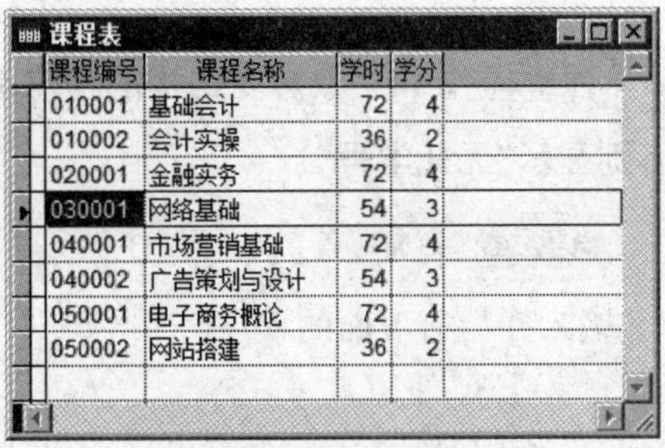

课程编号	课程名称	学时	学分
010001	基础会计	72	4
010002	会计实操	36	2
020001	金融实务	72	4
030001	网络基础	54	3
040001	市场营销基础	72	4
040002	广告策划与设计	54	3
050001	电子商务概论	72	4
050002	网站搭建	36	2

图 5-6　课堂操作 12 运行结果

2. 双分支结构

格式

```
IF 〈条件表达式〉[THEN]
  〈命令序列 1〉
ELSE
  〈命令序列 2〉
ENDIF
```

功能：首先判断条件表达式的逻辑值，若其值为真，将执行〈命令序列 1〉；若其值为假，则执行〈命令序列 2〉，然后继续执行 ENDIF 后面的语句。双分支结构图如图 5-7 所示。

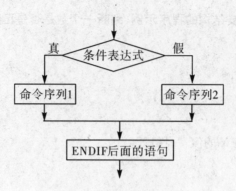

图 5-7 双分支结构图

课堂操作 13 双分支结构的程序示例(已知 **X, Y** 两数据,编程显示两者中较大的数据)

具 体 操 作

输入并运行下面的程序:

```
* EX4. PRG
  CLEAR
  X=5
  Y=-8
  IF X>Y
    ?X
  ELSE
    ?Y
  ENDIF
  RETURN
```

运行结果如下:

5

课堂操作 14 双分支结构的程序示例(根据输入的学号显示学生情况,学号输入不正确,则显示"无此学号")

具 体 操 作

输入并运行下面的程序:

```
* EX5. PRG
  CLEAR
  OPEN 学生
  USE 学生信息表
  ACCEPT    "请输入要查询学生的学号:" TO XH
  LOCATE FOR 学号=ALLTRIM(XH)
  IF NOT EOF()
      ? "学号是"+学号+"的学生情况如下:"
```

　　　　?姓名,性别,出生日期

　　　　?所学专业

　　ELSE

　　　　? "无此学号!"

　　ENDIF

　　USE

运行结果如下:

　　请输入要查询学生的学号:20140101

　　学号是 20140101 的学生情况如下:

　　李珊　　女 02/15/93

　　会计电算化

3. IF 语句的嵌套

格式

　　IF〈条件表达式 1〉

　　　〈命令序列 1〉

　　ELSE

　　　IF〈条件表达式 2〉

　　　　〈命令序列 2〉

　　ELSE

　　　　IF〈条件表达式 3〉

　　　　〈命令序列 3〉

　　　　　　　:

　　　　ENDIF

　　　ENDIF

　　ENDIF

　　功能:依次判断条件表达式的逻辑值,若某个条件表达式的值为真,则执行相应的命令序列;然后退出其嵌套结构。该 IF 的嵌套结构的结构图如图 5-8 所示。

　✐ **课堂操作 15**　IF 嵌套结构的程序示例(**根据学生数据库的信息,输入学生姓名,根据期末考试平均成绩给出相应的等级**)

　　⬤ **具体操作**

输入并运行下面的程序:

　　* EX6. PRG

　　CLEAR

　　OPEN 学生

　　USE 学生信息表

　　ACCEPT "请输入学生姓名:" TO XM

　　SELECT AVG(期末成绩) FROM 学生信息表;

　　INNER JOIN 成绩表 ON 学生信息表.学号＝成绩表.学号

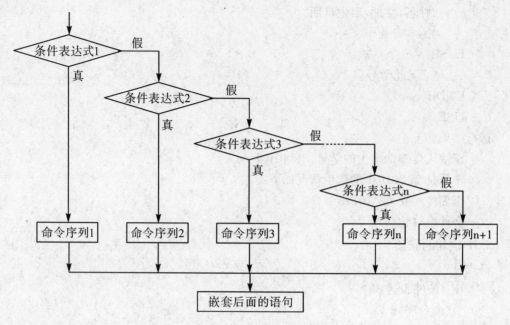

图 5-8　IF 语句嵌套结构图

```
WHERE 姓名＝XM INTO ARRAY B
IF B(1)＜60
    DJ＝"不及格"
ELSE
    IF B(1)＜80
        DJ＝"及格"
ELSE
    IF B(1)＜90
        DJ＝"良好"
    ELSE
        DJ＝"优秀"
    ENDIF
  ENDIF
ENDIF
?XM＋"的成绩等级为:"＋DJ
CLOSE
```

运行结果如下:

    请输入学生姓名:李星星
    李星星的成绩等级为:优秀

4. 多分支结构

格式

```
DO CASE
```

```
    CASE〈条件表达式 1〉
        〈命令序列 1〉
    CASE〈条件表达式 2〉
        〈命令序列 2〉
    ……
    CASE〈条件表达式 n〉
        〈命令序列 n〉
    [OTHERWISE
        〈命令序列 n＋1〉]
ENDCASE
```

功能:按 CASE 的顺序依次判断条件表达式的逻辑值,一旦遇到某个条件表达式的值为真时,执行该 CASE 的后续命令序列,然后转向 ENDCASE 后的语句继续运行程序;否则,执行 OTHERWISE 语句后的命令序列 n＋1,如果没有 OTHERWISE 语句,并且 CASE 的条件表达式的值都为假,直接执行 ENDCASE 后面的语句。多分支结构图如图 5-9 所示。

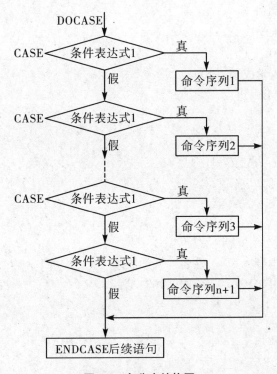

图 5-9　多分支结构图

说明

①多分支结构最多只能在多条路径中选择一条执行。如果有多个〈条件表达式〉的值为真,则仅执行第一个值为真的〈条件表达式〉下面的命令序列。执行结束后转到 ENDCASE 后续的语句执行。

②DO CASE、CASE、OTHERWISE、ENDCASE 各占一行。DO CASE 与 ENDCASE 分别标志着分支选择结构的开始与结束,必须成对出现。

③DO CASE 与第一个 CASE 项之间不应书写任何语句。

课堂操作 16　多分支结构的程序示例(统计学生入学成绩所处的分数段)

具 体 操 作

输入并运行下面的程序:

```
* EX7. PRG
CLEAR
USE 学生信息表. dbf
DISP 学号,姓名,入学成绩
STORE 0 TO A,B,C,D
DO CASE
    CASE 入学成绩>550
        A=A+1
    CASE 入学成绩>500
        B=B+1
    CASE 入学成绩>450
        C=C+1
    CASE 入学成绩>400
        D=D+1
ENDCASE
?"A=",A
?"B=",B
?"C=",C
?"D=",D
RETURN
```

运行结果如下:

记录号	学号	姓名	入学成绩
1	20140101	李珊	463

```
A=0
B=0
C=1
D=0
```

课堂操作 17　多分支结构的程序示例(根据用户购书册数决定单价折扣并计算出货款)

具 体 操 作

输入并运行下面的程序:

```
* EX8. PRG
CLEAR
```

```
INPUT "输入购书单价:"TO DJ
INPUT "输入购书册数:"TO M
ZFC="折优惠,货款总计:"
DO CASE
    CASEM<=5
        ? "不打折,货款总计:"+STR(DJ * M,9,2)
    CASEM<=10
        Z="95"
        ? Z+ZFC+STR(DJ * M * 0.95,9,2)
    CASEM<=50
        Z="9"
        ? Z+ZFC+STR(DJ * M * 0.9,9,2)
    CASEM<=100
        Z="85"
        ? Z+ZFC+STR(DJ * M * 0.85,9,2)
    OTHERWISE
        Z="8"
        ? Z+ZFC+STR(DJ * M * 0.8,9,2)
ENDCASE
```

⏰贴心·提示

①分支结构中,语句常缩格书写,使程序结构清晰易读。

②以上分支结构不仅自身可以嵌套,而且还能相互嵌套。在嵌套时必须将某种控制结构从开始到结束的整个完整的语句放在另一个控制结构的某个条件下的语句序列中,而且还可以一层层嵌套下去。

③嵌套的各个层次之间不允许出现交叉。

任务3　设计并运行循环结构

在程序中,每一条顺序结构和分支结构的命令只能执行一次。在实际工作中,特别是数据处理工作需要重复执行相同的操作,这就要求在程序中能够反复执行某些命令。为了满足实际工作的需要,Visual FoxPro 提供了循环结构,它是所有程序设计语言中最重要的结构之一。

循环结构是指程序在执行过程中,某个命令序列被重复执行若干次。被重复执行的命令序列称为循环体。

Visual FoxPro 提供了三种循环结构,它们是步长型循环、当型循环和数据表扫描循环。

1.步长型循环

如果要完成确定次数的循环操作,使用步长型循环比较容易实现。

格式:

FOR〈循环变量〉＝〈初值〉TO〈终值〉[STEP〈步长值〉]
　　　〈命令序列〉
　　　[EXIT]
　　　〈命令序列〉
　　　[LOOP]
　　ENDFOR | NEXT

功能：首先将初值赋给循环变量，再将循环变量与终值进行比较，如果没有超过终值，即小于等于终值（当步长值为正数时）或大于等于终值（当步长值为负数时），就执行 FOR 与 ENDFOR（或 NEXT）之间的语句。执行过程中，每循环一次后，当遇到 ENDFOR（或 NEXT）时，循环变量就会自动递增一个步长值，然后程序返回到 FOR，将循环变量的当前值与终值进行比较。重复前面的步骤，直到循环变量的值不在指定的初值与终值范围之内才终止循环，执行 ENDFOR 后面的语句。其结构图如图 5-10 所示。

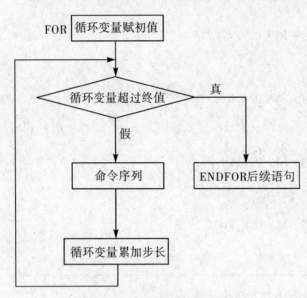

图 5-10　步长型循环结构图

说明

①步长型循环适用于循环次数和循环变化规律确定的情况。

②步长型循环是通过判断循环变量的取值是否在指定的初值与终值范围之内来确定循环体是否重复执行的。

③缺省时步长为 1。

④初值、终值和步长可以是数值表达式，表达式的值仅在循环开始的时候被计算一次，在循环过程中不再改变。

⑤可选项 EXIT 是强制退出循环语句，执行它则立即无条件跳出循环，执行 ENDFOR 的下一条语句。

⑥可选项 LOOP 的功能是提前结束本次循环，即遇到 LOOP 语句则不再执行 LOOP 后面的语句，循环变量自动增加一个步长值，然后把控制转移到循环结构开始的 FOR 语句处。

⑦EXIT 与 LOOP 语句可以出现在循环体内的任何位置，常常包含在循环体内嵌套的分支结构语句中。

课堂操作 18　步长型循环结构程序示例（用两种方法分别求 1＋2＋3＋…＋10 的值）

具 体 操 作

输入并运行下面的程序：

【方法 1】
　＊EX9.PRG

```
S=0
FOR N=1 TO 10
  S=S+N
ENDFOR
? S
RETURN
```

【方法 2】

```
* EX10. PRG
S=0
FOR N=10 TO 1 STEP - 1
  S=S+N
ENDFOR
? S
RETURN
```

运行结果如下:55

🕐 **贴心·提示**

上例中设计 FOR 循环时,初值和终值的设定是随步长值不同或步长值符号不同而变化的。

✍ **课堂操作 19** 步长型循环结构程序示例(检查口令,允许输入三次口令,如果三次输入都错误,则不能进入数据库管理系统)

具体操作

输入并运行下面的程序:

```
* EX11. PRG
N=1
FOR N=1 TO 3
  ? "请输入口令:"
  SET CONS OFF
  ACCEPT TO k1
  SET CONS ON
  IF UPPER(ALLTRIM( k1 ))= "OK"
      WAIT"您可以进入数据库管理系统了!" WINDOWS
      CLEAR
      USE 学生信息表
      LIST
      USE
      RETURN
  ELSE
      IF N<3
```

```
            WAIT "口令错，请再试一次" WINDOWS
        ELSE
            WAIT "您不能进入数据库管理系统!" WINDOWS
            CANCEL
        ENDIF
    ENDIF
ENDFOR
RETURN
```

2. 当型循环

格式：

```
DO WHILE〈条件表达式〉
    〈命令序列〉
    ［EXIT］
    〈命令序列〉
    ［LOOP］
    〈命令序列〉
ENDDO
```

功能：首先计算条件表达式的值。若其值为逻辑真，则依次执行 DO 与 ENDDO 之间的命令序列（即循环体），然后返回再次计算条件表达式的值，如此重复前面的步骤，直到条件表达式的值为假，跳出循环，执行 ENDDO 的下一条语句。其结构图如图 5-11 所示。

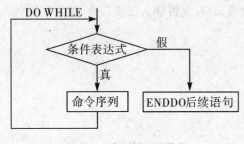

图 5-11　当型循环结构图

说明

①循环结构中 DO WHILE 与 ENDDO 必须成对出现。

②可选项 EXIT 是强制退出循环语句，执行它则立即无条件跳出循环，执行 ENDDO 的下一条语句。

③可选项 LOOP 是提前结束本次循环，即不执行 LOOP 指令后面的语句，而是将控制转移到循环结构开始，即 DO WHILE 语句。

④EXIT 与 LOOP 语句可以出现在循环体内的任何位置，常常包含在循环体内嵌套的分支结构语句中。

⑤循环是否继续取决于条件表达式的当前值，一般情况下循环体中应含有改变条件表达式值的语句，否则将造成死循环。

课堂操作 20　当型循环结构程序示例（求 1＋2＋3＋…＋10 的值）

具 体 操 作

输入并运行下面的程序：

```
* EX12.PRG
```

162

```
N=1
S=0
DO WHILE N<=10
    S=S+N
    N=N+1
ENDDO
? S
```

⏰ **贴心·提示**

①在进入当型循环之前,必须组织好循环初始部分,例如求和的累加器要赋 0,而求积的累加器要赋 1。②循环条件表达式中的控制变量要根据不同情况赋初值,因为循环的次数是和条件表达式中的控制变量所赋的初值密切相关的。③循环体中包括了在循环中要执行的命令,也包括了循环条件控制变量的修改部分,例如上例中的命令 N=N+1,它在循环体中的书写顺序也与循环的初始赋值有关。

✍ **课堂操作 21　当型循环结构程序示例(统计成绩表中期末成绩超过 90 分的人数)**

具体操作

输入并运行下面的程序:

```
* EX13. PRG
CLEAR
USE 成绩表.DBF
S=0
DO WHILE . NOT. EOF()
    IF 期末成绩>=90
        S=S+1
    ENDIF
    SKIP
ENDDO
? "期末成绩在 90 分以上的人数:",S
USE
RETURN
```

运行结果如下:

期末成绩在 90 分以上的人数:13

✍ **课堂操作 22　当型循环结构程序示例(求任意多个数之和,并统计输入的正数和负数的个数,以输入 0 结束程序)**

具体操作

输入并运行下面的程序:

```
* EX14. PRG
  CLEAR
  STORE 0 TO S, ZS, FS
  DO WHILE . T.
      INPUT "请输入任意数(0 退出):" TO N
      IF N=0
          EXIT
      ENDIF
      S=S+N
      IF N>0
          ZS=ZS+1
      ELSE
          FS=FS+1
      ENDIF
  ENDDO
  ? "共输入"+ ALLTRIM(STR(ZS+FS))+ "个数,其和为:"+ALLTRIM(STR(S))
  ? "其中正数"+ALLTRIM(STR(ZS))+"个,负数"+ALLTRIM(STR(FS))+"个"
  RETURN
```

3. 数据表扫描循环

格式

```
    SCAN [〈范围〉][FOR〈条件表达式〉][WHILE〈条件表达式〉]
        〈命令序列〉
        [EXIT]
        〈命令序列〉
        [LOOP]
    ENDSCAN
```

功能:当执行到 SCAN 语句时,Visual FoxPro 将记录指针自动、依次指向当前表指定范围中满足条件的记录,对每一条记录执行 SCAN 和 ENDSCAN 之间的命令序列。如此循环往复,直到所有满足条件的记录都处理完为止,再执行 ENDSCAN 后面的语句。如果当前表中没有满足条件的记录,则循环体一次都不执行,直接跳到 ENDSCAN 后面的语句去执行。

说明

①如果在 SCAN 中省略〈范围〉和〈条件表达式〉子句,则系统默认为对当前表的所有记录进行处理。

②EXIT 与 LOOP 命令的功能与当型循环相同。但是若是循环体中遇到 LOOP 语句,则记录指针会自动按条件下移,再返回到 SCAN 语句去决定是否继续执行循环体。

③正常退出循环的情况是记录指针一定指向文件末端,除非在循环体中使用了 EXIT 语句强行跳出循环。

④用 SCAN…ENDSCAN 处理数据表中的记录比当型循环更方便,因为记录指针是自

动移动的。

✍ **课堂操作 23　数据表扫描循环程序示例（显示学生信息表中男同学的情况）**

具 体 操 作

输入并运行下面的程序：

```
* EX15. PRG
CLEAR
OPEN DATABASE 学生
USE 学生信息表. DBF
SCAN
    IF 性别＝"女"
        LOOP
    ENDIF
    DISPLAY
ENDSCAN
USE
```

运行结果如下：

记录号	学号	姓名	性别	出生日期	入学成绩	所学专业	团员否	简历	照片
2	20140102	王大勇	男	05/19/96	575	会计电算化	.F.	memo	Gen
3	20140201	刘天明	男	01/23/96	579	金融管理	.T.	memo	gen
7	20140502	周一围	男	03/21/96	508	电子商务	.T.	memo	gen
9	*20140202	孙良玉	男	01/21/95	528	金融管理	.F.	memo	gen
10	20140402	陈曦	男	12/08/94	519	市场营销	.F.	memo	gen

✍ **课堂操作 24　数据表扫描循环程序示例（查询成绩表指定课程编号的学生记录）**

具 体 操 作

输入并运行下面的程序：

```
* EX16. PRG
CLEAR
OPEN DATABASE 学生
USE 成绩表
ACCEPT "请输入查询课程编号:" TO KH
SCAN FOR 课程编号＝KH
    DISP 学号,课程编号,平时成绩,期末成绩
    WAIT WINDOWS
ENDSCAN
? '已经查询到文件末尾,没有满足条件的记录了'
USE
```

RETURN

运行结果如下：

请输入查询课程编号：010001

记录号	学号	课程编号	平时成绩	期末成绩
1	20140101	010001	34	96.0

记录号	学号	课程编号	平时成绩	期末成绩
2	20140102	010001	32	93.0

记录号	学号	课程编号	平时成绩	期末成绩
15	20140201	010001	35	93.0

记录号	学号	课程编号	平时成绩	期末成绩
16	20140202	010001	33	97.0

已经查询到文件末尾，没有满足条件的记录了

4. 多重循环结构

在一个循环的循环体中又完整地包含了另一个循环语句，这种结构称为多重循环，也称为循环嵌套。Visual FoxPro 的三种循环语句可以相互嵌套。

在多重循环结构中应注意以下几个问题：

（1）按各循环所处的位置，可以分为外循环与内循环。外循环与内循环的关系是包含关系，即内循环必须被完全包含在外循环中，不得交叉，如图 5-12 所示。

正确的循环嵌套　　　　错误的循环嵌套

图 5-12　循环嵌套示意图

（2）当程序中出现循环嵌套时，程序每执行一次外循环，则其内循环必须循环完所有的次数后，才能进入到外循环的下一次循环。

（3）循环语句与分支语句搭配使用时，要注意嵌套关系，不能出现循环语句与分支语句之间产生交叉的情况。

下面的几个程序说明如何利用嵌套循环来处理问题。请留意进入每一层循环前的初值处理和每一层循环次数的变化以及对结果格式的影响。

✍ **课堂操作 25　多重循环结构程序示例（按左下三角形显示乘法口诀表）**

🔵 **具 体 操 作**

输入并运行下面的程序：

```
* EX17. PRG
CLEAR
A＝1
```

```
DO WHILE A<=9
   B=1
   ?
   DO WHILE B<=A
   ??  SPACE(2)+STR(A,1)+"×"+STR(B,1)+ "="+STR(A*B,2)
   B=B+1
   ENDDO
   A=A+1
ENDDO
RETURN
```

运行结果如下：

```
1×1= 1
2×1= 2   2×2= 4
3×1= 3   3×2= 6   3×3= 9
4×1= 4   4×2= 8   4×3=12   4×4=16
5×1= 5   5×2=10   5×3=15   5×4=20   5×5=25
6×1= 6   6×2=12   6×3=18   6×4=24   6×5=30   6×6=36
7×1= 7   7×2=14   7×3=21   7×4=28   7×5=35   7×6=42   7×7=49
8×1= 8   8×2=16   8×3=24   8×4=32   8×5=40   8×6=48   8×7=56   8×8=64
9×1= 9   9×2=18   9×3=27   9×4=36   9×5=45   9×6=54   9×7=63   9×8=72   9×9=81
```

课堂操作 26　多重循环结构程序示例（检查口令输入过程，允许输入三次口令，如果三次输入都错误，则不能进入数据库系统。在每次口令输入过程中，每输入一个字符，屏幕显示一个"＊"）

具体操作

输入并运行下面的程序：
```
* EX18. PRG
   N=1
   DO WHILE N<=3
      CLEAR
      ? "请输入口令:"
      KL=""
      S=22
      DO WHILE .T.
         SET CONSOLE OFF
         WAIT TO K
         S=S+1
         SET CONSOLE ON
         IF CHR(13)=K
            EXIT
         ENDIF
```

```
        ?? " * "
        KL＝KL＋K
    ENDDO
    IF UPPER(KL)＝＝"OK"
        CLEAR
        USR XS
        LIST
        USR
        RETURN
    ELSE
        IF N<3
            WAIT"口令错！请再试一次" WINDOW
        ELSE
            WAIT "口令失败！您不能进入数据库管理系统!" WINDOW
            CANCEL
        ENDIF
    ENDIF
    N＝N＋1
ENDDO
```

课堂操作 27　多重循环结构程序示例（任意输入一个正整数，输出 0 到该正整数之间的所有奇数之和。若输入零，则退出程序）

具 体 操 作

输入并运行下面的程序：

```
* EX19. PRG
DO WHILE . T.
    INPUT "请输入任意正整数(0 退出):" TO M
    IF M＝0
        EXIT
    ENDIF
    STORE 0 TO X,Y
    DO WHILE X<M
        X＝X＋1
        IF INT(X/2)＝X/2
            LOOP
        ELSE
            Y＝Y＋X
        ENDIF
    ENDDO
```

? "0－",ALLTRIM (STR(M)),"之间的奇数之和为：",ALLTRIM(STR(Y))

ENDDO

RETURN

贴心·提示

①除了循环结构的嵌套外,循环结构和分支结构混合使用时同样允许嵌套,但不允许有交叉。②任何一个完整的分支结构和循环结构,都可以成为另一个分支结构和循环结构内的命令序列的一部分。③上面的例题体现了嵌套循环中 LOOP 与 EXIT 语句在实际应用中的巧妙使用,从中可以学习如何构造死循环以及如何退出死循环。

项目小结

Visual FoxPro 为用户提供了三种基本程序控制结构,它们是顺序结构、分支结构和循环结构。灵活使用这三种基本结构,可以解决任何复杂的数据处理问题。

项目 3　子程序及其调用

项目描述

用 Visual FoxPro 开发的数据库应用系统,一般是由若干个相对独立的程序模块组成的,每个模块都可以被其他程序所调用。对于两个具有调用关系的程序,将调用程序称为主程序,而被调用的程序称为子程序。子程序也是以命令文件的形式(.prg 文件)存放在磁盘上。在一个子程序中至少要有一个返回语句用于返回调用它的主程序中。

项目分析

Visual FoxPro 支持结构化程序设计,其基本思想是将一个复杂的规模较大的程序系统划分为若干个功能相对简单、相对独立的较小模块,各模块的功能由若干命令序列组成的程序段实现,这些程序段即为子程序。因此,本项目可分解为以下任务：

● 认识过程与函数

● 变量的作用域

● 主程序与子程序间的参数传递

项目目标

● 掌握子程序的调用

● 掌握自定义函数和过程的调用

● 掌握变量的作用域

任务1　认识过程与函数

Visual FoxPro 中,子程序可以是过程或自定义函数。在程序设计中,如果某个功能的程序段需要多次重复使用,就可以把该程序段独立出来成为一个子程序。当系统中任何地方要用到该功能程序时,只要调用相应的子程序即可,不必重复编写。

1. 子程序及其调用关系

子程序就是能够被其他程序调用的程序。

一个子程序既可以被其他程序调用,也可以调用其他子程序。通常,把调用子程序的程序称为主程序。

主程序与子程序是相对而言的,一个程序可以通过调用其他程序而成为主程序,当该程序被另外的程序调用时,它又成为了子程序。因此,人们约定,主程序专指最外面的那层调用程序,而其他的程序均称为子程序。

1)调用子程序命令

格式:

    DO〈子程序名〉[WITH〈实参表〉]

功能:调用并执行指定的子程序。

说明

①调用子程序时可以通过 WITH 子句传递子程序中需要的参数。

②实参表中的参数可以是一个或多个,之间用逗号隔开。

2)返回命令

格式:

    RETURN [〈表达式〉][TO MASTER|TO〈程序文件名〉]

功能:返回子程序被调用处,即调用该子程序的上一级程序。将控制返回到调用程序中调用命令的下一语句。

说明

①若子程序 A 调用子程序 B,则称 A 是 B 的上一级程序。

②TO MASTER 子句表示不论前面有多少层调用,直接返回到主程序。

③TO〈程序文件名〉可强制性地返回到指定的程序文件。

④子程序的第一条语句称为子程序的入口,子程序结束返回的语句称为子程序的出口,每个子程序的最后一条语句通常是 RETURN 语句。

⏰ **贴心·提示**

每个子程序只有一个入口,但可以有多个出口,即可以在子程序中书写一个以上的 RE-TURN 语句。但在程序运行时,每次执行只可能碰到一个出口。只要碰到 RETURN 语句,子程序就运行结束,返回调用程序中调用语句的下一个语句处继续执行。

✍ **课堂操作 28　子程序结构程序示例**

具体操作

输入并运行下面的程序:

    * EX20. PRG

    * 主程序 MAIN. PRG

```
? "正在执行主程序"
DO SUB1
? "主程序结束"
SET TALK ON
* --------------------------------------------------------------
* 子程序 SUB1
PROCEDURE SUB1
? "正在执行子程序 SUB1"
? "子程序 SUB1 结束"
RETURN
```

运行结果如下：

　　正在执行主程序

　　正在执行子程序 SUB1

　　子程序 SUB1 结束

　　主程序结束

3）主程序与子程序之间的关系

主程序与子程序之间的调用关系如图 5-13 所示。

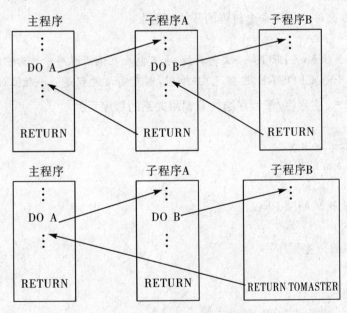

图 5-13　主程序与子程序间的调用关系

说明

①一个程序文件可以包含多个子程序，但子程序最多 128 个。

②子程序通常包含在调用程序中，是程序文件的一个组成部分。习惯上把子程序写在程序的最后。一个程序中主程序与子程序的结构如下：

　　〈语句序列〉

　　DO GC1

〈语句序列〉

DO GC2

〈语句序列〉

PROCEDURE GC1

〈语句序列〉

RETURN

PROCEDURE GCn

〈语句序列〉

RETURN

2. 过程

过程就是由"PROCEDURE〈过程名〉"为开始标志，以"RETURN"语句结束的一个子程序段。

格式：

PROCEDURE〈过程名〉

［PRRAMETERS〈参数表〉］

〈命令序列〉

RETURN

功能：在过程文件中标识一个过程的开始和结束。

说明

①过程以一个独立的. PRG 命令文件存储，也可包含在调用程序中作为它的一部分出现。

②命令中的 PROCEDURE〈过程名〉若缺省，则表明该过程是一个独立的文件。

课堂操作 29 主程序/子程序结构及调用关系的程序示例

具 体 操 作

输入并运行下面的程序：

```
* EX21. PRG
* 主程序 MAIN. PRG
CLEAR
? "正在执行主程序"
J=1
?"J=",J
INPUT "Please input integer M:" TO M
INPUT "Please input integer N(N<M):" TO N
DO COMP WITH M
C=J
DO COMP WITH N
C=C/J
DO COMP WITH M-N
C=C/J
```

```
        ?"C=",C
        ? "主程序结束"
        RETURN
        * ---------------------------------------------------------------
        * 子程序 COMP
        PROCEDURE COMP
        PARAMETERS Y
        ? "正在执行子程序 COMP"
        STORE 1 TO I,J
        DO WHILE I<=Y
            J=J*I
            I=I+1
        ENDDO
        ?"J=",J
        ? "子程序 COMP 结束"
        RETURN
```

运行结果如下：

```
        正在执行主程序
        J=1
        Please input integer M:4
        Please input integer N(N<M):2
        正在执行子程序 COMP
        J=24
        子程序 COMP 结束
        正在执行子程序 COMP
        J=2
        子程序 COMP 结束
        正在执行子程序 COMP
        J=2
        子程序 COMP 结束
        C=6.0000
        主程序结束
```

3. 自定义函数

自定义函数与子程序的主要区别在于自定义函数必须返回一个函数值,而子程序则不一定有返回值。

Visual FoxPro 允许将一些公用程序定义成特殊的函数,这种函数称为用户自定义函数,该函数与系统内部函数一样,可以在程序、命令窗口或函数嵌套中使用。

Visual FoxPro 中的自定义函数有两种形式,一种是依附于命令文件的用户自定义函数,另一种是独立的用户自定义函数。这里介绍的是前一种,它只能包含在某程序的后面或

173

某过程文件中。

自定义函数的建立与修改与子程序文件的编辑方法相同，只是在最后一条返回命令中必须指出函数的返回值，而且要把程序文件名改为函数名。

格式：

    FUNCTION〈自定义函数名〉

        [PRPAMETERS〈参数表〉]

        [PRIVATE ALL]

            〈命令序列〉

        RETURN[〈表达式〉]

功能：定义一个指定的用户自定义函数。

说明

①FUNCTION 指明了用户自定义函数的开始，同时标识出函数的名称。命令中若缺省 FUNCTION〈函数名〉，则表明该自定义函数是一个独立的文件。

②自定义函数不能与 Visual FoxPro 的系统函数同名，也不能与内存变量同名。

③调用自定义函数的方法与调用系统函数一样，通常是在表达式中使用〈函数名〉([〈参数表〉])。

④PRIVATE ALL 是将用户自定义函数中用到的所有变量定义为私有变量。

⑤RETURN 用来返回函数值，若缺省则返回.T.。

⑥一个函数必须在程序运行结束时返回一个函数值，这是函数的基本特点。

课堂操作 30　自定义函数程序示例（根据输入的半径值，计算圆的面积）

具 体 操 作

输入并运行下面的程序：

```
* EX22.PRG
* 主程序 MAIN.PRG
CLEAR
DO WHILE .T.
    CLEAR
    MJ=0
    INPUT '输入圆半径(0 结束)：' TO R
    IF R=0
        EXIT
    ENDIF
    MJ=AREA(R)
    ? '圆的面积为：'+ALLTRIM(STR(MJ))
ENDDO
----------------------------------------------------
* 计算圆面积的函数
FUNCTION AREA
```

PARAMETERS A

　　B＝3.1416 * A * A

RETURN B

4.过程文件

在 Visual FoxPro 中,可以将每个子程序定义为过程,把多个过程存放在一个命令文件中。该文件即为过程文件。

过程文件是一种包含有过程和自定义函数的程序。过程文件被打开后,将所有的过程一次性调入内存,而不需要频繁访问磁盘,从而大大提高了过程调用的速度。过程文件中的过程不能作为一个程序独立运行,因而称为内部过程。

过程文件的建立方法与程序文件相同。可用 MODIFY COMMAND 〈过程文件名〉命令或通过其他文字编辑软件来建立。

1)过程文件的一般结构

　　PROCEDURE 〈过程名 1〉

　　　　〈命令序列 1〉

　　[RETURN]

　　PROCEDURE 〈过程名 2〉

　　　　〈命令序列 2〉

　　[RETURN]

　　　　⋮

　　PROCEDURE 〈过程名 N〉

　　　　〈命令序列 N〉

　　[RETURN]

　　ENDPROC

可以看出,过程文件是由若干个过程组成的,每个过程又以 PROCEDURE 〈过程名〉作为开始标志。其调用方法与程序的调用方法相同,都是以 DO 命令执行调用。

2)打开过程文件

如果要调用一个过程文件中的过程,必须先打开过程文件。

格式:

　　SET PROCEDURE TO 〈过程文件名 1〉[,〈过程文件名 2〉,...][ADDITIVE]

功能:打开指定的过程文件。

说明

①该命令可以打开多个过程文件。

②ADDITIVE 选项表示在不关闭当前已经打开的过程文件的情况下打开其他过程文件。

③该命令在主程序中使用,应该放在调用过程文件的命令之前,一般放在程序的前部。过程文件被打开后,它所包含的过程便可被其他程序所调用。

3)关闭过程文件

主程序调用过程文件结束后,过程文件不会自动关闭,任何时候都可以调用过程。若要关闭过程文件,必须使用以下命令。

格式1：

    SET PROCEDURE TO

格式2：

    CLOSE PROCEDURE

功能：关闭所有打开的过程文件。

格式3：

    CLOSE ALL

功能：关闭过程文件及其他类型文件。

 课堂操作 31　用主程序调用过程文件 PROFILE. PRG 中的两个过程 PRO1 和 PRO2

具 体 操 作

输入并运行下面的程序：

```
* EX23. PRG
* 主程序 MAIN. PRG
CLEAR
INPUT "请输入半径:" TO R
SET PROCEDURE TO PROFILE
DO PRO1
? "半径为"+STR(R,2)+ "的圆面积＝",S
DO PRO2
? "半径为"+STR(R,2)+ "的球体积＝",V
CLOSE PROCEDURE
RETURN
* 过程文件:PROFILE. PRG
PROCEDURE PRO1            && 计算圆面积
PUBLIC S
S＝PI() * R * * 2
RETURN
PROCEDURE PRO2            && 计算球体积
PUBLIC V
V＝(4 * PI() * R * * 3)/3
RETURN
ENDPROC
```

运行结果如下：

    请输入半径：5

    半径为 5 的圆面积＝ 68.5398

    半径为 5 的球体积＝ 523.5988

任务2　变量的作用域

任何应用系统都是由若干独立的程序模块组成的,内存变量在程序模块中的有效范围称为变量的作用域。

根据变量作用域的不同,可以分为全局变量、局部变量和私有变量。

1. 全局变量

在任何程序模块中都可以使用的内存变量称为全局变量。

全局变量在程序运行结束时仍然存在,还可以在命令窗口中使用。可用下面两种方法定义。

【方法1】在命令窗口中定义的内存变量不属于某一个应用程序,它们都是全局变量。

【方法2】用语句"PUBLIC〈内存变量名表〉"指明的变量也是全局变量。

在退出 Visual FoxPro 前,只要用下面的任意一条命令即可清除全局变量。

(1)RELEASE〈全局变量名表〉

(2)CLEAR MEMORY

(3)CLEAR ALL

2. 局部变量

局部变量只在本程序范围内有效,该程序执行结束后,有关的变量被自动清除。

格式:

　　LOCAL〈内存变量名表〉

功能:将指定〈内存变量名表〉中的各变量定义为局部变量。

3. 私有变量

一个程序内部直接使用且未被 PUBLIC 语句和 LOCATE 语句定义的内存变量称为私有变量。

私有变量在本程序及下一级子程序范围内有效,该程序执行结束后,有关的变量被自动清除。

格式:

　　PRIVATE[〈内存变量表〉]

功能:将〈内存变量表〉中的各变量定义为私有变量并隐藏上级模块的同名变量,直到定义它的程序执行结束,隐藏的上级模块同名变量被恢复。

说明

若主程序中已将某一变量定义为私有变量,则不能在其调用的子程序中再将其定义为全局变量;反之,若在主程序中定义了全局变量,在其下一级子程序中可将其定义为私有变量,只是该变量仅在下级程序中有效。

贴心·提示

①这里所说的是程序执行过程中变量的作用范围,它是动态的概念,而不是静态的。因此上级程序定义的私有变量要到上级程序执行结束后才失效,所以在被调用的下级程序中仍然有效。②主程序中定义的私有变量作用范围是整个程序,要到程序结束才消失。尽管有时在子程序中并不会用到这些变量。③在一个子程序中临时定义的私有变量可以与主程序或上级程序的私有变量或全局变量同名,为使子程序中使用的私有变量不影响主程序或

上级程序,需用屏蔽命令。

课堂操作 32　说明全局变量和私有变量的作用范围的程序(主程序单独存放在一个程序文件 EX24. PRG 中,子程序是放在一个过程文件 GC. PRG 中)

具体操作

输入并运行下面的程序:

```
* EX24. PRG
* 主程序
SET TALK OFF
CLEA
SET PROCEDURE TO GC          && 打开过程文件
PUBLIC I,J
?"定义全局变量 I,J"
I=1
?"I=",I
DO C1
?"I=",I
J=1
?"J=",J
K=1
?"K=",K
DO C2
? "J=",J, "K=",K
SET PROCEDURE TO             && 关闭过程文件
RETURN
```

```
* 过程文件 GC . PRG
* 过程 C1
PROCEDURE C1
?"执行过程 C1"
I=YEAR(DATE())
?"I=",I
?"过程 C1 结束"
RETURN
* 过程 C2
PROCEDURE C2
?"执行过程 C2"
PRIVATE J
?"定义过程 C2 的私有变量 J"
```

178

J=2＊＊3

?"私有变量 J＝",J

K＝K＊2＋1

?"K＝",K

DO C3

?"过程 C2 结束"

RETURN

＊过程 C3

PROCEDURE C3

?"执行过程 C3"

J＝SQRT(J＊2)

?"J＝",J

K＝J＜K

?"K＝",K

?"过程 C3 结束"

RETURN

运行结果如下：

定义全局变量 I,J

I＝　　　1

执行过程 C1

I＝　　2014

过程 C1 结束

I＝　　2014

J＝　　　1

K＝　　　1

执行过程 C2

定义过程 C2 的私有变量 J

私有变量 J＝　　8.00

K＝　　3

执行过程 C3

J＝　　4.00

K＝.F.

过程 C3 结束

过程 C2 结束

J＝　　　1 K＝.F.

课堂操作 33　局部变量、全局变量和私有变量联合使用示例

具体操作

输入并运行下面的程序：

＊EX25.PRG

179

```
*  主程序
CLEAR
A=1
B=2
C=3
D=4
?"主程序中 A,B,C,D 的值为:"
??A,B,C,D
WAIT WINDOWS
DO PROGA
?"调用子程序后 A,B,C,D,E 的值为:"
??A,B,C,D,E
RETURN
*  子程序 PROGA.PRG
PRIVATE A
LOCAL B
PUBLIC C
A=4
B=5
C=6
E=8
?"子程序中 A,B,C,D,E 的值为:"
??A,B,C,D,E
RETURN
```

运行结果如下:

主程序中 A,B,C,D 的值为:1 2 3 4

子程序中 A,B,C,D,E 的值为:4 5 6 4 8

调用子程序后 A,B,C,D,E 的值为:1 2 6 4 8

任务 3 主程序与子程序间的参数传递

调用和被调用程序之间常常有数据的传递,数据传递的方式有以下两种。

1. 通过程序中定义的全局变量或局部变量传递

在调用程序中的全局变量或局部变量的值,可以带到被调用程序中,并且在被调用程序的执行过程中被修改后,返回修改后的值给调用程序。

课堂操作 34 观察课堂操作 31 中主程序与各子程序之间数据传递的方式以及各变量在程序执行过程中值的变化

通过其运行结果分析如下:

(1)主程序中的全局数值型变量 I,在子程序 C1 中被重新赋值为日期型,这个修改后的

180

值又带回到主程序。

（2）主程序中局部变量 K 的值既带到子程序 C2 中使用，修改后又带到子程序 C3 中使用，在子程序 C3 中又被修改为逻辑值后带回到子程序 C2 中，再带回到主程序中。

（3）子程序 C2 中的局部变量 J 的值也带到了子程序 C3 中，被修改后带回到子程序 C2 中，当程序运行返回到主程序时，局部变量 J 释放。只有全局变量 J，由于子程序 C2 用"PRI-VATE J"命令屏蔽了它，阻止了该变量的数据传递。

2. 利用参数传递

利用参数在调用程序和被调用程序之间进行数据传递必须使用带参数的调用过程命令。

格式：

　　　　DO〈子程序名〉WITH〈实参表〉

说明

①子程序中定义的形参表的参数顺序和个数与调用语句中实参表的参数的顺序、个数要一致。如果形式参数的个数多于实际参数，多余形式参数默认取逻辑值.F.；如果实际参数的个数多于形式参数，系统会出现错误提示。

②如果实际参数是内存变量，则不但能传送数据给相应的形式参数，还能接收返回信息，即把在被调用程序中改变了的形式参数值赋给相应的实际参数内存变量，带回到调用程序中。

③如果不希望实际参数中的内存变量接收返回信息，可将 DO 语句〈实际参数表〉中的内存变量名放在圆括号中。

课堂操作 35　利用实际参数表的传递方法，编写求矩形面积的程序

具体操作

输入并运行下面的程序：

```
* EX26. PRG
* 主程序
CLEAR
L=8
W=10
面积=0
? "矩形的长为:"+STR(L,2)
? "矩形的宽为:"+STR(W,2)
DO QMJ WITH L,W,面积
? "矩形的面积为:"+STR(面积,4)
DO QMJ WITH (L),(W),面积
? "矩形的长为:"+STR(L,4)
? "矩形的宽为:"+STR(W,4)
? "矩形的面积为:"+STR(面积,4)
PROCEDURE QMJ
    PARAMETERS X,Y,A
```

```
        A=X*Y
        X=X+8
        Y=Y+10
   RETURN
```

在此例中,为什么第一次求面积的长和宽要在调用 QMJ 过程前输出,而第二次求面积的长和宽却可以在调用 QMJ 过程后输出。请注意实际参数表在每一次发送时的值和从 QMJ 过程返回后的值。

项目小结

　　在程序设计中,如果某个功能的程序段需要多次重复使用,就可以把该程序段独立出来成为一个子程序。一个子程序既可以被其他程序调用,也可以调用其他子程序。自定义函数与子程序的主要区别在于自定义函数必须返回一个函数值,而子程序则不一定有数值返回。根据变量作用域的不同,可以分为全局变量、局部变量和私有变量。

项目 4　编译和调试应用程序

项目描述

一个编写好的程序总会有这样或那样的错误。可以先通过静态检查,即 Visual FoxPro 编译的方法,给出错误提示信息,帮助消除错误,然后再进行动态检查,即执行程序,来发现语义或算法错误。

项目分析

Visual FoxPro 提供了调试工具,帮助查找并改正程序中的错误。程序调试是从程序执行中发现问题,然后一个个解决。对于存在子程序的应用程序系统,要先对每个子程序进行调试,然后对整个应用程序系统进行调试。因此,本项目可分解为以下任务:

● 常见的错误类型
● 常用的调试技术
● 使用调试器进行调试

项目目标

● 了解常见的错误类型
● 了解常用的调试技术
● 掌握使用调试器调试程序的方法

任务 1　常见的错误类型

Visual FoxPro 程序中,可能发生的错误类型有几百种,但归纳起来主要有三种类型的错误,它们是语法错误、逻辑错误和系统错误。

1. 语法错误

语法错误是最容易发现和纠正的,最常见的语法错误有:

(1)命令或符号名拼写错误,这是最容易犯的一种语法错误。有时候由于前面一行忘记回车或加续行符,也会认为是这类错误。

(2)字符串两边的引号不配对。

(3)表达式中的括号不配对,包括引用函数时括号不配对。

(4)在分支结构或循环结构中,特别是在它们的各种嵌套结构中,语句的开始和结尾不配对,例如有 3 个 IF,但是只有 2 个 ENDIF,或者出现交叉循环。

(5)在多项引用的书写中丢失","".."或者使用了中文方式的符号等。

2. 逻辑错误

逻辑错误是指命令符合语法规定,但程序操作的内容与预定的要求不匹配等原因所造成的错误。由于 Visual FoxPro 在编译时不能将逻辑错误检测出来,所以逻辑错误比起语法错误来,检测和纠正比较困难。

一般的逻辑错误,例如在程序运行时数据类型不匹配,使用未定义的变量等还是容易纠正的。但是严重的逻辑错误会导致死循环或死机,这类错误的纠正过去主要靠程序设计者的经验积累。后面将会介绍如何使用调试工具来处理。

3. 系统错误

系统错误是在违反系统规定时产生。例如,嵌套的层数超过系统所允许的层数;打印机缺纸,试图打开一个不存在的文件,打开的文件个数太多等。

任务 2 常用的调试技术

1. 设置断点与跟踪程序运行

设置断点是调试程序的一个重要方法,可以逐步缩小程序发生逻辑错误的范围,定位错误点。

一般在可能有问题的程序语句或适合分段的地方设置断点,使程序在这个断点暂时停止运行,然后分析检查程序运行的结果是否与用户预期的一致。如果不一致,就应当再细分段调试,甚至逐条跟踪程序的每一行代码的运行。

2. 查看变量、数组元素、表达式或对象属性的值以及它们的中间结果

分析这些结果或中间结果是否是程序设计所预期的值。如果是,则说明正在调试的程序段基本没有问题;否则继续缩小范围,进一步仔细检查逻辑错误。

3. 记录输出结果,进行全面分析

对于比较复杂的程序,即使各个模块的调试已经通过,但仍然可能有隐藏的漏洞。这就需要对各种情况的输出结果进行全面分析。

任务 3 使用调试器进行调试

"调试器"是 Visual FoxPro 提供给开发者调试应用程序的一个方便工具。用户可以根据不同要求在调试器中选择不同的窗口来查看程序运行的各种信息。或者设置断点,跟踪程序的运行,检查所有变量的值、对象的属性值和环境设置值。

使用调试器进行程序调试的主要步骤是:启动调试器,选择调试程序,设置断点和移去断点,运行程序,观察变量和表达式的值等。

1. 启动调试器

课堂操作 36　启动调试器并查看各个窗口

具 体 操 作

①执行"工具"→"调试器"命令,或者在程序窗口输入命令 debug,打开如图 5-14 所示的"Visual FoxPro 调试器"窗口。

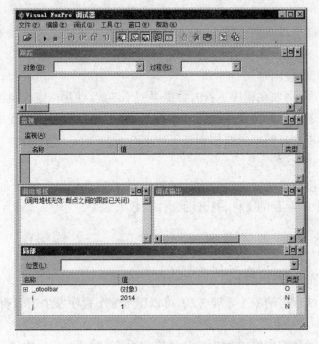

图 5-14　"Visual FoxPro 调试器"窗口

②在调试器窗口中,有"跟踪"、"局部"、"监视"、"调用堆栈"和"调试输出"窗口。单击任意窗口的标题栏,激活某个窗口,并最大化查看窗口中显示的信息。表 5-1 列出了调试器中各个窗口的内容分类。

表 5-1　调试器中各个窗口的内容分类

窗口	功能
跟踪	显示打开的程序源代码,设置断点和按各种方式调试运行该窗口中的程序,也可以显示变量、数组、对象及其成员属性的值
局部	显示指定程序、过程或方法程序中的所有变量、数组、对象及其成员属性的名字、值和类型
监视	显示表达式、它的当前值和类型,并能在表达式上设置断点
调用堆栈	显示正在执行的程序、过程或方法程序的名字
调试输出	显示正在执行的程序、过程或方法程序的由 DEBUG OUT 命令的输出

🕐**贴心·提示**

如果在调试器中未出现这些窗口,可以单击调试器工具栏上的相应窗口的按钮来打开这些窗口。再次单击相应按钮则关闭窗口。或者从调试器的"窗口"菜单中选择相应的窗口。

2.选择要调试的程序

在调试器窗口中,执行"文件"→"打开"命令,在"选择文件名"对话框中选择一个程序,单击【确定】按钮,调试器的"跟踪"窗口中就显示了该程序。

3.设置断点

断点类型有 4 种,如表 5-2 所示。

表 5-2　断点类型

类　　　型	说　　　明
1.在定位处中断	在定位处停止执行
2.如果表达式值为真,则在定位处中断	当设定的表达式值为真时,在定位处停止执行
3.当表达式值为真时中断	当设定的表达式值为真时,停止执行
4.当表达式值改变时中断	当设定的表达式值改变时,停止执行

1)设置类型 1 断点

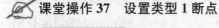 **课堂操作 37　设置类型 1 断点**

具 体 操 作

①在"跟踪"窗口,找到欲设置断点的程序行。

②在其左边的灰色区域内双击,或者按 F9 键(也可以按 Enter 键或空格键),会在该程序行的左边灰色区域内显示一个红色实心点,表示已经把该行设置为断点,程序运行到这个断点时将暂时停止运行。如图 5-15 所示。

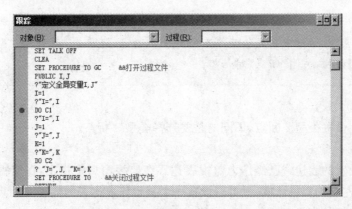

图 5-15　在调试器跟踪窗口设置类型 1 断点

③同样的操作,将取消设置的断点,红色实心点也消失。

2)设置类型2断点

具体操作

①在调试器窗口中,执行"工具"→"断点…"命令,打开如图5-16所示的"断点"对话框。

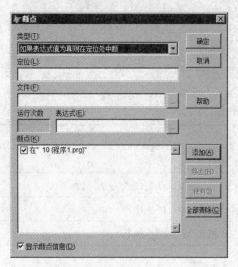

图5-16　"断点"对话框

②从"类型"下拉列表框中选择断点类型2。

说明

①定位栏:表示被挂起的位置。先输入程序、过程、方法程序或事件的名字,然后输入","和行号,表示中断点类程序的第一条可执行的命令行。

②文件栏:表示定位位置所在的文件。它可以是程序、表单或类文件。如果未指定文件名则所有与定位栏中同名的程序、过程、方法程序或事件(如果有的话)其断点都有效。如果要特指某个程序,就要输入或选择文件名。例如,D:\VFP\程序1.PRG。

③运行次数:表示程序中断前,定位栏中的代码行必须执行的次数。

④表达式:是用户在类型中选择了除"在定位处中断"以外的任何有关表达式的类型后,才允许输入的。也可以单击其右侧的 按钮,打开"表达式"对话框来使用其中任何合法的表达式。

③当有关一个断点的信息输入或选择完毕,单击【添加】按钮,在"断点"列表框中就列出了该断点。

④重复以上的过程,可以添加多个断点。启用的断点用"√"表示,并且可以用"使无效"或"使有效"按钮来切换,或直接单击断点信息左边的"√"或空白来切换。

贴心·提示

如果在"断点"对话框中想删除某个断点或全部断点,可单击"删除"或"全部删除"按钮。最后单击【确定】按钮,关闭"断点"对话框。

3)设置类型3断点

操作步骤同设置类型2断点,不同的是要选择类型3断点。

4)设置类型4断点

如果所要设置的表达式已经作为监视表达式在监视窗口中指定,在监视窗口中找到该表达式,双击其左端的灰色区域,就可以设置一个基于该表达式的类型4断点。同样灰色区域内会显示一个红色实心点。

4. 运行程序

设置断点后,就可以执行程序了。

执行"调试"→"运行"命令,程序运行到断点位置时,将挂起执行程序,此时用户就可以检查变量和对象的属性值,查看环境设置。

说明

①也可以从"调试"菜单或工具栏中,选择"单步""单步跟踪""跳出"或"运行到光标处"等四种方法来执行程序。

②"单步"和"单步跟踪"可以逐行检查程序代码,"跳出"或"运行到光标处"可以加快程序的调试过程。按下 Esc 键也能够将正在跟踪窗口运行的程序暂停挂起。

③在程序运行时,如果出现错误而显示程序错误对话框,单击【挂起】按钮,即可显示调试器窗口并观察程序的中断点以及其他各种信息。

⏰ 贴心提示

①如果用户知道某行代码将产生错误而不打算执行,可以将光标放在该行的下一行,并执行"调试"→"设置下一条语句"命令,就可以跳过有错误的那一行代码。②在调试中,也可以执行"调试"→"定位修改"命令,立即修改发现错误的各程序行。此时将停止执行程序,打开"代码"编辑器,并定位在调试器"跟踪"窗口中光标所在的代码处。

5. 观察变量或表达式的值

在"局部"窗口中,通过在"位置"列表框中选择程序或过程,可以查看任意程序、过程或方法程序里所有的变量、数组、对象。默认情况下,局部窗口所显示的是当前执行程序的变量、数组、对象属性等。还可以直接把光标定位在某个值上,键入一个新值来修改相应变量、数组元素或对象的属性。这样做可以在调试中设置假想条件,进行各种条件下的调试。

在"监视"窗口的"监视"文件框中,输入一个 Visual FoxPro 表达式,按下 Enter 键,该表达式的值和类型就会出现在监视窗口的工作区中。如果在程序运行中表达式的值改变了,显示的值就是红色,以提醒用户注意观察。如果变量的作用范围消失,就会显示(不能计算表达式的值)。

还有一个很方便的方法可以查看存储的变量、数组元素或对象的属性值。在"跟踪"窗口中,将光标定位到任何一个变量、数组元素或对象的属性上,就会在矩形框中显示它的当前值。

项目小结

Visual FoxPro 中,程序可能发生的错误类型有几百种,但归纳起来主要有语法错误、逻辑错误和系统错误三种类型。我们常用设置断点与跟踪程序运行、查看变量和数组元素及表达式对象属性的值和它们的中间结果、记录输出结果进行全面分析等方法来调试程序。运用调试器也可以快速查找错误。

单 元 小 结

通过本单元的学习应该重点掌握以下内容:

(1)熟练掌握程序中输入输出命令和常用命令,如清屏命令、宏替换命令、程序执行控制命令等。

(2)熟练掌握结构化程序设计的三种基本结构:顺序结构、分支结构和循环结构。包括单分支结构 IF…ENDIF,双分支结构 IF…ELSE…ENDIF 和多分支结构 DO CASE…ENDCASE 以及 IF 的嵌套;循环结构中的步长型循环 FOR…ENDFOR 或 FOR…NEXT;当型循环 DO WHILE…ENDDO 和库文件扫描循环 SCAN…ENDSCAN。

（3）理解各种程序嵌套结构。包括程序自身嵌套和各种结构相互嵌套。

（4）理解子程序、过程和函数在程序设计中的作用以及规定,全局变量和局部变量的作用范围,调用程序和调用程序之间的数据传递方法。

（5）掌握利用 Visual FoxPro 提供的调试器直观、高效调试程序的方法。

（6）能够完成应用程序的设计。

实训与练习

☞ **上机实训 1**　设计一个程序,求变量 X 的符号。

变量 X 的符号函数可表示为:

$$y=\begin{cases} 1 & x>0 \\ 0 & x=0 \\ -1 & x<0 \end{cases}$$

实训目的

掌握单分支选择 IF…ENDIF,双分支选择 IF…ELSE…ENDIF 和多分支选择 DO CASE…ENDCASE 三种分支结构的程序设计。

实训步骤参考

①新建一个程序文件,命名为 EX1. PRG。

②输入程序并保存。

③运行程序。

③如果程序出错,返回第 2 步修改程序。

☞ **上机实训 2**　用库文件扫描循环 SCAN…ENDSCAN 设计程序,将学生信息表的学生信息按照每屏 10 条依次显示出来。

实训目的

掌握库文件扫描循环 SCAN…ENDSCAN 结构的用法。

☞ **上机实训 3**　分别用步长型循环和当型循环设计程序,求 100～999 之间的水仙花数。（提示:水仙花数是指一个数的每一位数值的立方和等于这个数本身,如:$135=1^3+3^3+5^3$）

实训目的

掌握步长型循环 FOR…ENDFOR 或 FOR…NEXT、当型循环 DO WHILE…ENDDO 两种循环结构的用法和不同的适用性。

☞ **上机实训 4**　有一个长度为 10 的数组,数组元素已按从大到小的顺序排列好,现给定一元素,试编程在数组内查找,若找到则结束;否则,将此元素插入到数组中适当的位置。

实训目的

熟悉程序中分支结构与循环结构的混合使用。

☞ **上机实训 5**　设计一个有过程调用的程序。输入单位每个职工的工资收入,调用过程,按照上税规则计算应扣税款,在主程序进行税款累加,如果输入数值 0 则程序结束,且输出该单位应代交纳的所有税款。上税规则是分段计税,即工资少于或等于 3500 免税,工资高于 3500 到 5000 元部分按 3% 计税;工资高于 5000 到 8000 元部分按 10% 计税;工资高于 8000 元部分按 20% 计税。

实训目的

掌握过程和过程文件的用法;掌握主程序调用子程序的方法;注意相互间的参数传递。

☞ **上机实训 6**　设计一个有自定义函数的程序,求 N 数的阶乘。

$$N=\begin{cases} 1 & N=1 \\ N \times (N-1)! & N>1 \end{cases}$$

实训目的

掌握自定义函数的用法;注意主程序调用函数时参数的传递和函数的返回值。

填空题

1. 结构化程序设计有三种基本结构,它们是_____、_____、_____。

2. 程序文件的扩展名是_____。

3. 在程序编辑窗口中,建立或修改程序的命令是_____。

4. 清除屏幕上或窗口中显示内容的命令是_____。

5. 输出命令_____表示从屏幕下一行显示结果,_____表示从当前行的当前列显示结果。

6. 使用_____命令将关闭对话功能,系统不再回显结果;使用_____命令打开对话功能,程序执行每条命令时都回显运行结果。

7. 将依次逐条执行程序中语句的程序结构称为_____。

8. 分支结构中,IF 和_____必须配对使用,ELSE 子句必须和_____子句一起使用,不可单独使用。

9. 在一个循环的循环体中又包含另一个循环语句,这种结构称为_____。

10. 在子程序中,至少要有一条_____语句,以便返回到调用它的主程序。

选择题

1. 以下方式不能运行程序文件的是(　　)。

　　A. 菜单方式下的"边编译边运行"方式

　　B. 菜单方式下的"先编译再运行"方式

　　C. 使用命令 DO〈文件名〉

　　D. 使用命令 MODIFY COMMAND［〈文件名〉］

2. 在 INPUT、ACCEPT、WAIT 三条命令中,可以接收字符的命令是(　　)。

　　A. ACCEPT　　　　B. WAIT　　　　　C. ACCEPT 和 WAIT　　　D. 三者均可

3. Visual FoxPro 中的 DO CASE…ENDCASE 语句属于(　　)。

　　A. 顺序结构　　　　B. 循环结构　　　　C. 分支结构　　　　D. 模块结构

4. 若已知循环次数,用(　　)循环语句比较方便。

　　A. 当型循环　　　　B. 步长型循环　　　　C. 表扫描循环　　　　D. 循环嵌套

5. 在 DO WHILE . T. 的循环中,为退出循环可以使用是(　　)语句。

　　A. LOOP　　　　　B. EXIT　　　　　C. CLOSE　　　　　D. QUIT

6. 在"先判断后执行"的循环结构中,循环体执行的次数最少是( )次。

    A. 0   B. 1   C. 2   D. 不确定

7. 循环结构中 EXIT 语句的功能是( )。

    A. 放弃本次循环,重新执行该循环结构

    B. 放弃本次循环,进入下一次循环

    C. 退出循环,执行循环结构的下一条语句

    D. 退出循环,结束程序的运行

8. 执行命令"INPUT"请输入数据:"TO X"时,可以通过键盘输入的内容包括( )。

    A. 字符串   B. 数值和字符串

    C. 数值、字符串和逻辑值   D. 数值、字符串、逻辑值和表达式

9. 在程序中未加任何说明而直接定义使用的内存变量是( )。

    A. 全局变量   B. 局部变量   C. 私有变量   D. 无属性

10. 过程文件是由若干个过程组成的,每个过程又以( )作为开始标志。

    A. PARAMETERS   B. DO〈过程〉

    C.〈过程名〉   D. PROCEDURE〈过程名〉

阅读下面的程序,指出运行的结果

```
1. CLEAR
    I=1
    DO WHILE I<=10
        IF INT(I/2)=I/2
            ? I,"是偶数"
        ENDIF
        ? "继续!"
        I=I+1
    ENDDO
2. CLEAR
    X=3
    DO WHILE . T.
        X=X+1
        IF X=INT(X/3)*3
            X
        ELSE
            LOOP
        ENDIF
        IF X>10
            EXIT
        ENDIF
    ENDDO
    RETURN
```

注意循环体内的 LOOP 和 EXIT 语句。

3. 按格式写出下面程序的运行结果。

```
CLEAR
J=1
DO WHILE J<=6
    ? SPACE(10-J)+REPL(STR(J,1),2*J-1)
    J=J+1
ENDDO
J=J-4
DO WHILE J>=1
    ? SPACE(6-J)+REPL(STR(J,1),2*J-1)
    ?? SPACE(9-2*J)+REPL(STR(J+1,1),2*J-1)
    J=J-1
ENDDO
```

4. 在多重嵌套循环下,注意程序运行流向,求出程序的正确输出。

```
CLEAR
A=0
DO WHILE A<=3
    B=0
    DO WHILE B<=4
        C=1
        DO WHILE C<=9
            Y=100*A+10*B+C
            IF Y=2*A+B*2+C*5
                ? Y
            ENDIF
            C=C+1
        ENDDO
        B=B+1
    ENDDO
    A=A+2
ENDDO
```

5. 分析下列程序的运行结果。

```
CLEAR
PUBLIC X,Y
X=100
Y=200
DO GC2
? "X=",X, "Y="Y
```

```
K=300
DO GC2
? "Y=",Y,"K=",K
SET TALK ON
PROCEDURE GC1
    PRIVATE Y
    Y=3
    DO GC3
    X=X*Y
    RETURN
PROCEDURE GC3
    Y=2
    RETURN
PROCEDURE GC2
    K=K+Y
    RETURN
```

注意过程调用及内存变量的作用范围。

6. 分析下列程序的运行结果。

```
CLEAR
STOR 2 TO B,D
STOR1 TO A,C
DO SUB WITH A,B,C,D
? D
STOR 3 TO A2,A4
STOR 1TO A1,A3
DO SUB WITH A1,A2,A3,A4
? A4
DO SUB WITH 6,8,10,D
? D
PROCEDURE SUB
    PARAMETER A,B,C,D
    D=B*B-4*A*C
    DO CASE
        CASE D<0
            D=100
        CASE D>0
            D=200
        CASE D=0
            D=10
```

```
        ENDCASE
        RETURN
```

注意调用程序和被调用程序间的参数传递。

填空完成下面的程序

1.接受输入"Y"或"N"的程序,如果输入"N",程序结束。

```
    DO WHILE .T.
        WAIT "请输入 Y 或 N" TO YN
        IF UPPER(YN)<> "Y"
                _____(1)_____
        ELSE
                _____(2)_____
        ENDIF
    ENDDO
```

2.求两个日期之间有多少个星期日。

```
    CLEAR
    D1={^1999-11-01}
    D2=DATE()
    _____(1)_____
    FOR _____ TO D2-D1
        IF DOW(D1+_____(2)_____)<>1
                _____(3)_____
        ENDIF
        SUNDAYS=SUNDAYS+1
    ENDFOR
    ? SUNDAYS
```

3.学生信息表以"学号"字段作为索引表达式建立了普通索引。假定表和索引已经打开,下面程序段将把学号重复的记录从物理上删除。

```
    DO WHILE _____(1)_____
        XH=学号
        SKIP
        IF _____(2)_____
            DELETE
        ENDIF
    ENDDO
    _____(3)_____
```

第6单元

面向对象的程序设计

Visual FoxPro 9.0 不仅全面支持传统的面向过程的结构化程序设计方法，而且完全支持面向对象的全新的程序设计方法。从本单元开始，将以通俗易懂的语言详细地介绍有关面向对象的程序设计的基本思想、基本概念和基本方法。

本单元将通过 4 个项目的讲解，介绍 Visual FoxPro 9.0 中面向对象程序的基本概念，利用向导和表单设计表单和管理表单的方法，常用表单控件的创建和使用以及表单集、多重表单的应用。因此，本单元将介绍以下几个项目。

项目1　面向对象的基本概念

项目2　创建与管理表单

项目3　使用表单设计器

项目4　使用表单、表单集和多重表单

项目 1　面向对象的基本概念

项目描述

前面单元已经讲述了面向过程的结构化程序设计方法,利用这种方法设计的程序,可以解决实际操作中简单的问题。对于复杂的事务处理,如果仍然采用结构化程序设计方法来解决,就会感觉程序代码量大、程序冗长、结构复杂、容易出错、阅读困难、维护不便,等等;另外也增加了程序开发的难度和工作量。因此,必须采用一种全新的程序设计思想,即面向对象的程序设计。

项目分析

首先从面向对象的程序设计思想入手,依次介绍对象与类、事件与方法的基本知识,了解面向对象的程序设计。因此,本项目可分解为以下任务:

● 面向对象的程序设计
● 对象与类
● 事件与方法

项目目标

● 了解面向对象的程序设计思想及特点
● 掌握对象及类的基本知识
● 掌握事件与方法的基本知识

任务 1　面向对象的程序设计

面向对象的程序设计并不仅仅是一种程序设计的方法,而已经逐步演化成一种程序开发的范式。

1. 面向对象的程序设计方法

面向对象的方法是以认识客观世界的一般理论为基础,用对象的概念来理解和分析所要处理问题的空间。首先将一个复杂的事务处理过程分解为若干个功能上既相互独立又相互联系的具体对象,然后从每一个具体的对象出发,进而设计和开发出由众多对象共同构成的软件系统的一种程序设计方法。

世界上的万事万物都是由一些小的系统构成,这些小系统之间既相互独立、各自具有特定的功能,又保持着千丝万缕的联系。数据库应用系统的开发同样遵循这种思想,即将一个大的系统分解为若干个功能模块,而每个模块又可以分解为若干个功能独立的组件。开发时就从这些组件开始,对每个组件的功能进行单独设计,这些组件都具有属于自己的特定属性、数据和方法,它们对应外界是不可见的,但留有与其他组件联系的数据接口,这样就可以通过接收外部传送的消息来完成相应的功能。最后将这些独立的组件集成到一起,形成一个功能强大的系统,通过组件间的消息的传递来完成整个系统的协调工作,这就是面向对象的程序设计方法。因此,面向对象就是面向所要处理的具体事物,既要强调单个事件的独立性，又要兼顾事件之间的联系。

由于在面向对象的方法中引入了类、对象、事件和方法等概念，在这种设计思想指导下进行系统的开发将会大大降低程序结构的复杂性，最大限度地减少代码的输入，提高开发效率，增强系统的可移植性、重用性和可扩展性。

2. 面向对象程序设计的特点

1）封装性

封装技术在现实世界普遍使用。所谓封装，是指将对象的属性、内部方法和事件过程代码都封装在对象的内部，与外界隔开，只将数据接口留给外界。对象的使用者不用知道对象的内部细节，只要通过外部接口访问对象就可以了。

封装的目的是隐藏实现对象功能的具体细节，有利于程序的局部化，提高对象的独立性和一体性，减少程序出错的可能性，增强程序的可维护性。

2）继承性

在面向对象的程序设计中，允许由某个父类派生出若干个子类。而父类的属性和行为会由所有子类全部无条件地继承下来。所以，可以把属于同一派生分支的所有子类的通用性方法定义在它们的父类层次上，这样就可以做到一次定义，多次使用。同样，当修改了父类的某个属性时，其所属子类的相应属性也都会自动更新，大大提高了应用系统的开发效率。

3）多态性

所谓多态性，是指由同一个父类派生出来的多个子类或对象，在全部继承了父类的属性和行为方法的同时，允许添加一些各自不同的新属性和新行为，从而使得相互间在功能上有所差异。当接收来自外界的同一个消息时，它们的反应会各不相同，从而执行不同的操作。面向对象程序设计的多态性，为子类行为方法的变异提供了一种可能性，即使是从同一父类派生出来的行为，也会发生差异化，从而增强了系统的灵活性和多样性。

任务 2　对象与类

要想准确把握面向对象程序设计方法，必须先要正确理解对象和类这两个最基本的概念。

1. 对象

对象是客观世界中存在的实体，它可以是具体的事物，也可以是抽象的概念，如：一名学生、一部手机、一张成绩单等。

每个对象都有一定的状态，如：学生的姓名是"李珊"、性别是"女"，手机的颜色是"白色"、铃声是"时间都去哪了"。每个对象都有自己的行为，如：学生要按时完成作业、参加学校期末考试。

在 Visual FoxPro 中，表单、标签、文本框、编辑框和命令按钮等就是对象，这些对象是由属性和方法组成的包。属性用于描述对象的状态，方法用来描述对象的行为。

1）对象的属性

属性用来描述对象的特征，不同的对象有不同的属性。在 Visual FoxPro 中，常用的属性有标题（Caption）、名称（Name）、字体大小（FontSize）、是否可见（Enabled）等，用户可以添加新的属性。

属性的引用格式为：对象名. 属性名。

常见的对象属性见表 6-1。

表 6-1　对象的常用属性

属性名称	说　　明	属性名称	说　　明
ControlSource	指定对象的数据源	ForeColor	设置对象的前景色
Tag	为应用程序存储额外的数据	Height	设置对象的高度
Value	表示用户的当前状态	Left	设置对象的左边缘位置
AutoSize	指定是否根据对象的内容自动调整尺寸	Top	设置对象的上边缘位置
BackColor	设置对象背景色	Visible	设置对象是否可见
BackStyle	指定对象背景透明与否	Width	设置对象的宽度
Caption	指定在对象标题中显示的文	Enabled	设置对象是否可用
FontSize	指定显示文本的字体大小	Name	指定对象的名字

2）对象的方法

Visual FoxPro 的方法用于完成某种特定的功能，是对象的内部函数，如释放表单（Release）方法、显示表单（Show）方法等。方法也被封装在对象中，但是用户可以建立新的方法。

方法只能在程序运行中调用，调用方法的格式为：对象名. 方法名。

3）对象的事件

事件是系统预定义的，对象能识别并做出反应。事件可以由用户引发，如单击鼠标引发对象的 Click 事件；也可以由系统引发，如生成对象时引发 Init 事件。用户不能添加新的事件。

4）面向对象程序设计

面向对象程序设计主要包括三步，即创建对象、设置对象属性、编写事件代码。面向对象程序设计与结构化程序设计密不可分，程序设计的总体结构是面向对象的设计方法，对象事件代码的编写是通过结构化程序设计来完成的。

2. 类

所谓类，就是对一组具有相同特征和行为的对象所作的抽象描述和概括，它抽取了该组对象中的所有共性。现实世界中的每个具体对象都有其所属类的一个具体实例，它拥有所属类的全部属性和行为。譬如，固定电话和手机都属于电话机这个类，它们具有相同的属性，但又具有属于自己的特殊属性。

1）类的种类

类按层次划分可以分为基类、父类和子类。基类是指系统已经预定义好的基本类，用户可由某个基类派生出自己的一个新类，也可以由这个新类再派生出另一个新类。假设由 A 类派生出 B 类，可将 A 类称为 B 类的父类，将 B 类称为 A 类的子类。

2）基本类

在 Visual FoxPro 系统中，预先定义好了若干个基本类，以供用户由这些基本类派生出子类或创建对象。基本类有容器类和控件类两种类型。容器类用于创建程序中的容器对象，而控件类用于创建程序中的控件对象。

常用的容器类及其所能包含的对象见表 6-2。

表 6-2　常用容器类及其所能包含的对象

容器类名称	所能包含的对象	容器类名称	所能包含的对象
CommandGroup(命令按钮组)	命令按钮	OptionGroup(选项按钮组)	选项按钮
Container(容器)	任意控件	PageFrame(页框)	页面
FormSet(表单集)	表单、工具栏	Page(页面)	任意控件、容器
Form(表单)	任意控件、容器	ToolBar(工具栏)	任意控件、容器
Grid(表格)	表格列		

常用的控件类及其相应的功能见表 6-3 所示。

表 6-3　常用控件类及其功能

控件类名称	功能说明
CheckBox(复选框)	创建一个复选框控件
ComboBox(组合框)	创建一个组合框控件
CommandButton(命令按钮)	创建一个单一的命令按钮控件
EditBox(编辑框)	创建一个编辑框控件
Image(图像)	创建一个显示图片文件的图像控件
Label(标签)	创建一个用于显示文本信息的标签控件
Line(线条)	创建一个能够显示水平线、垂直线或斜线的控件
ListBox(列表框)	创建一个列表框控件
OleBoundControl(Ole 绑定控件)	创建一个 Ole 绑定控件
Shape(形状)	创建一个显示方圆或者椭圆形状的控件
Spinner(微调)	创建一个微调按钮控件
TextBox(文本框)	创建一个文本框控件
Timer(计时器)	创建一个能够有规律地重复执行代码的计时器

在面向对象的程序设计中引入对象和类的概念,其目的是为了通过事先定义好的类来派生出一组功能相同或相似的对象,提高系统开发的效率,增强程序组件的可重用性。

任务 3　事件与方法

1. 事件

所谓事件,是指由系统预先定义好的、能够被对象识别和响应的、在特定的时间被触发的一组动作。

Visual FoxPro 系统已经定义了足够多的事件,完全可以满足用户的各种需求。另外,用户只能使用系统中已经定义的事件,不能使用自行定义的新事件。事件是能够被对象识别和响应的,但并不是每个对象都能识别所有的事件,有时某个事件只能被特定的对象识别;相应地,某个对象只能识别特定的事件。

　　事件的触发方式有三种，一种是由用户操作触发，如用鼠标单击即可触发 Click 事件；另一种是由系统自动触发，如创建某个对象时触发 Init 事件；再有一种是由程序代码触发，如某段程序中含有 Thisform. Command1. Click 语句，就会触发 Click 事件。

2. 方法

　　方法是指为使对象能够实现一定功能而编写的程序代码。方法和对象紧密地联系在一起，属于对象的内部函数，是限定在某个对象中的过程。方法是对象功能的定义，是实现对象具体操作的代码，是系统或用户预先定义好的通用过程，其目的是要解决对象应该做什么和怎么做的问题。

　　方法不响应任何事件，与系统的标准函数和用户自定义函数类似，必须通过程序代码人为地进行显式调用。只有通过人为调用，方法才能被执行。不同对象具有不同的方法。Visual FoxPro 提供了百余个方法供不同对象调用。

　　在程序文件或事件代码中调用对象方法的一般格式是：

　　[[变量名]＝]对象名. 方法名()

　　例如：Thisform. List1. AddItem("中华人民共和国")

　　与事件不同的是，用户可以根据需要自行创建一些新的方法，以弥补系统预定义方法的步骤，解决某些特殊的问题。

项目小结

　　面向对象程序设计主要包括三步，即创建对象、设置对象属性、编写事件代码。对象是客观世界中存在的实体，它可以是具体的事物，也可以是抽象的概念。属性用来描述对象的特征，不同的对象有不同的属性。事件是指由系统预先定义好的、能够被对象识别和响应的、在特定的时间被触发的一组动作。

 项目 2　创建与管理表单

项目描述

　　表单是应用系统中提供给用户的简洁明快、易于操作的人机交互界面。通过这些操作界面，使得用户能够高效、准确、顺利地完成数据的录入、计算分析、浏览查询及打印输出业务。因此，一个表单相当于一个具有一定独立功能的程序段。

　　在一个应用系统中，表单往往有着举足轻重的地位和作用，因而设计表单也就成为应用系统开发过程中一项关键性工作，是面向对象程序设计的具体体现。设计与创建表单通常采用两种方法实现，一是利用表单向导创建表单，二是利用表单设计器创建表单。

项目分析

　　Visual FoxPro 的最大特点就是能够在可视化的编程环境下借助于各种向导、设计器和生成器，通过控件组装的形式，在较短的时间内快速开发出具有良好用户界面的应用程序。本项目分别介绍使用向导和设计器创建表单的方法，以及表单管理的方法。因此，本项目可分解为以下任务：
- 利用表单向导创建表单
- 利用表单设计器创建表单
- 管理表单

项目目标
- 掌握用表单向导创建表单的方法
- 掌握用表单设计器创建表单的方法
- 掌握管理使用表单的方法

任务1 利用表单向导创建表单

表单向导为用户快速创建表单提供了一条捷径。在向导的指引下，可以很轻松地完成单表表单和一对多表单的创建工作。另外，利用向导创建完表单后，如果有不满意的地方，还可以利用表单设计器进行修改。

1. 利用表单向导创建单表表单

所谓单表表单，就是在表单中只对单个数据表中的数据进行操作或维护。

课堂操作1 利用表单向导创建如图6-1所示学生信息表表单

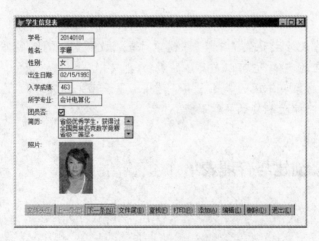

图6-1 "学生信息表"表单

具体操作

①在"学生管理"项目管理器的"文档"选项卡下，选择"表单"文件类型，如图6-2所示，单击【新建】按钮，打开如图6-3所示【新建表单】对话框。

②单击【表单向导】按钮，打开如图6-4所示的"向导选取"对话框。

③选择"表单向导"选项，单击【确定】按钮，打开"表单向导"之第一步·字段选取对话框。

④选择"学生"数据库中的"学生信息表"后，再单击 ▶▶ 按钮，将"可用字段"中的所有字段选取到"选定字段"中，如图6-5所示。

图 6-2　"学生管理"项目管理器　　　　图 6-3　"新建表单"对话框

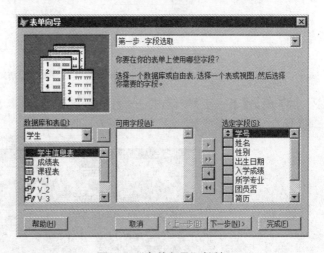

图 6-4　"向导选取"对话框　　　　　　图 6-5　"表单向导"对话框

⑤单击【下一步】按钮，打开"表单向导"之第二步·选择表单样式对话框，选择默认的表单样式"标准式"和按钮类型"文本按钮"，如图 6-6 所示。

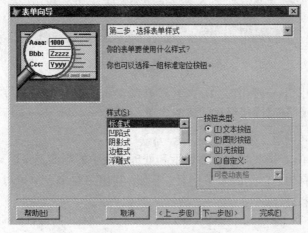

图 6-6　"表单向导"对话框

⑥单击【下一步】按钮，打开"表单向导"之第三步，排序记录对话框，在"可用字段或索引标识"栏中选择"学号"字段，单击【添加】按钮，将其添加到"可用字段"栏中，点选【升序】单选按钮，设置以学号的升序为记录的排序次序，如图6-7所示。

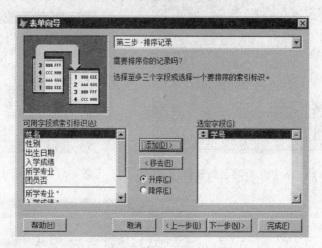

图6-7 "表单向导"对话框

⑦单击【下一步】按钮，打开"表单向导"之第四步·完成对话框，选择默认表单标题，点选【保存并运行表单】单选按钮，如图6-8所示。

图6-8 "表单向导"对话框

⑧单击【完成】按钮，在弹出的"另存为"对话框中输入表单文件名"学生信息"，表单文件扩展名为.scx，单击【保存】按钮保存创建的表单。

2. 利用表单向导创建一对多表单

所谓一对多表单，是指此类表单在显示和处理父表中的当前记录时，能够同步地显示和处理相关子表中所有与之匹配的多条记录。因此，利用一对多表单可以实现对多个相关表内数据的同步访问和处理。

✍ 课堂操作 2　利用表单向导创建如图 6-9 所示学生成绩信息表表单

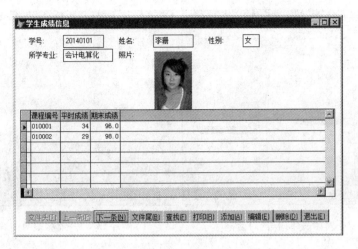

图 6-9　"学生成绩信息表"表单

具 体 操 作

①在"学生管理"项目管理器的"文档"选项卡下,选择"表单"文件类型,单击【新建】按钮,打开【新建表单】对话框。

②单击【表单向导】按钮,打开"向导选取"对话框,选择"一对多表单向导"选项,如图 6-10 所示,单击【确定】按钮,打开"一对多表单向导"之第一步·选择父表字段对话框。

③选择"学生"数据库中的"学生信息表",在"可用字段"中选择要使用的字段,单击 ▶ 按钮,将其添加到"选定字段"中,如图 6-11 所示。

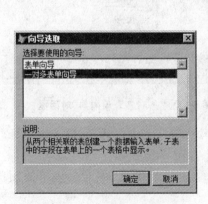

图 6-10　"向导选取"对话框

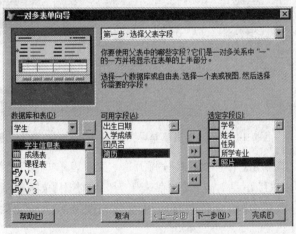

图 6-11　"一对多表单向导"对话框

④单击【下一步】按钮,打开"一对多表单向导"之第二步·选择子表字段对话框,选择"成绩表",在"可用字段"中选择要使用的字段,单击 ▶ 按钮将其添加到"选定字段"中,如图 6-12 所示。

⑤单击【下一步】按钮,打开"一对多表单向导"之第三步·关系表对话框,确认或重新选

定两表间建立关联的关键字段,如图 6-13 所示。

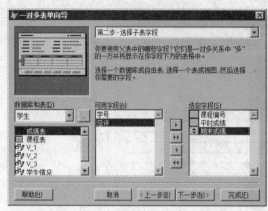 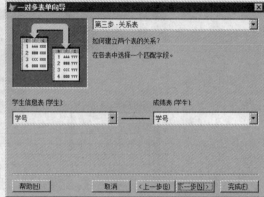

图 6-12 "一对多表单向导"对话框 　　图 6-13 "一对多表单向导"对话框

⑥单击【下一步】按钮,打开"一对多表单向导"之第四步·选择表单样式对话框,选择默认的表单样式"标准式"和按钮类型"文本按钮",如图 6-14 所示。

⑦单击【下一步】按钮,打开"一对多表单向导"之第五步·排序记录对话框,在"可用字段或索引标识"栏中选择"学号"字段,单击【添加】按钮,将其添加到"可用字段"栏中,点选【升序】单选按钮,设置以学号的升序为记录的排序次序,如图 6-15 所示。

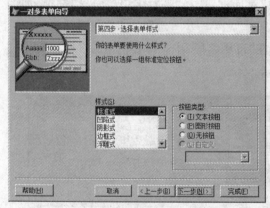 

图 6-14 "一对多表单向导"对话框 　　图 6-15 "一对多表单向导"对话框

⑧单击【下一步】按钮,打开"一对多表单向导"之第六步·完成对话框,输入表单标题"学生成绩信息",点选【保存表单为以后使用】单选按钮,如图 6-16 所示。

⑨单击【预览】按钮,即可看到如图 6-17 所示的"学生成绩信息"一对多表单的预览结果。

⑩单击【返回到向导】按钮,返回"一对多表单向导"之第六步·完成对话框,单击【完成】按钮,在弹出的"另存为"对话框中输入表单文件名"学生成绩信息",表单文件扩展名为.scx,单击【保存】按钮保存创建的一对多表单。

图 6-16　"一对多表单向导"对话框

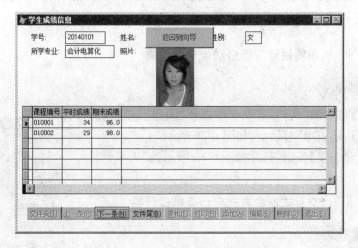

图 6-17　"学生成绩信息"预览结果

任务 2　利用表单设计器创建表单

利用表单向导可以快速创建一个表单,但其提供的默认表单样式及功能毕竟是有限的,不可能完全满足用户的各种特殊要求。因此,用户必须学会利用表单设计器设计表单。

1. 启动表单设计器

启动表单设计器有三种方法,一是利用系统菜单或工具栏;二是利用项目管理器;三是在命令窗口直接输入交互式命令。

✐ 课堂操作 3　利用系统菜单或工具栏启动表单设计器

具体操作

① 执行"文件"→"新建"命令,或单击工具栏的"新建"按钮 ☐ ,打开"新建"对话框,在"文件类型"栏,单击"表单"单选按钮,如图 6-18 所示。

② 单击【新建文件】按钮,打开如图 6-19 所示的"表单设计器"窗口。

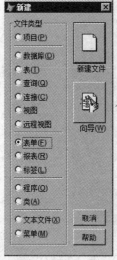

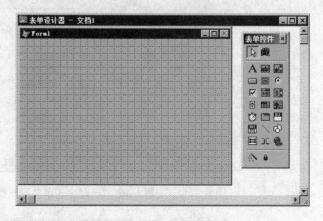

图 6-18 "新建"对话框   图 6-19 "表单设计器"窗口

课堂操作 4　利用项目管理器启动表单设计器

具体操作

①在项目管理器的"文档"选项卡中选择"表单",单击【新建】按钮,弹出"新建表单"对话框,如图 6-20 所示。

②单击【新建表单】按钮,打开如图 6-19 所示的"表单设计器"窗口。

课堂操作 5　以交互式命令方式启动表单设计器

具体操作

在命令窗口中输入命令 CREATE FORM,即可启动如图 6-19 所示的"表单设计器"窗口,创建一个新表单。

图 6-20 "新建表单"对话框

2. 快速表单

在表单设计器环境下,通过"表单生成器"可以快速生成表单,完成表单的设计。

课堂操作 6　利用表单生成器快速设计表单

具体操作

①启动表单设计器,执行"表单"→"快速表单"命令,打开"表单生成器"对话框,在"字段选取"选项卡中,选择"学生"数据库的"学生信息表",将"可用字段"中的所需字段依次移到"选定字段"中,如图 6-21 所示。

②单击"样式"选项卡,在"样式"列表框中为表单选择一种样式,如图 6-22 所示。

③单击【确定】按钮,即可在表单设计器中快速生成如图 6-23 所示的表单。

④执行"表单"→"执行表单"命令,弹出如图 6-24 所示"询问框",单击【是】按钮,打开

"另存为"对话框,选定默认的保存位置及文件名,单击【保存】按钮,弹出如图 6-25 所示的表单运行结果。

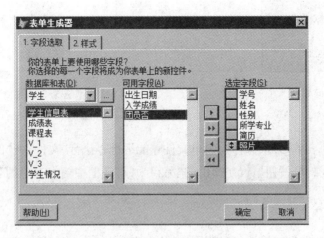

图 6-21　"表单生成器"对话框

图 6-22　"表单生成器"对话框

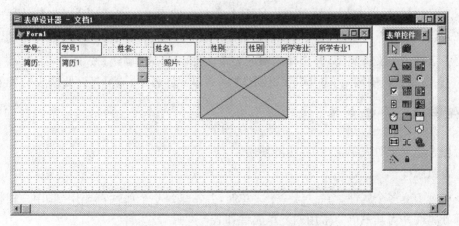

图 6-23　表单设计器中的快速表单

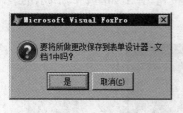

图 6-24　询问框　　　　　　　　　　图 6-25　快速表单结果

3. 保存表单

对于创建好的表单，必须保存为表单文件才能运行。执行"文件"→"保存"命令，或者单击常用工具栏的"保存"按钮![保存]，在弹出的"另存为"对话框中输入表单的名称，然后单击【保存】按钮即可。

4. 运行表单

(1)在表单设计器环境下执行"表单"→"执行表单"命令，或者单击常用工具栏的"运行"按钮![运行]，均可运行当前设计的表单。

(2)通过命令 DO FORM〈表单名〉来运行指定的表单。

(3)在项目管理器中选择要运行的表单，单击【运行】按钮。

(4)执行"程序"→"运行"命令，打开"运行"对话框，选择表单文件类型并输入或选择要运行的表单文件，单击【运行】按钮。

5. 关闭活动表单

所谓活动表单，是指当前正处于运行状态的表单。关闭活动表单的方法如下：

(1)单击表单的控制菜单图标![图标]，在弹出的下拉菜单中选择"关闭"命令。

(2)单击表单右上角的【关闭】按钮![关闭]。

(3)在某个控件的事件代码中写入 Thisform. Release 命令。

6. 修改表单

对于一个已存在的表单，可以根据需要在表单设计器中进行修改。

(1)在项目管理器的"文档"选项卡下，选择要修改的表单文件，单击【修改】按钮。

(2)执行"文件"→"打开"命令，或单击常用工具栏中的【打开】按钮![打开]，在弹出的"打开"对话框中选择表单文件类型，并选择或输入表单文件名，单击【确定】按钮。

(3)在命令窗口中输入 MODIFY FORM ＜表单文件名＞，即可打开要修改的表单。

🌐 **任务3　管理表单**

管理表单是指对表单属性、方法的使用。

1. 表单属性

表单有 100 多个属性。在设计一个表单时，并不是每一个属性都要用到，用户根据需求选择部分属性并为其赋值。常用的表单属性如表 6-4 所示。

表 6-4　表单常用属性

属性名	功能描述
AutoCenter	指定表单初始化时是否自动在系统主菜单中居中显示
BackColor	指定表单背景颜色
BorderStyle	指定表单边框的风格。默认为系统边框
Caption	指定显示在表单标题栏上的文本
Closable	指定表单的关闭按钮是否有效
Height	指定表单的高度
Icon	指定表单标题栏左侧的控制菜单图标
Left	指定表单的左边框与其容器对象的左边界的距离
MaxButton	确定表单是否有最大化按钮
MinButton	确定表单是否有最小化按钮
Movable	确定表单是否能移动
Name	确定表单名
Picture	指定一个位图文件作为表单的背景
ShowTips	确定是否允许表单中的控件显示功能提示文本
ShowWindow	确定表单的显示类型(在屏幕中、在顶层表单中、作为顶层表单)
Top	指定表单的上边框与其容器对象上边界的距离
Visible	指定表单对象是否可见的(T 为可见,F 为隐藏)
Width	指定表单的宽度
WindowState	指定表单的状态
WindowType	指定表单是模式表单(值 1)还是非模式表单(值 0)

2. 添加和删除属性

 课堂操作 7　向表单添加新的属性

具 体 操 作

①执行"表单"→"新建属性"命令,打开"新建属性"对话框,如图 6-26 所示。

②在对话框中输入属性名称。

③可以在"说明"框中输入新建属性的说明内容,这些内容会显示在属性窗口的底部。

 课堂操作 8　删除属性

具 体 操 作

①执行"表单"→"编辑属性/方法程序"命令,打开如图 6-27 所示的"编辑属性/方法程序"对话框。

②在列表框中选择要删除的属性,单击【移去】按钮。

图 6-26 "新建属性"对话框   图 6-27 "编辑属性/方法程序"对话框

3. 表单方法

方法的完整描述一般是方法名称加上一个括号。但在实际应用中,方法名称后面的括号被省略掉。表单的常用方法如表 6-5 所示。

表 6-5   表单常用方法

方法名称	说　　明
Drag	拖曳表单
Move	移动表单
Refresh	刷新表单
Release	释放表单
Show	显示表单
Hide	隐藏表单

4. 添加和删除方法

课堂操作 9   向表单添加新的方法

具 体 操 作

①执行"表单"→"新建方法程序"命令,打开如图 6-28 所示的"新建方法程序"对话框。

②在"名称"框中输入方法名称,并在"说明"框中输入新建方法的说明内容。

③单击【添加】按钮,新添加的方法会出现在属性窗口列表中,双击它打开代码窗口,即可输入方法代码。

删除方法的操作与删除属性的操作相同。

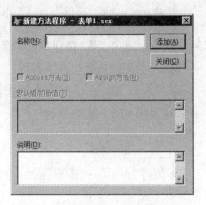

图 6-28 "新建方法程序"对话框

5. 表单的常用事件

如表 6-6 所示为表单的常用事件。对于同一个表单对象，事件的发生顺序是固定的、有规律的。Init 事件肯定发生在 Load 事件之后，Unload 事件肯定发生在 Destroy 事件之后。只有准确把握事件发生的先后顺序，才能在表单设计的过程中更合理地运用事件。

表 6-6　表单常用事件

事件名称	说　　明
Load	当表单开始被装入内存时发生
Init	当表单被创建完毕时发生
Activate	当表单被激活时发生
Destroy	当表单开始被释放时发生
Error	当表单运行过程中产生错误时发生
Unload	当表单被卸载完毕时发生
Click	当用鼠标单击表单时发生
KeyPress	当按下并释放一个按键时发生
DblClick	当用鼠标双击表单时发生
RightClick	当用鼠标右击表单时发生

项目小结

Visual FoxPro 为用户提供了两种创建表单的方法，一个是利用表单向导创建，另一个是利用表单设计器创建。表单向导为用户快速创建表单提供了一条捷径，而表单设计器则为用户提供了个性化设计表单的工具。合理运用表单的属性、方法和事件，可以设计出任何复杂的表单。

 项目 3　使用表单设计器

项目描述

表单设计器是设计表单的基本界面，也是修改编辑已有的表单和对表单进行个性化设计的主要工具。

项目分析

Visual FoxPro 中的表单是由若干对象组成的，只有掌握了这些对象的原理与操作，才能充分利用表单设计器设计美观且个性化的表单。因此，本项目可分解为以下任务：

● 表单设计器环境

- 控件布局与操作
- 设置数据环境
- 常用表单控件

项目目标

- 了解表单设计器环境
- 掌握各控件的布局方法与操作
- 掌握数据环境的构成
- 掌握各控件的属性和使用方法

任务1 表单设计器环境

1."表单设计器"窗口

"表单设计器"中包含表单窗口,如图 6-29 所示。表单窗口可以在"表单设计器"范围内进行移动,用户也可以更改"表单设计器"窗口尺寸和表单窗口尺寸。在设计过程中,用户可在表单窗口中直观地添置所需控件。

2."表单设计器"工具栏

当打开"表单设计器"时,系统会自动显示如图 6-30 所示"表单设计器"工具栏。也可以通过执行【显示】→【工具栏】命令,在弹出的如图 6-31 所示"工具栏"对话框中进行选择,从而打开和关闭工具栏。

图 6-29　表单设计器

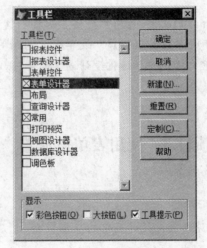

图 6-30　表单设计器工具栏　　　　图 6-31　"工具栏"对话框

表单设计器工具栏中按钮的功能如表 6-7 所示。

表 6-7 表单设计器工具栏按钮功能

按钮名称	说 明
设置 Tab 键次序	在设计模式和 Tab 键次序间切换,用于多个对象的执行次序
数据环境	打开"数据环境设计器"
属性窗口	显示当前对象的属性及属性值
代码窗口	显示当前对象的代码窗口,以便查看和编辑代码
表单控件工具栏	显示或隐藏表单控件工具栏
调色板工具栏	显示或隐藏调色板工具栏
布局工具栏	显示或隐藏布局工具栏
表单生成器	可把字段作为控件添加到表单上,也可定义表单的样式和布局
自动格式	打开"自动格式生成器"选择表单采用的样式

3. 控件工具栏

打开"表单设计器"时,系统自动打开如图 6-32 所示的"表单控件"工具栏。

表单控件工具栏中提供了以下几种按钮:

(1)控件按钮:单击某按钮,使其处于按下状态时,可在表单上创建该控件。

(2)"按钮锁定"按钮:单击"按钮锁定",使其处于按下状态,可以连续在表单窗口中多次添加已选定控件。

(3)"生成器锁定"按钮:当按钮处于按下状态时,一旦添加控件,系统都将自动弹出相应的生成器对话框,以便用户对该控件的常用属性进行设置。

(4)"查看类"按钮:如果要将其他类或用户自定义的类添加到"表单控件"工具栏中,就要使用"查看类"按钮。单击工具栏上的"查看类"按钮,在弹出的菜单中选择"添加"选项,调出"打开"对话框并选择所需要的类库文件。

4. 属性窗口

"属性"窗口包括对象框、属性设置框和属性、方法、事件列表框,如图 6-33 所示。

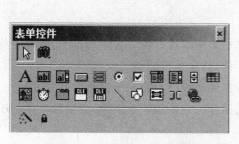

图 6-32 "表单控件"工具栏

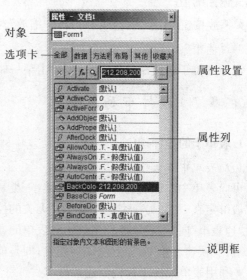

图 6-33 "属性"窗口

1）对象框

对象框用来标识表单中当前选定的对象，系统默认的对象是 Form1。单击右侧的下拉箭头可以选择对象列表中所需要的其他对象，被选定的对象即为当前对象。对象列表中包含表单中的全部对象。

2）选项卡

选项卡是按照分类的形式来显示属性、事件和方法程序的。各选项卡的功能如下：

● 全部：显示所选表单或其他对象的所有属性、事件和方法程序。

● 数据：显示有关对象如何显示或怎样操作数据的属性。

● 方法程序：显示有关对象的方法程序和事件。

● 布局：显示所有的布局属性。

● 其他：显示其他属性和用户自定义的属性。

● 收藏夹：显示存放于收藏夹中的数据属性。

3）属性列表

属性列表包含两列，显示出当前对象的所有属性和属性值。在"属性"列表中通过双击属性名可以查阅所有可选项并进行设置。对于具有两个预定值的属性，在"属性"列表中双击属性名可在两者间切换。

4）属性设置框

属性设置框可以设置或更改属性列表中选定的属性值，如果选定的属性有多种选择，在其右边会出现 ▾ 按钮；如果属性设置需要指定属性设置框，在右边会出现 … 按钮。

属性设置框左边有三个图形按钮，其含义分别如下：

● 取消按钮 × ：单击此按钮可以取消设置或更改，恢复此属性以前的属性值。

● 接受按钮 ✓ ：单击此按钮可以确认对此属性进行的更改。

● 函数按钮 f_x ：单击此按钮可打开"表达式生成器"，可以将当前属性值设置为由函数或表达式返回的值。

● 缩放按钮 🔍 ：单击此按钮可打开"缩放"对话框，显示所设定的属性值。

5）说明框

说明框位于属性窗口最下方，当单击某一属性时，说明框就会出现对该属性的解释。

任务2 控件布局与操作

1. 表单上的控件操作

1）向表单中添加控件

可向表单中添加的控件大致有两类：一类是与表中字段有关的控件，此时控件与某个指定字段绑定在一起；另一类是与数据表无关的控件，如命令按钮等。这些控件的添加可以利用"快速表单"向导、表单控件工具栏和表单的数据环境设计器窗口等多种方式来实现。

利用"快速表单"向导方法添加控件，即是前面介绍的创建快速表单，这里就不再赘述。

● 利用表单控件工具栏创建控件

表单控件工具栏如图 6-32 所示。为了便于用户熟悉和使用其中的工具按钮，现将这些按钮及其功能列入表 6-8 中,供在使用过程中参考。

表 6-8　表单控件工具栏中按钮及其功能

按钮名称	按钮图标	功　　能
选定对象		选择工具栏中的某个对象
查看类		显示已经注册的其他类库中的类对象
标签		创建标签对象
文本框		创建文本框对象
编辑框		创建编辑框对象
命令按钮		创建命令按钮对象
命令按钮组		创建命令按钮组对象
选项按钮组		创建选项按钮组对象
复选框		创建复选框对象
组合框		创建组合框或下拉列表框对象
列表框		创建列表框对象
微调控件		创建微调对象
表格		创建表格对象
图像		创建图像对象
计时器		创建计算器对象
页框		创建页框对象
Active 控件		创建 OLE 对象
ActiveX 绑定控件		创建 OLE 绑定型对象
线条		创建线条对象
形状		创建形状对象
容器		创建容器对象
分隔符		创建分隔符对象
超级链接		创建超链接对象
生成器锁定		为添加的控件打开相应的生成器
按钮锁定		重复添加同类型的多个控件

（1）在表单上添加一个控件。单击表单控件工具栏中的对应按钮，在表单适当位置拖动鼠标画出控件。也可以单击表单控件工具栏中的某个按钮，在表单适当位置单击鼠标左键，用这种方法可画出大小相同的控件。

（2）在表单上连续添加多个同一类控件。在表单控件工具栏中单击"按钮锁定"按钮🔒，然后单击表单控件工具栏中的某个所需控件按钮，就可以在表单上连续画出控件，直到再次单击该按钮取消锁定功能。

（3）由数据环境直接添加控件。首先在数据环境中选定某个数据表，然后将表中某个字段直接拖到表单的指定位置，便可自动产生一个字段控件。这样产生的控件会自动地与表中相应的字段绑定到一起，无须另外设置控件的控制源属性。

2）控件的基本操作

（1）选定控件。选定控件时可以用鼠标单击该控件，被选定的控件四周出现8个控点。选定多个相邻的控件时，拖动鼠标使被选控件在框选范围内即可。选定多个不相邻的控件时，按下【Shift】键的同时依次单击各控件即可。

（2）移动控件。选定控件后，按方向键可移动控件。也可以用鼠标拖动控件到需要位置。若在拖动鼠标的同时按住【Ctrl】键，可以减小鼠标的移动步长。

（3）复制控件。选定控件后，执行【编辑】→【复制】命令，然后再执行【编辑】→【粘贴】命令，即可复制控件，最后将复制好的控件移动到适当的位置。

（4）删除控件。删除控件时，先选定控件，然后按【Delete】键或执行"编辑"→"剪切"命令即可。

（5）控件的缩放。选定所要缩放的控件，控件周围出现尺寸句柄。用鼠标拖动控件边框上的尺寸句柄来改变宽度，拖动四角的尺寸句柄可同时改变宽度和高度。

2. 控件的定位

1）网格定位对象

（1）使用"对齐格线"。设置对齐到网格功能可以保证多个对象在水平或垂直位置上精确对齐。

操作方法：执行"格式"→"对齐格线"命令，放置在表单上的控件将自动与网格线对齐，并调整控件相对于网格的大小或位置。

⏰**贴心·提示**————————————————————————————————————

如果"对齐格线"选项前显示有标记符号"√"，表示对齐网格线有效，否则无效。

——

（2）使用"网格线"。网格线有助于在表单上对齐控件。执行"显示"→"网格线"命令，可以打开或关闭网格线。执行"格式"→"设置网格刻度"命令，可以调整网格刻度大小。

另外，执行"工具"→"选项"命令，在打开的"选项"对话框中选择"表单"选项卡，可以设置"网格线"是否显示，网格线的水平、垂直距离以及是否对齐网格线。

2）利用布局工具栏

利用"布局"工具栏上的按钮，可以精确排列表单上的控件。例如，使用布局工具栏可将选定的一组控件水平对齐或垂直对齐，或者将一组相关控件设置为具有相同的宽度或高度。具体操作时可先选定一组控件，然后在"布局"工具栏上选择一个布局方式。"布局"工具栏如图 6-34 所示。

图 6-34　"布局"工具栏

布局工具栏中的按钮及其功能如表 6-9 所示。

表 6-9　布局工具栏中的按钮及其功能

按钮名称	按钮图标	功　能
左边对齐		按列选择的控件靠左边对齐。
右边对齐		按列选择的控件靠右边对齐。
顶部对齐		按行选择的控件靠顶端对齐。
底边对齐		按行选择的控件靠底端对齐。
垂直居中对齐		按列选择的控件靠中间对齐。
水平居中对齐		按行选择的控件靠中间对齐。
相同宽度		被选择的多个控件设置相同的宽度。
相同高度		被选择的多个控件设置相同的高度。
相同大小	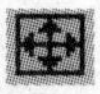	被选择的多个控件设置相同的大小。
水平居中		容器中按行选择的控件移动到中心。
垂直居中		容器中按列选择的控件移动到中心。
置前		在重叠的情况下被选择的控件设置在其他控件的最前面。
置后		在重叠的情况下被选择的控件设置在其他控件的最后面

3. 设置 Tab 键次序

当表单运行时,用户可以按【Tab】键来选择表单中的控件,使焦点在控件之间移动。控件的 Tab 次序决定了选择控件的次序,用户可通过交互方式或列表方式进行设置。

1)按交互方式设置

 *课堂操作 10　按交互方式为如图 6-35 所示"练习"表单中的控件设置 Tab 键次序

具体操作

①执行"显示"→"Tab 键排序"→"Assign 交互方式"命令,或单击"表单设计器"工具栏上的"设置 Tab 键次序"按钮 ，进入 Tab 键次序设置状态。此时控件左上方出现的小方块称为 Tab 键次序盒,显示该控件的次序号码。

②双击某个控件的 Tab 键次序盒,该控件将成为 Tab 键次序中的第一个控件。

③按顺序依次单击其他次序盒。

④单击表单空白处,完成设置,结果如图 6-36 所示。

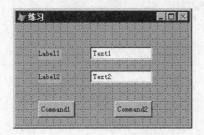

图 6-35　"练习"表单

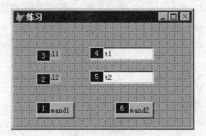

图 6-36　交互方式设置 Tab 键次序

2)按列表方式设置

选择"工具"→"选项",打开"选项"对话框,在"表单"选项卡的"Tab 键次序"下拉列表框中选择"按列表"项,则可以按列表方式为表单中的对象设置 Tab 键次序。

 课堂操作 11　用列表方式为如图 6-35 所示"练习"表单中的控件设置 Tab 键次序

具体操作

①执行"显示"→"Tab 键排序"→"Assign 列表"命令,打开"Tab 键次序"对话框,如图 6-37 所示。

②在列表框中,通过拖动控件左侧的移动按钮移动控件,以改变其次序。

③单击【按行】按钮,可以从左到右、从上到下自动设置各控件的次序;单击【按列】按钮,可以从上到下、从左到右自动设置各控件的次序。单击【确定】按钮完成设置。

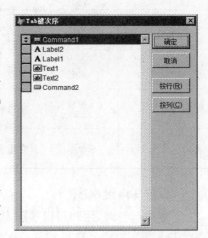

图 6-37　"Tab 键次序"对话框

🌐 任务 3　设置数据环境

数据环境(Data Environment)是表单的一个基本对象。用户在数据环境中可预定义表单中各控件的数据来源,以备在添加字段控件时直接使用。

每一个表单或表单集都包括一个数据环境。数据环境是一个对象,它包含与表单相互作用的表或视图,以及表单所要求的表之间的关系。可以在"数据环境设计器"中直观地设置数据环境,或用"数据环境设计器"修改数据环境并与表单一起保存。

通常数据环境中的表或视图会随着表单的运行自动打开,随着表单的关闭或释放而关闭。创建数据环境是设计表单的一个重要环节。

1. 在数据环境中添加表或视图

 课堂操作 12　在数据环境中添加表或视图

　具 体 操 作

①首先打开数据环境设计器。方法是:

(1)在表单的空白处单击鼠标右键,在弹出的快捷菜单中选择"数据环境"命令,打开如图 6-38 所示"添加表或视图"对话框。

(2)单击表单设计器工具栏上的【数据环境】按钮 。

(3)执行【显示】→【数据环境】命令。

②在"数据环境设计器"中添加表或视图。具体操作方法如下:

(1)在"数据环境设计器"窗口的空白处单击鼠标右键,在弹出的快捷菜单中选择"添加"选项,也可打开"添加表或视图"对话框,选择数据库和要添加的表或视图,单击【添加】按钮,即可向"数据环境设计器"窗口添加选定的表或视图,如图 6-39 所示。

(2)执行"数据环境"→"添加"命令,也可向"数据环境设计器"添加表或视图。

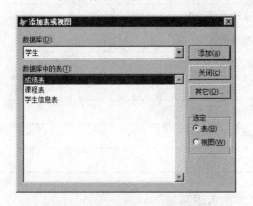

图 6-38　"添加表或视图"对话框

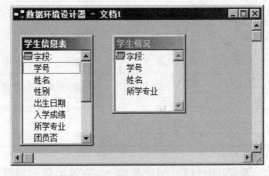

图 6-39　添加了表和视图的"数据环境设计器"窗口

2. 在表单中添加表

可在"数据环境设计器"窗口中为表单添加表或视图。

(1)添加整个表格

在"数据环境设计器"窗口中,用鼠标将数据表窗口中的标题图标拖放到表单中,表单上就会显示表格样式,调整表格的大小和行高、列宽。

(2)添加字段对象。

在"数据环境设计器"窗口中,用鼠标将表中的字段图标依次拖放到表单中。

3. 数据环境常用属性

常用数据环境属性如表 6-10 所示。

表 6-10   常用数据环境属性

属 性	说 明
AutoOpenTables	打开或运行表单时,是否自动打开指定的表和视图。默认值为.T.
AutoCloseTables	释放或关闭表单时,是否自动关闭指定的表和视图。默认值为.T.
InitalSelectdAlias	在数据环境加载时指定与某临时表对象相关的个别名是否为当前名。如果没有指定,在运行时首先加到"数据环境"中的临时表最先被选定

任务 4   常用表单控件

1. 标签控件

标签(Label)控件用于在表单中显示某些固定不变的文本信息,如应用程序的名称、字段的标题以及选项的标题等。在运行表单时,标签的内容是不能被访问的,即标签并不响应用户的任何事件。如果改变它的某些属性,也只能是通过相关对象的事件代码来实现。

标签默认的对象名称为 Label1,Label2...

标签常用属性如表 6-11 所示。

表 6-11   标签的常用属性

属性名	属性值	说 明
Alignment	0 或 1 或 2	指定文本的对齐方式
AutoSize	. T . 或. F .	根据标题内容是否自动调整边框
BorderStyle	0 或 1	标题的内容是否添加边框
Caption	字符串	设置标签标题显示的文本
FontBold	. T . 或. F .	设置标签文本是否为粗体格式
FontItalic	. T . 或. F .	设置标签文本是否为斜体格式
FontUnderline	. T . 或. F .	设置标签文本是否带有下划线
WordWrap	. T . 或. F .	文本较多时是否可以自动换行

✎ **课堂操作 13   创建表单,在表单中显示标题"学生管理系统"**

具体操作

①新建表单,在表单中添加一个标签控件。

②设置表单的 Caption 属性值为"标签控件",设置标签属性如表 6-12 所示。

表 6-12   标签属性设置

属性名	属性值
Caption	学生管理系统
FontName	楷体
FontSize	26

③选择标签控件,单击布局工具栏中的"水平居中"按钮。

④保存表单并运行,结果如图 6-40 所示。

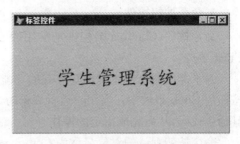

图 6-40　"标签控件"窗口

2. 文本框控件

文本框(Text)控件是表单中一种常用的输入输出控件,用于输入或编辑单项数据或单行文本,可用来显示和编辑表中的字符型、数值型、日期型等字段,或者内存变量的显示和修改。文本框可以将表的一个字段或一个内存变量作为自己的数据源。

文本框中的数据保存在 Value 的属性中。当设置了文本框的数据源(ControlSource)属性为字段时,文本框中的值和数据表中的某个字段的值是绑定的,即文本框中的值将与数据表中当前记录的值保持一致。

文本框控件的常用属性如表 6-13 所示。

表 6-13　文本框的常用属性

属　　性	说　　明
ControlSource	指定与文本框建立联系的数据源(字段或内存变量)
DisabledForeColor	指定该控件不响应用户事件时的前景色
Enabled	指定文本框是否响应用户引发的事件
InputMask	设置输入掩码
PasswordChar	指定文本框控件内显示输入的字符或占位符(通常为"＊")
ReadOnly	指定控件内的数据是否为只读状态
SpeciaEffect	指定控件的格式(三维、平面、热追踪)
Tabindex	指定控件的 Tab 键次序
TabStop	指定用户能否用 Tab 键将焦点移到该控件上
Value	指定或返回文本框当前数据值(默认值是空串)
Visible	指定控件是可见还是隐藏

文本框控件的基本事件如表 6-14 所示。

表 6-14　文本框的常用属性

事　　件	事件发生的时机
Click	当用户单击该控件时发生
Init	当该控件被创建时发生
GotFocus	当通过用户操作或执行程序代码而使该控件获得焦点时发生
InteractiveChange	当用户使用键盘或鼠标更改了该控件的值时发生
KeyPress	当用户按下并释放任意一个键时发生
LostFocus	当该控件失去焦点时发生
MouseDown	当用户在该控件上按下鼠标键时发生
MouseUp	当用户在该控件上按下鼠标键再释放鼠标键时发生
Valid	在该控件失去焦点前(将要失去焦点时)发生

3. 命令按钮控件

命令按钮（Command）控件是常用的控件之一，用于启动事件代码，其最基本事件就是 Click 事件。

为了能使命令按钮实现其应有的功能，必须事先将完成某些具体操作的命令代码写入按钮的 Click 事件中。当用户运行表单时，只要单击该命令按钮，就会触发 Click 事件，执行其命令代码，从而完成指定的操作。

命令按钮默认的对象名称为 Command1，Command2……

命令按钮的常用属性如表 6-15 所示。

表 6-15　命令按钮的常用属性

属　　性	说　　明
BackStyle	设置按钮是否透明
Caption	设置按钮上的文本标题
Default	设置该属性为 .T. 时，用户按 Enter 键可自动执行该按钮的 Click 事件
Enabled	指定命令按钮是否可用。默认值为 .T.，即对象是有效的
Picture	指定显示在按钮中的图形文件(. bmp)
ToolTipText	设置按钮的功能提示文本
Visible	指定对象是否可见。默认值为 .T.，即对象是可见的

命令按钮的常用事件如表 6-16 所示。

表 6-16　命令按钮的常用事件

事　　件	说　　明
Click	在按钮上按下并释放主鼠标键时产生此事件
MiddleClick	在按钮上按下并释放鼠标的中间键时产生此事件
MouseDown	在按钮上按下主鼠标键时产生此事件
MouseUp	在按钮释放主鼠标键时产生此事件
RightClick	在按钮上按下并释放辅鼠标键时产生此事件

命令按钮的事件除了使用鼠标操作产生以外，也可以通过方法程序触发相应的事件。

课堂操作 14　设计启动应用程序界面

 具 体 操 作

①新建表单，添加控件，如图 6-41 所示。

②设置属性值，如表 6-17 所示。

③输入代码。

Command1 的 Click 事件代码：

```
if thisform. text1. value="csjr" and thisform. text2. value="123456"
    messagebox("欢迎使用学生管理系统!",0,"提示")
    thisform. release
else
```

　　　　messagebox("用户名或密码错误！重输",0,"提示")
　　　　thisform. text1. value＝""
　　　　thisform. text2. value＝""
　　　　thisform. text1. setfocus
　　endif

Command2 的 Click 事件代码：

　　thisform. release

④保存并运行表单，结果如图 6-42 所示。

表 6-17　控件属性值

控件	Caption	FontName、FontSize	PasswordChar
Label1	学生管理系统	楷体、26	
Label2	用户名	宋体、14	
Label3	密码	宋体、14	
Text1			
Text2			*
Command1	确定	取默认值	
Command2	取消	取默认值	

图 6-41　界面设计

图 6-42　界面设计运行效果

4. 命令按钮组控件

　　命令按钮组（Commandgroup）控件是包含一组命令按钮的容器控件，用户可以单个或作为一个组来操作其中的按钮，命令按钮组内的每一个命令按钮都具有命令的常用属性和常用事件。

　　如果要在表单中使用一组命令按钮，在设计表单时既可以逐个添加，也可以运用命令按钮组控件达到一次添加一组命令按钮的目的。对于命令按钮组控件，既可以独立地操作其中的某个命令按钮，也可以将这些命令按钮视为一个整体而统一操作。因此，命令按钮组控件和其中的每个命令按钮都可以独立定义自己的 Click 事件。

　　如果已经分别定义了各个按钮的 Click 事件，则按钮组的 Click 事件将不起作用；如果

223

其中的某个命令按钮没有定义 Click 事件,单击该按钮将引发其所属命令按钮组的 Click 事件代码。

命令按钮组默认的对象名称为 Commandgroup1,Commandgroup2,...

命令按钮组中的每个按钮的默认对象为 Commandgroup1. Command1,Commandgroup1. Command2...

1)命令按钮组常用属性

如表 6-18 所示为命令按钮组的常用属性。

表 6-18　命令按钮组的常用属性

属性名	说　　明
AutoSize	根据其中的按钮个数和大小自动调整按钮组的大小
ButtonCount	指定命令按钮组中命令按钮的个数,属性的默认值为 2
BackStyle	命令按钮组是否具有透明或不透明的背景(透明背景与对象颜色相同)
Enabled	指定命令按钮组是否响应用户引发的事件
Value	指定控件的当前状态(当前值)
Visible	指定控件是可见还是隐藏

2)命令按钮组中单个按钮的属性

有关按钮组中单个按钮的属性,与一般的命令按钮属性完全相同,这里就不再赘述。需要强调的是,由于命令按钮组控件是一个容器对象,因此选定该控件后也只能定义整个按钮组的属性及事件。若要定义其中某个命令按钮的属性和事件,必须用鼠标右击此控件,在弹出的快捷菜单中选择"编辑"选项,然后再单击并选定某个需要修改属性和事件的命令按钮,才能对单个命令按钮的属性和事件进行定义。

✍ 课堂操作 15　命令按钮组的应用

 具 体 操 作

①新建表单,添加三个标签控件和三个文本框控件。

②添加命令按钮组控件,设置命令按钮组的 ButtonCount 属性值为 5。

③在属性窗口的对象框中选择命令按钮,设置 Caption 属性依次为"加"、"减"、"乘"、"除"、"清除",如图 6-43 所示。

④编写命令按钮组的 Click 事件代码:

```
Do Case
    Case This. Value=1
        ThisForm. Text3. Value=ThisForm. Text1. Value+ThisForm. Text2. Value
    Case This. Value=2
        ThisForm. Text3. Value=ThisForm. Text1. Value−ThisForm. Text2. Value
    Case This. Value=3
    ThisForm. Text3. Value=ThisForm. Text1. Value * ThisForm. Text2. Value
    Case This. Value=4
    If ThisForm. Text2. Value≠0
```

ThisForm. Text3. Value＝ThisForm. Text1. Value/ThisForm. Text2. Value

Else

　＝MessageBox("除数不能为零!",48)

EndIf

　Otherwise

ThisForm. Text1. Value＝0

ThisForm. Text2. Value＝0

ThisForm. Text3. Value＝0

　EndCase

⑤保存并运行表单,运行结果如图 6-44 所示。

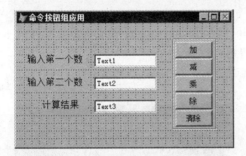
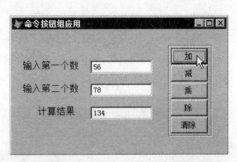

图 6-43　"命令按钮组应用"表单　　　　　图 6-44　命令按钮组运行结果

5.编辑框控件

编辑框控件主要用于对较长的字符型字段或备注型字段进行编辑,也可以用来编辑一些多段落的纯文本。在编辑过程中能够自动换行并可以使用方向键、翻页键以及滚动条来浏览文本,并支持选择、剪切、复制与粘贴等常规操作。

编辑框控件的常用属性除了前面提到的通用属性外,还有表 6-19 所示的一些属性。

表 6-19　编辑框的常用属性

属性名	说　　明
ControlSource	指定与对象建立联系的数据库
DisabledForeColor	指定该控件不响应用户事件时的前景色
Enabled	指定编辑框是否响应用户引发的事件
ReadOnly	指定控件内的数据是否为只读状态
ScrollBars	指定编辑框控件所具有的滚动条类型
SelLength	返回或指定在编辑框中选定文本的长度
SelStart	返回或指定在编辑框中选定文本的起始位置
SelText	返回在编辑框中已选定文本的内容
SpecialEffect	指定控件的格式(三维、平面、热追踪)
Tabindex	指定控件 Tab 键次序
TabStop	指定用户能否用 Tab 键将焦点移到该控件上
Value	指定控件的当前状态(当前值)
Visible	指定控件是可见还是隐藏

编辑框的基本事件与文本框的基本事件相同。可用于编辑框的方法主要是 SetFocus 方法,它的功能是为该对象设置焦点。

 课堂操作 16　设计修改学生信息表中简历字段内容的表单

具 体 操 作

❶新建表单,添加一个编辑框控件。

❷选择编辑框控件,在 Value 属性中输入"该同学在校期间表现良好,学习成绩优秀。",设计好的表单如图 6-45 所示。

❸在表单的单击事件下编写如下代码:

```
Form1_Click()
ThisForm. EDIT. SELSTART=0
ThisForm. EDIT. SELLENGTH=AT(",",ThisForm. EDIT1. Value)-1
=MessageBox(ThisForm. Edit1. SelText,64)
```

❹运行表单后,在表单上任意位置单击,结果如图 6-46 所示。

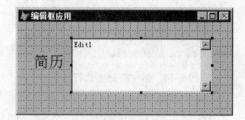

图 6-45　添加编辑框

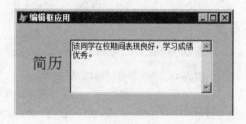

图 6-46　编辑框运行结果

6. 复选框控件

复选框(CheckBox)又叫选择框。复选框控件只有两个值,当用户选定该控件,使其选框中出现对勾时,它的值即为真,否则即为假。复选框控件常用来定义对象的某个可选项是否有效。有时还有一种不可用(或灰色)的状态。通过设置复选框的 Value 属性的值可以确定其状态。

复选框的常用属性如表 6-20 所示。

表 6-20　复选框常用属性

属性名	含　　义
AutoSize	根据标题文本自动调整控件的大小
Caption	指定出现在复选框旁边的文本
ControlSource	指定用作选择项的数据源
Enabled	指定复选框是否响应用户引发的事件
Picture	用来指定当复选框被设计成图形按钮时的图像
SpecialEffer	指定控件的格式(三维、平面、热追踪)
Value	决定复选框的状态
Visible	指定控件是可见还是隐藏

复选框的 Value 值和状态关系如表 6-21 所示。

表 6-21　复选框值和状态关系

显示状态	Value 属性设置
无选择时	0 或.F.
选中时	1 或.T.
变灰时	2 或.NULL.

复选框的常用事件有两个,一个是单击该控件时发生的 Click 事件;另一个是通过鼠标操作使该控件的值发生改变时引发的 InteractiveChange 事件。

7. 选项按钮组控件

选项按钮组又称为单选按钮,同命令按钮组一样,选项按钮组也是一个容器类控件。一般来说,选项按钮总是成组出现,用户在一组选项按钮中必须选择一项,并且只能选择一项。被选定的项,左边的圆圈中出现一个黑点,未选中的单选按钮中心无黑色圆点。

根据选项按钮组控件所绑定的数据类型的不同,选定某个按钮后的结果也是各不相同。若控件所绑定的数据源为数值型字段,选定其中的某个按钮后,则将按钮的顺序号保存为该字段的值;若控件所绑定的数据源为字符型字段,选定其中的某个按钮后,则将按钮的标题文本保存为该字段的值;若选项组控件没有绑定任何数据源,选定其中的某个按钮后,则将该按钮的顺序号定义为该控件的值。

由于选项按钮组控件是个容器对象,因此选定该控件后只能定义整个选项组的属性和事件。若要定义其中某个按钮的属性或事件,必须用鼠标右击该控件,在弹出的快捷菜单中选择"编辑"命令,才能选中其中的某个按钮,为其定义属性或事件。

选项按钮组的默认名称为 OptionGroup1,OptionGroup2...

选项按钮和选项按钮组的常用属性如表 6-22 所示。

表 6-22　选项按钮和选项按钮组的常用属性

属　　性	说　　明
ButtonCount	设置选项按钮组中选项按钮的个数,默认值为 2
DisabledBackColor	单选按钮失效时的背景颜色
DisabledForeColor	单选按钮失效时的前景颜色
Value	反映在选项按钮组中哪一个选项按钮被选中
Caption	设置按钮的提示文本
ControlSource	单选按钮的数据来源

 课堂操作 17　设计表单,控制表单中标签标题的字体和效果

具　体　操　作

①新建表单,添加复选框控件和选项按钮组。

②设置各个控件的标题属性,如图 6-47 所示。

③设计事件代码:

```
check1. click
if this. value=1
    thisform. label1. fontbold=. t.
else
    thisform. label1. fontbold=. f.
endif
check1. click
if this. value=1
    thisform. label1. fontitalic=. t.
else
    thisform. label1. fontitalic=. f.
endif
check3. click
if this. value=1
    thisform. label1. fontunderline=. t.
else
    thisform. label1. fontunderline=. f.
endif
option1. click
thisform. label1. fontname="宋体"
option2. click
thisform. label1. fontname="楷体_gb2312"
option3. click
thisform. label1. fontname="隶书"
```

④运行表单后分别在复选框和选项按钮控件上单击,观察表单上的变化,如图 6-48 所示。

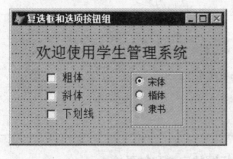

图 6-47　复选框和选项按钮组

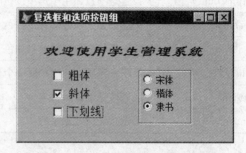

图 6-48　复选框和选项按钮组运行结果

8. 列表框控件

列表框(ListBox)是显示一个项目列表的控件。用户可以从列表框中选择一项或多项,但不能直接编辑列表框中的数据。当列表框不能同时显示所有项目时,它将自动添加滚动条。

列表框对象的默认文件名为 list1, list2, …

列表框的常用属性如表 6-23 所示。

表 6-23　列表框的常用属性

属　　性	说　　明
BoundColumn	指定包含多列的列表框控件中将哪一列绑定到该控件的 Value 属性上
ColumnCount	设置列表框中的列数。缺省时列数为 1
ControlSource	确定用户从列表框中选择或输入的值存入表字段还是内存变量等
DisplayValue	指定列表框控件中选定数据项的第一列的内容
List(n)	指定列表框中的第 n 项
ListCount	指定列表框中的选项个数
ListIndex	当前选项的索引号，如果没有选项被选中，该属性为 0
MoverBars	指定列表框控件内是否显示移动条，若显示可通过拖动的方式改变列表框的排列顺序
Multiselect	设置是否可以在列表框中一次选择多项
RowSource	确定在列表框中显示的数据来源
RowSourceType	确定数据源 RowSource 值是一个值、表、SQL 语句、查询、数组、文件列表或者字段列表
Selected	指定列表框中的某个条目是否处于选定状态，例如表示选中列表框 List1 中的第 3 条选项，Thisform. List1. Selected(3)＝. T.
Sorted	指定控件内的列表项是否自动按照字母顺序排列
Value	列表中当前选项的值

列表框控件的常用方法如表 6-24 所示。

表 6-24　列表框的常用方法

方法名称	功　　能
AddItem	将指定表达式的值添加到列表框控件的项目列表中
RemoveItem	将列表框控件中指定列表项从列表中移去
Requery	在列表框控件数据源发生变化时重新查找并更新列表框中数据项内容，使列表框中显示的结果与数据源的最新状态一致
Clear	清除指定列表框中全部列表项内容

列表框控件的常用事件有单击(Click)、双击(DblClick)和通过鼠标或键盘操作，使列表框的当前值发生变化的 InteractiveChange 事件。

✎ **课堂操作 18　设计如图 6-49 所示的表单**

具 体 操 作

①新建表单，在表单数据环境中添加学生信息表。

②添加标签，标题为"学号"。

③在表单中添加列表框,设置其属性:

RowSourceType 属性:6—字段。

RowSource 属性:学生信息表.学号。

④将其他所需字段由数据环境依次拖放到表单中,如图 6-50 所示。

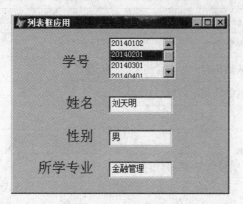

图 6-49　列表框应用结果

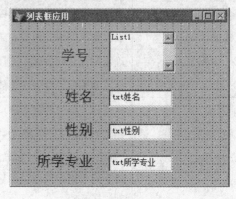

图 6-50　添加字段

⑤编写 List1. Click 事件代码:

　　ThisForm. Refresh

⑥运行表单,选择不同学号,观察表单。

9. 组合框控件

组合框控件是组合了列表框和文本框功能的一种控件,它可以实现从一组数据项中选择其中一个的功能。

组合框有两种类型,即下拉列表框和下拉组合框。它们的不同之处在于下拉组合框的取值允许通过键盘直接输入,而下拉列表框的取值只能从下拉列表中选取。

组合框与列表框的主要属性类似,两者的主要区别是:

● 通常组合框中只有一个条目是可见的,用户可以单击组合框上的下拉箭头打开条目列表,从中选择。

● 组合框不提供多重选择功能,没有 MultiSelect 属性。

● 组合框有两种形式,可以通过设置 Style 属性来选择。当 Style 属性值为"0"时,为下拉组合框,用户既可以在编辑区内输入,也可以从列表中选择;当 Style 属性值为"2"时,为下拉列表框,用户只能从列表中选择。

组合框的常用事件有单击(Click)和通过鼠标或键盘操作,使组合框的当前值发生变化的 InteractiveChange 事件。组合框的常用方法与列表框完全相同。

✎ **课堂操作 19**　设计表单,在组合框中选择一个学生的姓名,单击【确定】按钮,出现提示对话框

（具 体 操 作）

①新建表单,在表单数据环境中添加学生信息表。

②画出控件对象,设置标签和两个命令按钮的 Caption 属性,如图 6-51 所示。

③设置组合框的属性如下:

ControlSource:学生信息. 姓名。

RowSource:学生信息. 姓名。

RowSourceType:6—字段。

④编写事件代码。

【确定】按钮的 Click 事件代码如下：

    a=thisform. combo1. value

    messagebox("确定选择 &a. ?", 4＋32,"提示")

【退出】按钮的 Click 事件代码如下：

    thisform. Release

⑤保存并运行表单,查看运行结果,如图 6-52 所示。

图 6-51　组合框控件

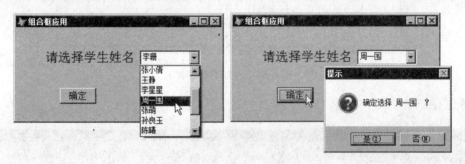

图 6-52　组合框应用结果

10. 表格控件

表格(Grid)控件是一个容器对象,可以显示多行多列数据。一个表格对象包含若干列对象,列对象包含标头和文本框控件,每个对象都有自己的一组属性、事件和方法程序。由于它可以同时显示出表中的多个字段和多条记录,因此常用来设计一对多表单。

表格控件的常用属性如表 6-25 所示。

表 6-25　表格控件的常用属性

对象名称	属 性	说 明
Grid	ChildOrde	指定与父表的主关键字相联接的子表中的外部关键字
	ColumnCount	指定表格中列对象的个数
	LinkMaster	设置表格中所显示子表的父表
	RecordSource	设置表格所显示数据的数据源
	RecordSourceType	指定表格中显示数据来源于何处,是表、别名还是查询
	ScrollBars	指定表格所具有的滚动条类型
Column	ControlSource	设置列中显示的数据源,通常为表格中的字段
Header	Alignment	指定表格列的标头文本的对齐方式
	Caption	指定表格列的标头文本

课堂操作 20　建立表单,浏览学生信息表

具 体 操 作

① 新建表单。打开"数据环境设计器",添加"学生信息表"文件。

② 在表单中画出一个标签控件,将"数据环境设计器"中的表拖动到表单上,建立表格对象。

③ 设置标签控件的 Caption 属性,如图 6-53 所示。

图 6-53　添加表格控件

④ 保存并运行表单,结果如图 6-54 所示。

图 6-54　表单运行结果

11. 页框控件

　　表单中的可用空间是有限的,在表单中需要显示的项目很多,而单个表单无法全部容纳的情况下,利用页框控件无疑是个很好的解决办法。

　　页框(PageFrame)是一个可包含多个页面的容器控件,其中的页面又可包含各种控件。页框定义页面的总体特征,包括大小、位置、边界类型以及活动页。页框中的页面相对于页框的左上固定,并随页框在表单中移动而移动。

　　页框控件刚被创建时,默认有两个"页面"(Page)。

　　使用页框和页面,可以创建带选项卡的表单或对话框,也可以将页框设置为不带选项卡的形式。这时,可以利用选项组或命令按钮组来控制页面的选择。

　　页框的常用属性如表 6-26 所示。

表 6-26　页框的常用属性

属　　性	说　　明
Caption	设置页框中页面的标题文本
PageCount	设置页框中页面的数量，默认值为 2
ActivePage	返回页框中活动页的页号，或者指定某页成为活动页
Tabs	确定页面的选项卡(页面左上角的标签)是否可见
TabStretch	用于显示选项卡的长标题。如果选项卡的标题太长，应设为 0(堆积)；默认为 1(裁剪)，设置长标题只显示一部分；"2-多行"设置显示所有选项卡的标题内容

可用于页框内的某个页面的常用方法主要是 Zorder 方法，其功能是把指定的页面置于页框的最上层。

　课堂操作 21　设计一个显示多数据表的表单

【具体操作】

①启动表单设计器窗口，创建一个新的表单。

②打开表单的数据环境设计器，将学生信息表、成绩表和课程表添加到其中，同时建立三表之间的临时关系。

③在表单控件工具栏中，选择"页框"控件，并在表单窗口将其拖动到想要的尺寸。

④选择页框控件，在属性窗口设置 PageCount 属性值为 3。

⑤右键单击页框，从快捷菜单中选择"编辑"命令，将页框激活为容器。页框的边框变宽，表示它处于编辑状态。

⑥顺序单击，选择每一个页面，在属性窗口中设置 Caption 属性，并将相应数据表拖放到页面中作为表格控件，如图 6-55 所示。

⑦保存并运行表单，结果如图 6-56 所示。

图 6-55　添加页框控件

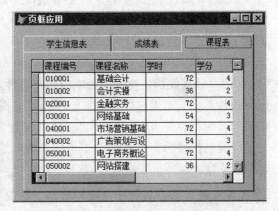

图 6-56　页框控件运行结果

12. 图像控件

图像(Image)控件主要用于在表单中显示某些固定不变的图片信息，如公司的 logo 等。图像控件的常用属性如表 6-27 所示。

表 6-27　图像控件的常用属性

属　　性	说　　明
Picture	指定要显示的图片文件名称
Stretch	指定如何对图片的尺寸进行调整以适应图像控件的大小(剪裁、等比填充、变比填充)
BorderStyle	决定图像是否具有可见的边框
BackStyle	决定图像的背景是否透明

✍ 课堂操作 22　设计一个带有图像的界面表单

【具体操作】

①在表单中添加一个标签和一个图片控件,设置标签的标题属性"华文琥珀"、大小为16、颜色为绿色。

②选择图片控件,在属性窗口使用 Picture 属性查找相应图片并贴到图片框。

③运行表单,结果如图 6-57 所示。

13. 计时器控件

计时器(Timer)控件能有规律地以一定的时间间隔激发计时器事件(Timer)来执行相应的事件代码。因此,计时器控件可以使程序有规律地重复执行某些操作,

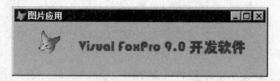

图 6-57　图片控件运行结果

常用来设计活动标题、电子时钟、计时秒表等程序。计时器控件在设计时显示为时钟图标,运行时并不显示在屏幕上,通常用标签来显示时间,因此,其大小和位置无关紧要。

计时器控件有以下两个常用属性。

(1)Interval 属性

Interval 属性表示两个计时器事件之间的时间间隔,其值以毫秒为单位,介于 0～64767ms 之间。当 Interval 为 0 时表示屏蔽计时器。如果希望每一秒产生一个计时器事件,那么 Interval 属性值应设为 1000,与时钟等间隔激发计时器事件的过程。

(2)Enabled 属性

Enabled 属性指定对象能否响应用户事件。计时器的 Enabled 属性和其他对象的 Enabled 属性不同。对大多数对象来说,Enabled 属性决定对象是否能对用户引起的事件作出反应。对计时器控件来说,将 Enabled 属性设置为.F.,会停止计时器的运行。

计时器控件的常用事件是 Timer 事件,该事件每隔 Interval 属性所设置的毫秒数便自动触发一次。

✍ 课堂操作 23　设计一个模拟移动字幕效果的表单

【具体操作】

①根据设计要求在表单上添加一个标签和一个计时器控件,如图 6-58 所示。

②设置控件属性,设置计时器控件的 Interval 属性为 300;标签的 Caption 属性值为"学生管理系统",字体、字号自选。

❸编写 Timer1. Timer 事件代码：

```
if thisform. label1. left<0－thisform. label1. width
    thisform. label1. left＝thisform. width
    thisform. label1. left＝thisform. label1. left－5
else
    thisform. label1. left＝thisform. label1. left－5
endif
```

❹保存并运行表单，如图 6-59 所示。

图 6-58　计时器控件

图 6-59　计时器运行结果

14. ActiveX 控件

在通用型字段中，可以包含从其他应用程序中得来的数据，例如文本数据、声音数据、图片数据或视频数据等。ActiveX 控件常用于在表单中输出图形文件或通用型字段的内容。将数据环境中的通用型字段拖到表单上所自动形成的控件，实际上就是 ActiveX 控件。

在表单控件工具栏上单击【Active X 绑定控件】按钮，并在表单窗口中将其拖至合适的大小，即可在表单中创建一个绑定型 OLE 控件对象。在创建这个对象后，可以将它和表中的通用字段进行链接，然后用这个对象显示字段中的内容。

ActiveX 控件常用属性有两个，一个是 ControlSource，指定与该控件建立联系的数据源；另一个是 Stretch，指定如何对图片的尺寸进行调整以适应该控件的大小。

✎ **课堂操作 24　设计添加了 ActiveX 控件（照片）的表单，通过按钮依次浏览学生情况**

具体操作

①启动表单设计器窗口，创建一个新的表单。

②打开表单的数据环境设计器，将学生信息表添加到数据环境设计器中。

③在表单中插入一个标签控件，并设置 Caption 属性为"学生情况一览表"，大小为 16，宋体，居中。

④从数据环境设计器依次将学生信息表中所需字段拖放到表单的合适位置。

⑤删除 ActiveX 控件的标签，并将它的 Stretch 的属性设置为"1－等比填充"，以使较大的图片也能够完整地显示出来。

⑥在表单中插入两个按钮，其 Caption 属性依次为"上一个"和"下一个"，设计的表单如图 6-60 所示。

⑦为了实现按钮的翻页浏览功能，编写【上一个】按钮的 Click 事件代码为：

```
SELECT 学生信息表
SKIP －1
IF BOF()
```

```
    GO TOP
ENDIF
Thisform. Refresh
```

【下一个】按钮的 Click 事件代码为：

```
SELECT 学生信息表
SKIP
IF EOF()
    GO BOTTOM
ENDIF
Thisform. Refresh
```

❽保存并运行表单，结果如图 6-61 所示。

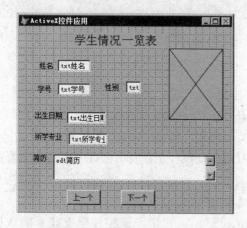

图 6-60　添加 ActiveX 控件

图 6-61　ActiveX 控件运行结果

15. 微调控件

微调器（Spinner）控件可用于对某些数值型数据的输入和修改，也可以用于更改其他控件的当前值。该控件的当前值既可以从键盘上直接输入，也可以通过单击该控件右侧的小三角按钮在原值的基础上进行增减。

微调控件的向上箭头和向下箭头允许用户增加和减少数值。默认情况下，每次增加或减少的值为 1.00，但可以通过设置微调按钮的 Increment 属性来设置增加或减少的值。

表 6-28　微调控件的常用属性

属　　性	说　　明
ControlSource	指定与对象建立联系的数据源
KeyboardHighValue	用户能输入到文本框中的最高值
KeyboardLowValue	用户能输入到文本框中的最低值
SpinnerHighValue	用户单击向上按钮时，微调控件能显示的最高值
SpinnerLowValue	用户单击向下按钮时，微调控件能显示的最低值
Increment	用户每次单击向上或向下按钮时增加或减少的数值
Value	指定或返回控件的当前值

课堂操作 25　设计一个按出生年份查询学生信息的表单,利用微调改变要查的年份

具体操作

①启动表单设计器窗口,创建一个新的表单。

②打开表单的数据环境设计器,将学生信息表添加到数据环境设计器中。

③在表单中添加一个标签控件,设置其 Caption 属性为"调整出生年份",AutoSize 属性为. T. 一 真;添加一个微调控件,设置其 SpinnerLowValue 为"1993",SpinnerHighValue 为"1996",Value 为"1993"。

④在表单中继续添加一个命令按钮控件,设置其 Caption 属性为"查询",最后添加表格控件,并设置其 RecordSourceType 属性为"1—别名",RecordSource 属性为"无",表单设计如图 6-62 所示。

⑤编写【查询】按钮的 Click 事件代码为:

　　SELECT ＊ FROM 学生信息表 WHERE YEAR(出生日期)＝thisform. spinner1. Value;

　　INTO CURSOR 1sb

　　Thisform. grid1. columnCount＝—1

　　Thisform. grid1. RecordSource＝"1sb"

⑥保存并运行表单,结果如图 6-63 所示。

图 6-62　添加微调控件

图 6-63　微调控件运行结果

16. 形状与线条控件

利用形状控件既可以在表单中建立一些图形,也可以作为表单界面的装饰性框线。而线条控件常用来分隔表单中不同区域,以提高表单的可视性。

形状和线条是设计图形用户界面时常要用到的控件,它们有助于可视地将表单中的组件归成组。需要注意的是,形状和线条均为对象,只有通过它们的方法来改变自身的属性才能改变显示效果。

形状(Shape)控件可以在表单中产生圆、椭圆以及圆角或方角的矩形。

线条(Line)控件可以在表单中产生直线或斜线。

表 6-29　形状和线条控件的常用属性

属性	说　明	属性	说　明
Curvature	从 0 到 99 的曲率	SpecialEffect	确定形状是平面还是立体的
BorderStyle	指定对象边框线的样式	LineSlant	指定线条的倾斜方向
BorderColor	指定对象边框线的颜色	BorderWidth	设置边框线的宽度

17. 容器控件

容器(Container)控件是指"容器"的封装性。像表单一样,可以在容器控件上添加其他控件。这些控件随容器移动而移动,其 Top 和 Left 属性都是相对于容器而言的,与表单无关。由于容器控件的封装性,且外形更具立体感,所以通常使用容器控件对程序界面进行修饰。

利用容器控件可以将多个独立的控件组合到一起,使它们形成一个新的整体,以便对容器内所含的多个控件实施统一的操作。另外,容器控件也可用于装饰其他控件,使其具有别具一格的风格。

容器控件的常用属性有两个,一个是 Picture 属性,用于定义作为背景的图片;另一个是 SpecialEffect 属性,指定控件的格式(凸起、凹下、平面)。

课堂操作 26　利用容器控件制作带有立体边框的图片

具体操作

①启动表单设计器窗口,创建一个新的表单。

②在表单中添加一个容器控件,设置其 SpecialEffect 属性为"0—凸起",Picture 属性为选取某一图片作为该控件背景。

③保存并运行表单,结果如图 6-64 所示。

18. 超级链接控件

控件的数据源属性决定了该控件数据的选择和来源于数据表中的哪个字段。

容器控件、ActiveX 控件、形状与线条控件、微调控件、超级链接控件主要是用来装饰表单和设计超级链接的专用控件,如图 6-65 所示。

图 6-64　容器控件运行结果

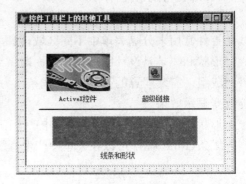

图 6-65　其他常用控件

238

项目小结

表单设计器是设计表单、修改编辑已有的表单和对表单进行个性化设计的主要工具。表单设计器中包含有表单和表单设计器工具栏,而表单则由若干控件及其属性、方法和事件构成。熟练掌握各控件的使用方法,为设计复杂的个性化的表单打下基础。

项目4　使用表单、表单集和多重表单

项目描述

表单是可视化程序设计的平台,能容纳的内容很丰富,类型也很广泛。但如果使用单一的表单来设计应用程序的操作界面,那提供给最终用户的操作区域是非常有限的。为了扩展用户操作区域,可以采用页框控件设计多页的界面,或者利用表单集来解决这个问题。需要注意的是,表单集中多个表单的地位是"平等"的,没有主次之分,而多重表单则是指具有主次关系的多个表单,由主表单调用子表单,因为它们处于不同的层次。

项目分析

在设计应用程序的可视化操作界面时,表单设计是唯一的方法。认清表单的种类及设计方法是灵活设计各种复杂操作界面的基础。因此,本项目可分解为以下任务:

- 表单的种类
- 使用表单集
- 使用多重表单

项目目标

- 了解表单种类
- 掌握表单集的设计方法
- 掌握多重表单的设计方法

任务1　表单的种类

在 Visual FoxPro 中,用户所创建的应用程序的界面类型有两种:一种是单文档界面(即SDI),使用该类界面设计程序时,一个程序功能模块仅由一个独立的窗口表单组成,在程序运行过程中每个窗口都只能单独显示在 Windows 桌面上;另一种是多文档界面(即 MDI),该类程序功能模块由一个主窗口表单和包含在主窗口的多个子窗口表单构成。为了能创建出不同类型的应用程序界面,必须将所用表单设置为一种合适的类型。

1. 根据内容划分表单

根据内容,表单可简单划分为封面表单、数据表单和程序表单。

1)封面表单

由于表单可以生动地反映系统的功能、特点,可以方便地设计友好的界面,所以,经常用

表单制作系统封面。

2）数据表单

进行数据处理是表单的主要功能。表单可以通过数据环境建立数据表单，用以管理系统中各种形式的数据和数据表。

3）程序表单

作为可视化程序设计的基本单元，可以在表单上设计和运行各种算法和应用程序。

2. 根据用途划分表单

根据用途，表单还可分为子表单、浮动表单和顶层表单。

1）子表单

子表单是包含在主表单中的表单，可用于创建多文档界面（MDI）的表单。子表单不可移出主表单（父表单）的边界，随父表单的变化而变化。当其最小化时将显示在主表单的底部。若主表单最小化，则子表单也一同最小化。

确定主表单和子表单的属性有：

● 显示状态：Form. ShowWindow＝0

● 浮动：Desktop＝.T.

● 最大化：MDI Form＝.T.

● 调用：MDI Form＝.F.

● 将命令"Do form 子表单名"写入顶层表单的某事件代码中。

2）浮动表单

浮动表单是由子表单变化而来的。浮动表单属于主表单的一部分，但并不是包含在主表单中。浮动表单可以被移至屏幕的任何位置，但不能在主表单的后台移动。若将浮动表单最小化，它将显示在桌面的底部；若主表单最小化，则浮动表单也一同最小化。浮动表单也可用于创建 MDI 应用程序。

3）顶层表单

顶层表单是没有主表单的独立表单，用于创建一个单文档界面（SDI），或用作多文档界面中的主表单。顶层表单与其他 Windows 应用程序同级，可出现在其前台或后台，并且显示在 Windows 任务栏中。顶层表单一般用作系统主窗口，并始终显示在桌面上。顶层表单的典型应用就是作为表单窗口的菜单。

任务2　使用表单集

表单集是一个容器对象，其中包含多个独立的表单。表单集可在"表单设计器"中创建。对表单集中的所有表单可以进行统一的操作，另外，通过在表单集中建立公共的数据环境，还可以使其中多个表单的记录指针自动保持同步。

1. 表单集的特点

（1）可同时显示或隐藏表单集中的全部表单。

（2）可以可视地调整多个表单以控制它们的相对位置。

（3）表单集中所有表单可自动且同步地改变和更新记录指针的显示。

（4）运行表单集时，将加载表单集中所有表单和表单的所有对象，并延长加载时间。

2. 表单集的基本操作

1）创建表单集

表单集是在"表单设计器"窗口中创建的。首先新建一个表单,执行"表单"→"创建表单集"命令,将自动创建一个表单集 Formset 对象,而原来的表单将自动成为该表单集的第一个表单。

2）向表单集中添加新表单

创建表单集以后,可通过执行"表单"→"添加新表单"命令添加新表单,此时在"表单设计器"窗口中就会出现表单 Form2…,对于已添加到表单集中的表单,可通过鼠标单击的方式选定并进行设计,具体的设计方法与设计单个表单完全相同。表单集为每个新表单添加一个附加的记录,表单为每个控件的父容器。

3）从表单集中移去表单

若要将某个表单从表单集中移去,首先选定该表单,然后执行"表单"→"移除表单"命令即可移去表单。

4）运行表单集

运行表单集的方法与运行单个表单完全相同,这里就不再赘述。

5）关闭表单集

对于同时运行的表单集中的多个表单,既可以分别关闭,也可以在其中的某个表单内添加一个关闭表单集的命令按钮,在该按钮的 Click 事件中输入 ThisFormSet. Release 代码,当用户单击该按钮时就会关闭该表单集中的所有表单。

✍ **课堂操作 27**　设计一个包含两个表单的表单集,两表单分别显示学生信息表和成绩表,单击学生信息表中某同学,就会在成绩表中显示该同学的成绩

具体操作

①启动表单设计器窗口,创建一个名为"表单集实例"的表单集,其中包含 Form1 和 Form2 两个表单,依次设置表单的 Caption 属性为"学生信息表单"和"学生成绩表单"。

②打开表单集的数据环境设计器,将"学生信息表"和"成绩表"添加到数据环境设计器中并建立两表间的临时关系。

③将数据环境中的"学生信息表"拖放到 Form1 上创建表格控件。

④将数据环境中的"成绩表"拖放到 Form2 上创建表格控件。

⑤在 Form1 上添加两个命令按钮控件,依次设置其 Caption 属性为"隐藏学生成绩表单"和"关闭表单集"。

⑥在 Form2 上添加一个命令按钮控件,设置其 Caption 属性为"隐藏学生信息表单",表单集设计如图 6-66 所示。

⑦分别编写各按钮的事件代码。

【隐藏学生成绩表单】按钮的 Click 事件代码:

```
IF This. Caption="隐藏学生成绩表单"
        This. Caption="显示学生成绩表单"
        Thisformset. Form2. Visible=. F.
ELSE
```

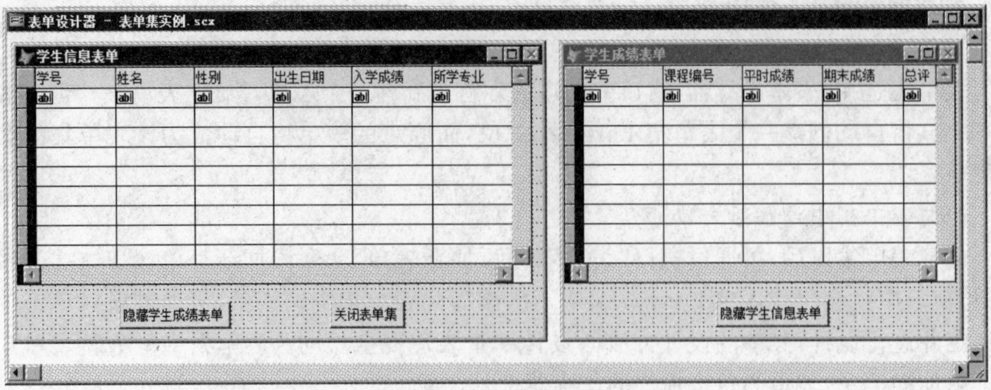

图 6-66　表单集设计

        This. Caption＝"隐藏学生成绩表单"

        Thisformset. Form2. Visible＝. T.

   ENDIF

【关闭表单集】按钮的 Click 事件代码：

    ThisFormset. Release

【隐藏学生信息表单】按钮的 Click 事件代码：

    IF This. Caption＝"隐藏学生信息表单"

        This. Caption＝"显示学生信息表单"

        Thisform. Parent. Form1. Visible＝. F.

    ELSE

        This. Caption＝"隐藏学生信息表单"

        Thisform. Parent. Form1. Visible＝. T.

    ENDIF

⑧运行表单集，结果如图 6-67 所示。

⑨保存设计结果，关闭表单设计器。

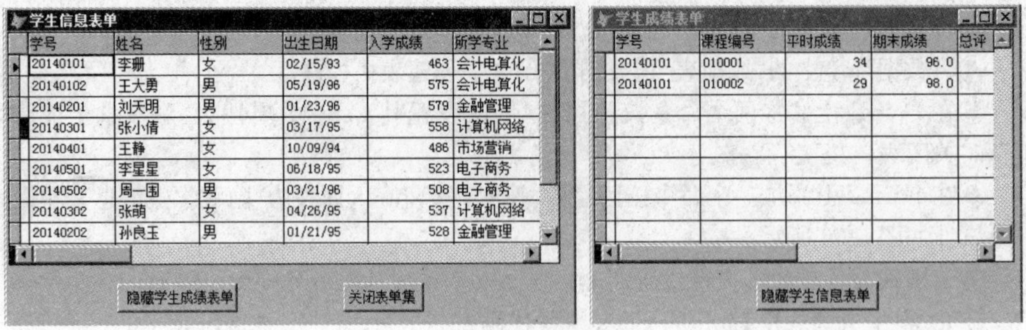

图 6-67　表单集运行结果

任务 3　使用多重表单

1. 定义表单的类型

1）定义顶层表单

将某个表单定义为顶层表单的方法是在"表单设计器"中将该表单的 ShowWindow 属性设置为"2—作为顶层表单"。

2）定义字表单

将某个表单定义为子表单的方法是在"表单设计器"中将该表单的 ShowWindow 属性为"1—在顶层表单中"。必要时也可将表单的 MDIForm 属性设置为". T. —真",以便在该表单被最大化时能共享父表单的标题栏、菜单栏和工具栏。另外，若想要子表单出现在父表单的窗口中，必须在其所属的父表单的相应事件代码中使用 DO FORM 命令调用该子表单。

3）定义浮动表单

将某个表单定义为浮动表单的方法是在"表单设计器"中设置该表单的 ShowWindow 属性为"0—在屏幕中"或"1—在顶层表单中"；设置 Desktop 属性为". T. —真"，使该表单可以放在 Windows 桌面的任何位置；设置 AlwaysOnTop 属性为". T. —真"，使该表单总是显示在最顶层，避免被其他窗口覆盖。

2. 隐藏 Visual FoxPro 主窗口

在运行顶层表单时，可能希望 Visual FoxPro 主窗口自动隐藏起来，以使得屏幕及 Windows 任务栏变得整洁利落。若需要，还可在顶层表单被释放后再显示 Visual FoxPro 主窗口。

使用应用程序对象的 Visible 属性可以隐藏或显示 Visual FoxPro 主窗口。

若要隐藏 Visual FoxPro 主窗口，可在表单的 Init 事件中，包含下列代码行：

　　Appliction. Visible=. F

若要显示 Visual FoxPro 主窗口，可在表单的 Destroy 事件中，包含下列代码行：

　　Appliction. Visible=. T.

> ⏰ **贴心·提示**
>
> 可以在配置文件中包含 SCREEN=OFF，用以隐藏 Visual FoxPro 主窗口。

3. 创建两种文档界面

1）多文档界面（MDI）

Visual FoxPro 本身就是一个 MDI 应用程序，在 Visual FoxPro 主窗口中包含命令窗口、编辑窗口和设计器窗口。各个应用程序都由单一的窗口组成，且应用程序的窗口包含在主窗口中或浮动在主窗口顶端。

2）单文档界面（SDI）

由单个窗口组成的应用程序通常是一个 SDI 应用程序。应用程序由一个或多个独立窗口组成，这些窗口均在 Windows 桌面上单独显示。

⏰**贴心·提示**

在显示子表单时,顶层表单必须是可视的、活动的。因此,不能使用顶层表单的 Init 事件来显示子表单,因为此时顶层表单还未激活。

4. 在顶层表单中添加菜单的关键操作

● 创建表单时,设计为顶层表单,即 ShowWindow＝2。

● 设计菜单时,执行"显示"→"常规选项"命令,在弹出的"常规选项"对话框中选择"顶层表单"选项。

● 在顶层表单的 Init 事件中编写命令代码:Do〈菜单名称.mpr〉WITH〈参数〉。

例如,用下列代码调用名为 mymenu 的菜单:

　　DO mymenu.mpr WITH THIS,. T.

创建各种类型表单的方法大体相同,但需设置特定属性以指出表单应该如何工作。如果创建的是子表单,则不仅需要指定它应在另外一个表单中显示,而且还需指定是否是 MDI 类的子表单,即指出表单最大化时是如何工作的。如果子表单是 MDI 类的,它会包含在父表单中,并共享父表单的标题栏、标题、菜单以及工具栏。非 MDI 类的子表单最大化时将占据父表单的全部用户区域,但仍保留它本身的标题和标题栏。

项目小结

　　Visual FoxPro 中,表单是可视化程序设计的平台,能容纳的内容很丰富,类型也很广泛。为了扩展用户操作区域,除使用页框设计多页外,还可以使用表单集和多重表单来设计多个表单。表单集中多个表单的地位是"平等"的,没有主次之分;而多重表单则是指具有主次关系的多个表单,由主表单调用子表单。

单 元 小 结

表单是人机交互的可视化界面,使用表单设计器创建表单是本单元的核心技术。

表单包含五类控件:输出类、输入类、控制类、容器类和连接类。要重点掌握几种常用控件及使用方法,如标签、文本框、组合框、列表框、表格、命令按钮、命令按钮组、选项按钮组、复选框等。熟练掌握各种控件的主要属性、数据环境、在表单中加入和修改控件属性,以及事件和方法等操作。要根据具体任务选择合适的控件来设计表单。

熟悉并掌握表单的设计环境。掌握调整控件布局、设置控件属性和方法程序等的操作。能够熟练掌握打开、保存和运行表单的相关操作。掌握表单中自定义类的使用。

实训与练习

上机实训1　根据下列表格内容设计数据表单。

职工号	姓名	性别	出生日期	婚否	职务	工资	简历
001	张小明	男	05/16/84	T	科员	180.00	memo
002	李美丽	女	02/30/81	T	科员	180.00	memo
003	江涛	男	06/12/79	T	科长	275.00	memo
004	王利	男	12/15/82	F	科员	180.00	memo
005	王霞	女	06/15/73	T	处长	350.00	memo

实训目的

掌握数据表单的设计方法。

步骤参考

①首先创建上述数据表。

②新建表单并通过"数据环境设计器"将该表添加到表单上。

③运行表单。

上机实训2　设计程序表单。

铁路托运行李的运费计算:每人可按每千克0.5元托运50千克以内的行李,如果超过50千克,超过的部分每千克加价0.3元。编制程序,要求由键盘输入行李的重量,显示运费是多少。如果不输入操作员代码,则不能进行计算。负责刷新的命令按钮可以恢复计算按钮的功能。

实训目的

掌握标签、文本框和命令按钮的使用方法。

步骤参考

①添加控件并设计如图6-68所示界面。

②设置相应属性。

③编写代码(参考代码如下)。

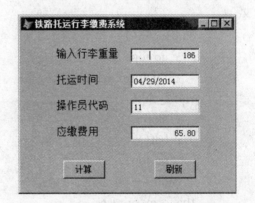

图6-68　设计程序表单

【计算】按钮的功能代码command1_click():

　　thisform.text1.setfocus

　　w = thisform.text1.value

　　if thisform.text3.value="11"

　　　　IF w<=50 then

　　　　　　x=0.5*50

　　　　ELSE

　　　　　　x=0.5*50+0.3*(thisform.text1.value-50)

　　　　endif

　　thisform.text4.value = x

　　thisform.text2.value=date()

```
    else
        messagebox ("请输入操作员代码：",1＋48＋256,"运行提示")
        thisform. command1. enabled=. f.
    ENDIF
```
【刷新】按钮的功能代码 command2_click()：
```
    thisform. text1. value=0
    thisform. text2. value=0
    thisform. text3. value=0
    thisform. text4. value=0
    thisform. command1. enabled=. t.
    thisform. text1. setfocus
    thisform. refresh
```
④运行表单查看结果。

👉 **上机实训 3** 设计如图 6-69 所示的学生卡片。

实训目的

通过本实训练习掌握通过"数据环境设计器"向表单中添加数据表的操作。

步骤参考

①选择"学生信息表"数据表。

②新建表单并通过"数据环境设计器"将该表添加到表单上。

③设计如图 6-69 所示命令按钮，并编写如下代码。

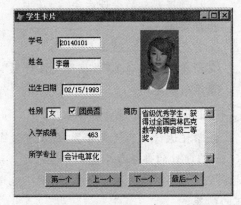

图 6-69　学生卡片

```
    cmd1_clik()
        go top
        thisform. refresh
    cmd2_clik()
        skip －1
      if bof()
        go top
      endif
    thisform. refresh
    cmd3_clik()
        skip
        if eof()
        go bottom
      endif
    thisform. refresh
```

cmd4_clik()

　　go bottom

　　thisform. refresh

上机实训 4　设计一个如图 6-70 所示的滚动字幕表单。

实训目的

设计封面表单的动态效果。

图 6-70　滚动字幕

步骤参考

①根据设计要求在表单上添加两个控件：一个标签控件和一个计时器控件。

②对表单上的标签控件设置标题、背景色、文字的字体、字号及颜色等属性；设置计时器控件的 Interval 属性为 300 毫秒。

③在 timer1－time()事件下编写代码：

```
if thisform. label1. left<0－thisform. label1. width
        thisform. label1. left＝thisform. width
        thisform. label1. left＝thisform. label1. left－50
    else
        thisform. label1. left＝thisform. label1. left－50
    endif
```

④设计结束后单击工具栏上的【运行】按钮执行本表单，然后进行总结。

填空题

1. 表单可以用来_____、_____和_____。

2. 表单的相关操作有_____、_____和_____。

3. 表单的种类分为_____、_____和_____。

4. 控件的基本操作有_____、_____和_____。

5. 表单的代码编辑窗口由_____、_____和_____组成。

6. 表单文件的扩展名有_____和_____。

7. 组合框控件的两种形式是_____和_____，是通过更改_____属性实现的。

8. 标签控件_____用来标识字符信息。标签控件用于保存_____修改的文本。

9. 文本框控件是用来进行_____，也可以被用来作_____。

10. 表格控件包含_____、_____和_____。

选择题

1. 打开表单设计器的操作，叙述不正确的是（　　）。

　　A. 通过"文件"菜单的"新建"命令　　B. 通过"项目管理器"的"文档"选项卡

　　C. 使用命令窗口输入命令　　D. 通过"工具"菜单的"选项"命令的"表单"选项卡

2. 下列向表单中添加控件的方法叙述不正确的是（　　）。

　　A. 双击该控件后画到表单　　B. 单击该控件后画到表单

　　C. 右击该控件后画到表单　　D. 选择控件后单击按钮锁定，再单击表单

3. 下列创建控件组的操作中，叙述正确的是（　　）。

　　A. 选择控件后单击【按钮锁定】，再单击表单

B. 选择控件后单击【复制】,再单击表单

C. 选择控件后单击【复制】,单击【按钮锁定】后再单击表单

D. 选择按钮组控件后画到表单

4. 下列制作顶层表单的关键操作中,叙述不正确的是(　　)。

　　A. 将表单设计为顶层表单　　　　B. 在"常规选项"对话框中选择"顶层表单"

　　C. 在命令窗口编写调用代码　　　　D. 在顶层表单的 Init 事件中编写调用代码

5. 关于表单中标签控件折行显示叙述不正确的是(　　)。

　　A. 标签控件的 Caption=""　　　　B. 标签控件的 Wordwarp=. t.

　　C. 标签控件的 Visible=. t.　　　　D. 标签控件的 Enabled=. t.

6. 表单控件中对文本框控件的属性,叙述不正确的是(　　)。

　　A. 文本框控件没有 Caption 属性　　B. 文本框控件没有 Wordwarp 属性

　　C. 文本框控件有 Visible 属性　　　　D. 文本框控件有滚动条

7. 在表单上添加页框控件,叙述不正确的是(　　)。

　　A. 页框控件是容器对象

　　B. 页框属性中可以设置页数

　　C. 只有顶层页中的控件是可见和活动的

　　D. 页框的页数不能超过 10 个页面

8. 向表单中添加控件的方法叙述不正确的是(　　)。

　　A. 双击该控件后画到表单　　　　B. 单击该控件后画到表单

　　C. 右击该控件后画到表单　　　　D. 选择控件后单击【按钮锁定】,再单击表单

9. 下拉组合框控件的属性设置是(　　)。

　　A. Style=0　　　　　　B. Style=1　　　　　　C. Style=2　　　　　　D. Style=3

10. 计时器控件的属性设置中,叙述不正确的是(　　)。

　　A. Interval 属性设置的是时间间隔

　　B. Enabled 属性设置的是能否使用该控件

　　C. Name 是系统内部掌握的该控件名称

　　D. 程序运行后该控件显示在表单右下角

第 7 单元

设计与应用类

在 Visual FoxPro 的面向对象的程序设计当中,用户不仅可以直接使用系统提供的基本类,而且还可以创建能满足用户特殊需要的新类,通过这些新类,用户可以创建应用系统中的一些具有指定功能的对象。

本单元将通过 4 个项目的讲解,介绍 Visual FoxPro 9.0 中类的基本概念和种类,类的特征、事件和方法以及使用类设计器创建类的方法,创建类的属性和方法。

项目 1 认识类

项目 2 使用类设计器创建类

项目 3 类库和类的应用

项目 4 创建类的程序方式

项目 1 认识类

项目描述

面向对象的程序设计是通过对类、子类和对象等的设计来体现的,类是面向对象程序设计技术的核心。

项目分析

首先从类的基本概念入手,依次介绍类的种类、类的特征及类的事件和方法,让用户充分认识类,为今后更好地使用类打下基础。因此,本项目可分解为以下任务:

● 类的基本概念
● 父类、子类、基类和类库
● 类的特征
● 类的事件和方法

项目目标

● 了解类的基本概念
● 掌握类的种类和特征
● 掌握类的事件和方法

任务 1 类的基本概念

类(Class)是对象的集合,对象是类的实例。类是对一类相似对象的特征描述,这些对象具有相同的属性、行为和方法。

可以把类看作是一类相似对象的模板,定义了一个类之后,基于这个类就可以生成这类对象中的任何一个。这些对象虽然采用相同的属性来表示状态,但它们在属性上的取值可以完全不同。这些对象一般有着不同的状态,且彼此间相互独立。

例如,可以为"学生"创建一个类,在"学生"类的定义中,需要描述的属性包括"学号"、"姓名"、"性别"、"出生日期"、"所学专业"等;需要描述的行为有"上课"、"参加考试"等;需要描述的方法有"注册"、"考试"、"毕业"等。基于学生类,可以生成任何一个学生对象。对生成的每个学生对象,都可以设置其相应的属性值。

在定义类时,需要说明的是:

(1)定义类时,可以为某个属性指定一个值,这个值将作为基于该类生成的每个对象在该属性上的默认值。

(2)通常,把基于某个类生成的对象称为这个类的实例。

(3)任何一个对象都是某个类的一个实例,即每个对象都有自己隶属的类。

(4)在类中定义方法,但对象是执行方法的主体。同一个方法由不同的对象执行,一般会产生不同的结果。

任务 2 父类、子类、基类和类库

1. 父类和子类

在基于现有的类创建新类时,新类继承了现有类的属性、行为和方法,并且可以拥有自定义的新的属性、行为和方法。这时,把新类称为现有类的子类或派生类,把现有类称为新类的父类。

父类与子类之间是一种继承关系,一个子类一般包括:

(1)从父类继承的属性、行为和方法。

(2)子类自定义的属性、行为和方法。

例如"人",广义上被称为"人类"。根据"人"的职业属性,可分为学生、教师和工人等。学生、教师和工人就是"人类"中的子类。它们之间的层次结构如图 7-1 所示。

由此可见:

(1)继承可以使一个父类所做的改变自动反映到它的子类上,从而简化了用户操作,提高了效率。

(2)父类与子类之间的继承关系有传递性,使得任何一个类都具有其上级(不止是父类)类的全部特征。

(3)子类可以有自己专门的属性和方法,从而与上级类增加了一致性。

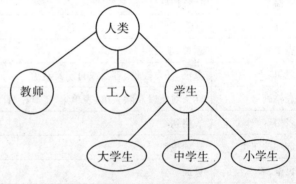

图 7-1 类的层表

2. 基类

基类是系统内部所定义的类。用户可以用它派生出子类或创建对象。在 Visual Fox-Pro 9.0 中,系统为用户提供了 29 个基类为设计表单所用,基本上满足了项目开发的功能需求。例如,在表单的设计中,使用了系统提供的命令按钮、标签和文本框等基类。利用这些基类,还可以创建新类来完成复杂的程序设计。

Visual FoxPro 的基类如表 7-1 所示。基类可以分为两大主要类型:控件类和容器类。

表 7-1 Visual FoxPro 常用的基类

容 器	命令组	控 件	微 调	标 签
表单	命令按钮	复选框	OLE 容器控制	线条
表单集	选项组	列表框	OLE 绑定型控制	分隔符 #
表格	选项按钮 #	文本框	自定义	形状
标头 #	页框	组合框	工具栏	图像
列 #	页面 #	编辑框	计时器	

⏰ **贴心·提示**

标有 # 的这些类是父容器的集成部分,在类设计器中不能子类化。

1）控件类（ControlClasses）

控件是一个可以以图形化的方式显示出来，并能与用户进行交互的对象。控件类是单一的控件对象，自身不能再包含其他对象，标签、命令按钮和列表框等都属于控件类。

2）容器类（ContainerClasses）

容器类是其他对象的集合，如表格、选项按钮组等。容器类被认为是一种特殊的控件，它不仅可以包含其他的控件和容器，也允许访问这些容器中的控件对象。例如，命令按钮组本身是容器，在这个容器中可以包含任意的命令按钮。

每种容器类及所能包含的对象如表 7-2 所示。

表 7-2　容器类及所能包含的对象

容　　器	包含的对象
命令按钮组	命令按钮
容器	任意控件
控件	任意控件
表单集	表单、工具栏
表单	页框、任意控件、容器或自定义对象
表格列	标头对象以及除表单、表单集、工具栏、计时器和其他列对象以外的任意对象
表格	表格列
选项按钮组	选项按钮
页框	页面
页面	任意控件、容器和自定义对象
工具栏	任意控件、页框和容器

3）可视类与不可视类

根据程序运行时是否可视，类有可视类与不可视类之分。

● 可视类：程序运行时具有可视性的基类及其子类称为可视类。例如表单、表格、命令按钮和组合框等。

● 不可视类：程序运行时不可视的基类及其子类称为不可视类，如计时器和页框等。

3. 类库

类库是一个存储类的文件，每个以可视方式设计的类都存储在一个类库中。类库文件的扩展名为 .vcx。

任务 3　类的特征

类具有封装性、多态性、继承性三个特征。这些特征对提高代码的可重用性和易维护性很有帮助。

1. 封装性

例如，在程序设计时使用的命令按钮，用户不用知道也无需知道其中的具体代码是如何编写的，而是直接使用即可。因为类的封装性把命令按钮的特性及其内部过程、方法等信息全部隐藏在类的内部,使用者只需了解对象的功能。这就大大简化了程序的设计过程。就像一个建筑工人,他只需按照设计师提供的图纸来施工,而不用关心为什么这样设计。

2. 继承性

类可由已存在的类派生,类与派生类之间存在着层次结构。处于上层的类称为基类(父类),处于下层的类称为子类。子类可以继承父类的全部属性和方法。所以,在程序设计时,就不用再去指定类的属性和方法了。

如有特殊需要,可由基类派生子类。这些子类会自动继承父类的性质。若发现子类中有错误,只要在父类中进行改动,子类就会自动更新,既节省了用户的时间和精力,也提高了软件的可维护性。

3. 多态性

多态性是指可将同一个基类的不同子类放在一起来处理,而不必顾及子类的不同方面。多态性允许程序开发者通过向对象发送指令来完成一系列的动作,而不必关心对象如何实现这些动作。当开发者希望不同类型的对象完成相同的操作时,就要用到类的多态性。

多态性也意味着许多对象具有相同的方法。

任务 4　类的事件和方法

1. 事件驱动程序设计

事件过程要经过事件的触发才会被响应,这种动作模式被称为事件驱动程序设计,也就是说,由事件控制整个程序的执行流程。

事件驱动程序设计的关键,是确定事件以及对事件发生时做出的反应。当用户以任意一种方式(使用键盘、单击鼠标等)与对象交互时,对象事件就被触发。每个对象能够独立接受自己的事件。例如,当用户单击命令按钮时,只触发命令按钮的 Click 事件,不会触发其他的 Click 事件。

2. 类的事件驱动

当一个事件发生时,Visual FoxPro 首先在该控件中查看是否有与此事件相关联的代码,若找到,则执行它;否则,Visual FoxPro 将在类层次中向上一层检查。无论 Visual FoxPro 在类层次的哪个地方找到该事件的代码,都将执行它。

例如,编写完命令按钮的单击事件代码,程序执行时会先等待命令按钮的单击事件的触发,然后再去执行处理此事件的事件过程。

3. 类的方法(Method)

Visual FoxPro 的方法分为两种:一种是内部方法,如第 6 单元中添加对象(AddObject)的方法、释放表单(Release)的方法等。另一种是用户自定义类的方法。系统定义的方法属于对象的内部函数,自定义类的方法在创建过程中被“封装”在对象里。

用户自定义的方法其实就是用户根据某种需要所编写的子程序。与一般的 Visual FoxPro 过程不同的是,自定义类的方法程序既可以与相应的事件相关联,也可以独立于事件而单独存在。如果是后一种情况,则必须在程序代码中被显示地调用。

例如,Release 是用于退出表单的方法;SetFocus 是获得焦点的方法。

项目小结

　　类是面向对象程序设计技术的核心,它是将一组对象的共性抽象概括出来形成一个总结的一般性概念,类按层次划分可分为基类、父类和子类。类具有封装性、多态性、继承性三个特征,用户自定义的方法其实就是用户根据某种需要所编写的子程序。

项目 2　使用类设计器创建类

项目描述

　　创建类通常有两种方法,一种是使用"类设计器"创建,另一种是通过程序代码创建。使用"类设计器"创建类是最灵活、最直观的方法。在类设计器中创建新类,能够看到每个对象的最终外观。

项目分析

　　本项目首先介绍打开类设计器的途径,然后讲解使用类设计器创建类的方法并通过实例介绍类的应用。因此,本项目可分解为以下任务:

- 打开类设计器
- 使用类设计器创建类

项目目标

- 掌握类设计器的打开方法
- 掌握创建类的方法

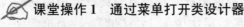**任务 1　打开类设计器**

1. 通过菜单打开

✍ **课堂操作 1　通过菜单打开类设计器**

（ **具 体 操 作** ）

　　①执行"文件"→"新建"命令或单击工具栏上的【新建】按钮，打开"新建"对话框,选择"文件类型"列表中的"类",单击【新建文件】按钮,如图 7-2 所示。

　　②打开"新建类"对话框,在"类名"栏中填入类名,如 Class1。

　　③在"派生于"栏中,单击右侧的下拉菜单按钮,在类列表框中选择类库中的类作为当前要创建类的父类。例如,要设计的子类是一个按钮,应该选择其父类为 Commandbutton,要设计的子类是一个标签,应该选择其父类为 label……

　　④在"存储于"栏中选择新类存储的保存路径,类库是以.vcx 为扩展名的文件,如图 7-3 所示。

　　⑤单击【确定】按钮,即可打开"类设计器"窗口,如图 7-4 所示,创建类库的操作便完成,以后的操作就是创建各种具体的新类了。

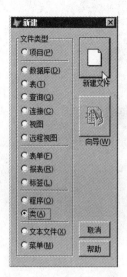

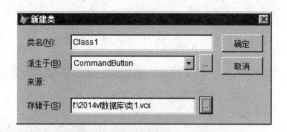

图 7-3　"新建类"对话框

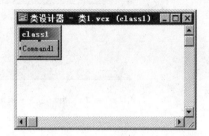

图 7-2　"新建"对话框

图 7-4　"类设计器"窗口

⏰ **贴心提示**

①新类的名称可用汉字和字母命名,但不得和基类同名,基类的名称是系统的保留字。

②新类必须保存在一个可视类库中。

2. 通过"项目管理器"打开

打开"项目管理器"窗口,选择"类"选项卡,如图 7-5 所示,单击【新建】按钮,即可打开"新建类"对话框。其他操作如上所述。

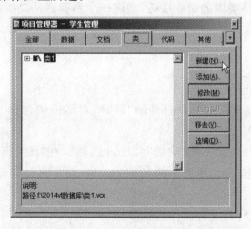

图 7-5　"项目管理器"窗口

📶 **任务 2　使用类设计器创建类**

创建新类一般是由于系统提供的基类不能满足设计要求,或者优秀的应用程序缺少一个良好的用户界面,可以考虑创建新类。

1. 类设计器窗口

类设计器有两个窗口,即属性窗口和代码窗口,如图 7-6 所示。

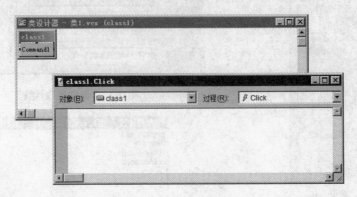

图 7-6 "类设计器"窗口

这里:

(1)在属性窗口中可以查看和编辑类的属性。

(2)在代码窗口中可以编写新类的事件和方法程序。

(3)"类设计器"窗口中的对象,指的是新建的类名;"类设计器"窗口中的过程,指的是新类的事件。

(4)编写完新类的事件代码,就可以退出"类设计器"窗口。

2. 通过类设计器创建类

使用类设计器设计类时能看到每个对象的最终外观,真正体现了"所见即所得"。下面举例说明使用类设计器创建类的一般过程。

课堂操作 2 利用基类中的命令按钮,创建一个具有返回功能的新类按钮

具体操作

❶新建类库。

要想创建新类,首先应该创建类库。新建类库的操作如下:

(1)执行"文件"→"新建"命令,在打开的"新建"对话框中选择"类",单击【新建文件】按钮,弹出"新建类"对话框。

(2)在"新建类"对话框的"类名"中填写"cmd 返回",在"派生于"中选择基类 Commanbutton;在"存储于"框中输入新建类库的名称 combtns,并选择存储该类的位置。如图 7-7 所示。

(3)单击【确定】按钮后打开类设计器窗口。

❷设置按钮【cmd 返回】的属性。鼠标指向【cmd 返回】按钮,单击鼠标右键,在弹出的快捷菜单中选择"属性"选项,打开"属性"对话框。

(1)清除该命令按钮的标题 caption 并命名为"返回"。

(2)设置命令按钮的属性,如字体、字号、颜色等。

(3)设置命令按钮的工具提示属性 Tooltiptext 为"返回"。

此时类设计器窗口中的按钮如图 7-8 所示。

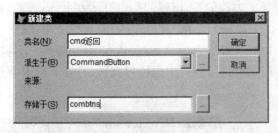

图 7-7 "新建类"对话框   图 7-8 "类设计器"窗口

❸双击命令按钮打开代码窗口并编写代码。在命令按钮的单击(Click)事件下编写代码：

thisform. release

❹关闭代码窗口和"类设计器"窗口,此时完成了新类库 combtns. vcx 的创建和"返回"按钮的自定义类设计。

❺注册类库。

在使用表单设计器时,表单控件工具栏只显示 Visual FoxPro 9.0 内建的类,而不是自定义的类。为了让新类出现在表单控件工具栏而方便使用,需要对新类进行注册。注册类库的方法有两种：

(1)在"项目管理器"中选择"类"选项卡,单击【添加】按钮,出现"打开"对话框,选择需要注册的一个类库并打开。所打开的类库将被添加到项目之中,用户就可将类从"项目管理器"拖动到"表单设计器"或"类设计器"中；也可以在"表单设计器"或"类设计器"的控件工具栏上找到它们,然后像添加标准控件一样添加到表单或其他容器中。

(2)执行"工具"→"选项"命令,打开"选项"对话框,选择"控件"选项卡。如果想长期显示在控件工具栏上,可单击【设置为默认值】按钮。此处单击选择【可视类库】单选按钮,然后单击【添加】按钮,在"打开"对话框中选择新建的类库,如图 7-9 所示。单击【确定】按钮,将类库添加到表单控件工具栏。

图 7-9 "选项"对话框

在注册类库后,表单控件工具栏上不仅显示内建的类,新建的类也显示在上面,因此,新建的类库和新建的类按钮已作为控件显示在工具箱上。在"表单控件"工具栏上单击【查看类】按钮,在弹出的菜单中选择新建类"Combtns",如图 7-10 所示,即可在"表单控件"工具栏看到新建的类按钮,如图 7-11 所示。另外,在"项目管理器"中也可以查看、打开和修改新建的类库,如图 7-12 所示。

图 7-10 "表单控件"工具栏　　图 7-11 "新建类"按钮　　图 7-12 在"项目管理器"中查看新建类

⑥至此,在设计表单时就可以使用自定义的类了。

3. 通过 CREATE CLASS 命令创建类

格式:

　　CREATE CLASS〈类名〉［OF〈类库名〉］

 课堂操作 3 在上题基础上为类库 combtns 创建一个具有退出功能的类按钮"cmd 退出"

具 体 操 作

①新建类的操作:

(1)输入命令:CREATE CLASS cmd OF combtns。

(2)在弹出的"新建类"对话框中的"类名"中填写"cmd 退出";在"派生于"中选择 Commanbutton;在"存储于"中选择存储该类的类库 combtns。

(3)单击【确定】按钮后,打开"类设计器"窗口。

②设置类的属性。右击【新建】按钮,在弹出的对话框中选择属性。

(1)清除该命令按钮的标题 Caption,并命名为"退出"。

(2)设置命令按钮的工具提示属性 Tooltiptext 为"退出"。

③双击命令按钮,打开代码窗口,在该命令按钮的单击事件下编写代码:

　　yn＝messagebox("真的要退出吗?",4＋48＋256,"提示")

　　if yn＝6

　　　dodefault( )

　　endif

关闭代码窗口和类设计器窗口,就完成了【退出】按钮的设计。

④在"表单控件"工具栏看到新建的"cmd 退出"按钮,如图 7-13 所示;在"项目管理器"中也可以看到和修改新建的类库"cmd 退出"按钮,如图 7-14 所示。

图 7-13　新建类"cmd 退出"按钮　　　　图 7-14　在"项目管理器"中查看新建类

课堂操作 4　创建一个含有若干项列表信息的组合框类

具 体 操 作

①打开"新建类"对话框,定义新建类的名称为 mycombo,所属基类为 ComboBox,类库名称为 lib. vcx,如图 7-15 所示,单击【确定】按钮,打开"类设计器"窗口。

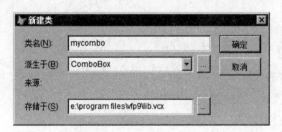

图 7-15　"新建类"对话框

②将 mycombo 的 RowSourceType 属性设置为"1-值",RowSource 属性设置为"会计电算化,金融管理,电子商务,市场营销,计算机网络"。

③关闭类设计器窗口,保存新类的设计结果。

项目小结

　　创建类通常有两种方法,一种是使用"类设计器"创建,另一种是通过程序代码创建。使用"类设计器"创建类是最灵活、最直观的方法。打开类设计器也要两种方法,一是通过菜单命令,另一个是通过项目管理器。类设计器有属性窗口和代码窗口两个窗口,属性窗口用于查看和编辑类的属性,而代码窗口用于编写新类的事件和方法程序。

项目 3　类库和类的应用

项目描述

在 Visual FoxPro 中,用户自定义类通常有两种应用形式,一种是将某些类,如微调、组合框等挂载到数据表中的某个字段上,另一种是用类直接在表单中生成相应的控件对象。

项目分析

要想应用好类,首先要应用好类库,在此基础上应用好类及新建类的属性和方法设置。因此,本项目可分解为以下任务:

- 应用类库
- 应用类
- 创建新类的属性和方法程序

项目目标

- 掌握类库的应用方法
- 掌握新类的应用方法
- 掌握新类的属性和方法程序的创建方法

任务 1　应 用 类 库

1. 打开类库

(1)通过菜单命令

执行"文件"→"打开"命令,在弹出的"打开"对话框的"文件类型"中选择"可视类库",然后选择类库文件,单击【确定】按钮即可打开类库。

(2)在命令窗口使用命令

命令格式:

　　SET CLASSLIB TO 类库名［ADDITIVE］

　　ADDITIVE 表示可同时打开多个类库文件。

2. 将新类添加到表单

打开表单控件工具栏,单击【查看类】按钮■,在弹出的菜单中选择"添加"命令,在弹出的"打开"对话框中找到新建的类库,单击【打开】按钮,就可把新类添加到表单控件工具栏上。将新类添加到表单的操作与添加常用控件的操作相同。

3. 关闭类库

关闭类库既可以通过执行"文件"→"关闭"菜单命令进行,也可以在命令窗口中输入SET CLASSLIB TO 命令来关闭。

类库应用完后要及时关闭,以保证系统有足够的内存空间。

任务 2　应用类

1. 修改类定义

在新类创建之后,如有不满意的地方,还可以进行修改。由于类的继承性,对类的修改将影响所有的子类和基于这个类的所有对象,这就是类的模板作用。

🕐 **贴心提示**

如果类已经被其他应用程序组件使用,就不应该修改类的 Name 属性,否则,VisualFox-Pro 在需要时将无法找到这个类。

✍ **课堂操作 5**　将课堂操作 3 中修改类按钮【cmd 退出】的字体为"隶书",字号为 16

具 体 操 作

①执行"文件"→"打开"命令,在弹出的"打开"对话框中的"文件类型"中选择"可视类库",选择已创建的类库"combtns. vcx",单击【确定】按钮,在"打开"对话框右侧框的"类名"栏中选择类名"cmd 退出",如图 7-16 所示。单击【打开】按钮,即可打开"类设计器"。

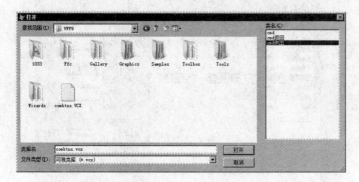

图 7-16　"打开"对话框

②在"类设计器"中右击【cmd 退出】按钮,在弹出的快捷菜单中选择"属性"选项,打开其"属性"窗口,设置【cmd 退出】的字体为"隶书",字号为 16,关闭"类设计器"窗口并保存修改。

🕐 **贴心提示**

如果希望查看类的结果,可以在类设计器中打开这些类,也可以执行"工具"→"类浏览器"命令,打开"类浏览器"对话框,单击【打开】按钮📂,在"打开"对话框中选择该类并打开,如图 7-17 所示,单击各按钮即可查看类的结果。

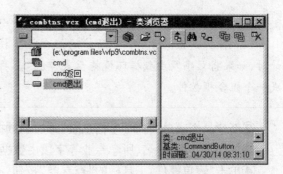

图 7-17　"类浏览器"对话框

2. 复制类库中的类

如果两个类库不在同一个项目中，可以通过拖动的方法来复制类。

3. 删除类库中的类

若要删除类库中的类，一是使用"项目管理器"中的【移去】按钮，二是使用 REMOVE CLASS 类名命令。

4. 应用类库中的类

新类有两种应用形式，一种是将某些类挂载到数据表中的某个字段上，另一种是用新类直接在表单中生成相应的控件对象。

✍ **课堂操作 6　在学生信息表中应用新类 mycombo，在表单设计器中应用新类 cmd 退出**

▶ **具体操作**

① 在项目管理器中选择"学生信息表"，单击【修改】按钮，打开该数据表的"表设计器"对话框，在"字段"选项卡中选中"所学专业"字段，在右侧的"显示库"文本框内指定类库的名称 lib.vcx，在"显示类"下拉列表中选定类名 mycombo，如图 7-18 所示，单击【确定】按钮返回。

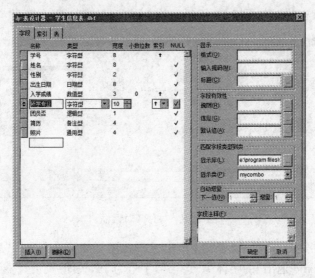

图 7-18　"表设计器"对话框

⏰ **贴心·提示**

以上操作是将课堂操作 4 所建的组合框类挂载到"所学专业"字段上，目的是在表单设计时，如果将该字段由数据环境拖至表单上，不再自动生成一个文本框控件，而是会自动生成一个组合框控件。

② 新建一个表单，将"学生信息表"添加到数据环境中。

③ 依次将学号、姓名、所学专业等字段由数据环境拖至表单上，形成表单中的相应控件。

④ 单击"表单控件"工具栏的"查看类"按钮，在弹出的菜单中选择"添加"命令，弹出"打开"对话框，选择类库文件"combtns"，单击【打开】按钮返回，此时会看到前面创建的命令按

钮类对象出现在"表单工具栏"上。

⑤用鼠标选定新建的按钮类"cmd 退出",再单击表单的合适位置将其添加到表单上,此时表单的设计结果如图 7-19 所示。

🕐 **贴心·提示**

由于在类中已经对命令按钮的属性及事件代码进行了全面的设计,由该类派生出来的命令按钮对象会自动继承它的全部属性和事件代码,因此此处不必对新添加的命令按钮控件做任何设置。

⑥保存并运行表单,命令按钮可以实现退出功能,展开"所学专业"下拉列表会看到相应的列表项,运行结果如图 7-20 所示。

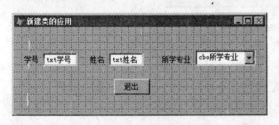

图 7-19　表单的设计结果

图 7-20　表单的运行结果

📶 任务 3　创建新类的属性和方法程序

不论新类是基于什么类创建,都可以对原属性进行修改,也可以创建新属性。如果没有修改的属性和方法,仍继承父类的属性和方法。

1. 创建类的属性

根据应用程序的需求,在创建新类时需设置类的相关属性。

✍ **课堂操作 7　为类按钮"cmd 退出"设置属性**

 具 体 操 作

❶在项目管理器中选择类按钮"cmd 退出",单击【修改】按钮,打开"类设计器"。

❷执行"类"→"新建属性"命令,打开"新建属性"对话框,输入属性的名称,选择可视性,如图 7-21 所示。单击【添加】按钮,该属性就被添加到属性窗口。

🕐 **贴心·提示**

①新的属性添加完毕之后,通常需要注意它们的默认值。创建一个新属性时,一般默认值设置为"假"(.F.)。

②要为属性指定一个不同的默认值,可选择"属性"窗口,在"其他"选项卡中,单击这个属性并将它设置为需要的值。在把类添加到表单或表单集时,该值将作为初始的属性设置。

图 7-21 "新建属性"对话框

2. 将新属性添加到类

 课堂操作 8 为类按钮"cmd 退出"添加新属性

(**具 体 操 作**)

①打开类按钮"cmd 退出"的"类设计器",执行"类"→"新建属性"命令,打开"新建属性"对话框。

②设置属性的名称,指定可视性(公共、保护或隐藏),单击【添加】按钮。

③在"类设计器"中可以通过"属性"窗口查看和编辑新类的属性。

贴心·提示
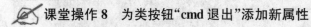

①像给源程序代码添加注释一样,还可以加入有关属性的说明。当把控件添加到表单或表单集时,这些说明将在"类设计器"和"表单设计器"中的"属性"窗口下端显示出来。

②当给新类加入一个由用户设置的属性时,可能由于用户给属性输入了一个无效的设置,从而造成运行时的错误。因此,用户应该明确地说明这个属性的有效设置。

例如,如果一个属性能设置为 0、1 或 2,应该在"新建属性"对话框的"说明"框中说明这些情况,也可以在引用该属性的代码中检验属性值的有效性。

3. 创建新类的方法程序

 课堂操作 9 为新类添加方法程序代码

(**具 体 操 作**)

①打开新类的"类设计器",执行"类"→"新建方法程序"命令,打开"新方法程序"对话框。

②键入方法程序的名称,指定可视性(公共、保护或隐藏),如图 7-22 所示。

③单击【添加】按钮,即可为新类添加方法程序。

4. 保护和隐藏类成员

类的成员具有"公共"、"保护"和"隐藏"三种可视性。在图 7-22 所示的对话框中,可视性决定该成员在何处可以被引用。其中：

图 7-22 "新建方法程序"对话框

（1）"公共"：表示在该类中定义方法程序和事件代码，其他类或过程中可引用和调用这些方法程序和事件代码。选择该属性的成员可在应用程序的任何位置被访问。

（2）"保护"：表示成员只能被该类定义内的方法程序或该类的子类所访问。

（3）"隐藏"：表示只能被该类的定义内成员所访问，该类的子类不能"看到"或引用它们。

在定义类的过程中，通过引用命令语句中的 PROTECTED 和 HIDDEN 关键字可以实现"保护"和"隐藏"类定义中对象、属性和方法程序的目的。

 课堂操作 10 使用"类设计器"创建一个如图 7-23 所示的标签作为表单标题

具 体 操 作

①执行"文件"→"新建"命令，打开"新建"对话框，在"文件类型"栏中点选"类"单选按钮，单击【新建文件】按钮，打开"新建类"对话框。

②在"新建类"对话框的"类名"中填写"lb1 标题"；在"派生于"中选择"Label"；在"存储于"中选择存储该类的位置 lbt，如图 7-24 所示。

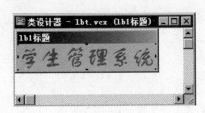

图 7-23 表单标题标签

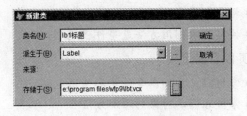

图 7-24 "新建类"对话框

③单击【确定】按钮，打开"类设计器"，右击"label1"，在弹出的快捷菜单中选择"属性"选项，打开"属性"窗口设置该类属性：

- Autosize：. t.
- Backstyle：0
- Caption：学生管理系统
- FontSize：26
- FontName：方正舒体
- ForeColor：255,0,0

④关闭"类设计器"并保存设计的类。

项目小结

　　在 Visual FoxPro 中,用户自定义的新类都有两种应用形式,一种是将某些类,如微调、组合框等挂载到数据表中的某个字段上,另一种是用类直接在表单中生成相应的控件对象。不论新类是基于什么类创建的,都可以对原属性进行修改,也可以创建新的属性,而没有修改的属性和方法仍继承父类的属性和方法。

 项目 4　创建类的程序方式

项目描述

　　在 Visual FoxPro 中,用户既可以在"类设计器"中可视化地定义类,也可以在.prg 文件中以编程的方式定义类。在程序文件中,正如程序代码不能在程序的过程之后一样,程序代码只能出现在类定义之前,而不能出现在类定义之后。

项目分析

　　程序方式是创建类的第二种方式,用好定义类的命令及容器类对象如何添加,触发事件代码的书写规则。因此,本项目可分解为以下任务:

● 程序方式定义类
● 向容器类添加对象
● 指定方法事件程序
● 按类层次调用方法或事件代码

项目目标

● 掌握定义类的命令结构和使用
● 掌握容器类对象的添加方法
● 掌握编写事件代码的规则和方法

任务 1　程序方式定义类

1. 程序方式定义类的语法结构

```
DEFINE CLASS 类名 1 AS 父类名
    [OLEPUBLIC][[PROTECTED|HIDDEN 属性名 1 属性名 2…]
    [对象.]属性名＝表达式…]
    [ADD OBJECT [PROTECTED] 对象名 AS 类名 2 [NOINIT][WITH 属性列表]]…
    [[PROTECTED|HIDDEN]FUNCTION|PROCEDURE 名称
    [_ACCESS|_ASSING][NODEFAULT]语句系列
    [ENDFUNC|ENDPROC]]
ENDDEFINE
```

执行过程:创建一个用户自定义类或子类,并为创建的类或子类指定属性、事件或方法。

2.语法结构中各命令子句、关键字的含义

● 类名 1:要创建的类的名字。

● AS 父类名:要定义类或子类基于的父类名字。它可以是 Visual FoxPro9.0 的基类或另一个用户自定义的类。

● OLEPUBLIC(公用):指定可以通过 OLE 客户访问某一定制的 OLE 服务器中的类。

● PROTECTED(保护):防止从类或子类属性之外访问或更改属性,并且只有类或子类中的方法与事件可以访问受保护的属性。

● HIDDEN(隐藏):防止从类定义的子类访问或更改属性。只有类定义中的事件或方法可以访问受保护的属性。受保护的属性可以由类定义的子类来访问,而隐藏的属性则只能由类定义访问。3 个关键字说明了这些属性的访问权限。被隐藏的是看不见,被保护的是不能修改的,只有公用的属性才可以随时操作。

● 对象.属性名=表达式:对象属性的创建和赋值。

● ADD OBJECT:添加对象到类或子类定义中。

● AS 类名 2:定义要添加到类定义中的类或子类的名字。

● NOINIT:添加对象时,不执行 INIT 方法。

● WITH 属性列表:要添加到类或子类定义中的属性和属性值。

● NODEFAULT:防止 VFP 执行缺省事件和方法。

● (FUNCTION|PROCEDURE)…(ENDFUNC|ENDPROC):函数和过程的格式。为类或子类创建事件和方法。可以在类或子类的定义中建立事件处理函数或过程来响应事件。同时,也可以在类或子类的定义中建立方法处理函数或过程。

● DEFINE CLASS 类名 1 AS 父类名…ENDDEFINE:类定义的说明。定义了一个类,可以放在应用程序中,也可以独立的程序或类库的形式存储起来。

● (_ACCESS|_ASSING):访问或赋值。

📶 任务2 向容器类添加对象

如果新类基于容器类,则可以向它添加控件。

1.向容器类添加对象

与向"表单设计器"中添加控件一样,在"表单控件"工具栏中选择所要添加的控件按钮,将它们拖到"类设计器"中并调整它们的大小。

⏰ 贴心·提示

①不论新类是基于什么类,都可以设计属性和编写方法程序的代码,也可以为该类创建新的属性和方法程序。

②在表单中创建了一个基于用户自定义类的对象后,该对象就拥有了和父类相同的属性、事件和方法,以及事件和方法中的过程代码。

2. 对象的访问

1) 绝对访问

绝对访问类似文件管理中的绝对路径,需要完整地描述对象的所属关系。如:

- 表单集. 表单名. 对象名
- 访问对象属性的语句:Parent. Object. Property＝Value
- 访问对象方法的语句:Parent. Object. Method

贴心·提示

Parent:父类名;Object:当前操作的对象名;Property:对象的指定属性;＝:赋值操作符;Value:要赋给属性的值;Method:用户要调用的方法程序。

2) 相对访问

相对访问是指通过引用系统提供的一系列代词来实现的访问。

这些代词有:

- THIS:指当前对象。
  引用格式:THIS. PropertyName | ObjectName
- THISFORM:提供对当前表单的引用。
  引用格式:THISFORM. PropertyName | ObjectName
- THISFORMSET:提供对当前表单集的引用。
  引用格式:THISFORMSET. PropertyName | ObjectName
- PARENT:用于引用控件所属的容器。
  引用格式:CONTROL. PARENT
- ACTIVECONTROL:引用对象上的活动控件。
  引用格式:OBJECT. ACTIVECONTROL. Property[＝Value]
- ACTIVEFORM:引用表单集中的活动表单。
  引用格式:OBJECT. ACTIVEFORM. Property[＝Setting]
  或者 OBJECT. ACTIVEFORM. Method

贴心·提示

①PropertyName 为对象的属性名;ObjectName 为对象名

②这些属性和方法看起来隶属关系明确,但实际使用时代码编写量很大,因此对于对象多个属性和方法的设置,经常采用 WITH 语句来编写。

3) WITH 语句

格式:

　　WITH 对象

　　　语句块

　　ENDWITH

课堂操作 11　使用 WITH 语句改写如下代码:

　　Form2. Command1. Visible＝. t.　　　　　　&& 设置命令按钮为可见

Form2. Command1. Caption＝′确定′　　　&.& 设置命令按钮的文本内容

Form2. Command1. FontName＝′楷体′　　&.& 设置命令按钮为楷体

Form2. Command1. FontSize＝16　　　　&.& 设置命令按钮标题字号

具 体 操 作

采用 WITH 语句,设置如下:

```
WITH Form2. Command1
    . Visible＝. t.
    . Caption＝′确定′
    . FontName＝′楷体′
    . FontSize＝16
ENDWITH
```

任务 3　指定方法事件程序

1. 响应对象的触发事件

事件与方法不同,只有当事件发生后,与之对应的事件代码才能被执行。当系统响应用户的某些动作时,会自动触发事件,从而执行该事件的过程代码。

例如用户在控件上进行鼠标操作时,事件 Click 将被触发。

贴心·提示

①用户可以通过编程方式使用 MOUSE 命令触发 Click、DbliClick、MouseMove、DragDrop等事件。使用 ERROR 命令触发 Error 事件,使用 KEYBOARD 命令触发 Keypress事件。

②除此之外,用户不能用其他程序设计方法产生其他事件,但可以调用与这些事件相关的过程。例如,语句 Myform. Activate 可以使表单 Myform 中的 Activate 事件代码被执行,但并未激活 Myform 表单。如果要激活该表单应使用语句 Myform. Show,它不但将表单显示,而且将表单激活,同时 Activate 事件的代码也将被执行。

课堂操作 12　通过类定义的命令按钮改变形状控件的圆角曲率

具 体 操 作

编写程序代码如下:

```
PROTECTED COMMAND1. CLICK          && 显示矩形的过程代码
    THISFORM. SHAPE1. CURVATURE＝0
    THISFORM. SHAPE1. VISIBLE＝. T.
ENDPROC
PROTECTED COMMAND2. CLICK          && 显示椭圆的过程代码
    THISFORM. SHAPE1. CURVATURE＝90
    THISFORM. SHAPE1. VISIBLE＝. T.
```

```
    ENDPROC
    PROTECTED COMMAND3. CLICK            && 关闭按钮的方法程序
        RELEASE THISFORM
        CLEAR EVENTS
    ENDPROC
```

2.编写事件代码和方法程序代码的规则

(1)基类的事件集合是固定的,不能进行扩充。

(2)每个类都可识别固定的默认事件集合。

(3)可通过创建过程和函数向类中添加方法程序。

(4)若创建的方法程序与基类某事件重名,则该方法程序实现对基类事件代码的重载。当该事件发生时同名方法程序都将被执行。

(5)在重载的方法程序或事件代码中,通过 DODEFAULT()函数可以调用基类的同名方法程序和事件代码。

(6)在创建同名的过程和函数后面追加_ACCESS 或_ASSIGN,可为类创建 Access 和 Assign 方法程序。

课堂操作 13 创建一个类来保存学生成绩信息,要求不能随便查阅和修改成绩,这时可将成绩属性保护起来。若需要查阅或修改一个学生的成绩,可使用一个方法程序来返回

具 体 操 作

根据题目要求编写程序代码:

```
    DEFINE CLASS 学生 AS SCORE
        PROTECTED SCORE
            学号=""
            姓名=""
            课号=""
            SCORE =0
        PROCEDURE GETSCORE
          RETURN THIS. SCORE
        ENDPROC
        PROCEDUR CHANG SCORE(M)
            THIS. SCORE=M
        ENDPROC
```

任务 4   按类层次调用方法或事件代码

1.事件过程的调用

事件过程由事件激发而调用其代码,调用方法或事件代码要按类层次进行。当然,任何情况下都可以调用事件代码,而方法代码只能在运行中由程序调用。

(1)在程序中调用对象事件代码的格式:

　　表单名.对象名.事件名([参数表])

　　(2)在程序中调用对象方法的格式:

　　　　[[〈变量名〉]＝]〈表单名〉.〈对象名〉.〈方法名〉()

⏰ 贴心·提示

　　如果所调用的方法有参数,可以在方法名后增加圆括号,括号中的参数可以是一个或多个,多个参数之间要用逗号隔开。

2.自定义方法的建立与调用

　　自定义方法的建立分为两步:方法的定义和编写方法代码。自定义方法的调用则要指明调用的路径。

　　1)自定义方法

✎ 课堂操作 14　自定义新方法

具 体 操 作

　　①打开"表单设计器",执行"表单"→"新建方法程序"命令,打开"新建方法程序"对话框,如图 7-25 所示。

　　②在"名称"栏中填入自定义方法的名称。

　　③在"说明"栏中填入新方法的简单说明

　　④单击【添加】按钮,将新方法添加到方法程序中。

　　⑤单击【关闭】按钮,退出"新建方法程序"对话框。

　　此时,在属性窗口的"方法程序"选项卡中可以看见新建的方法及其说明。

　　2)编写自定义方法的代码

　　编写自定义方法的代码与编写表单的事件过程代码方法基本一样。

图 7-25　"新建方法程序"对话框

　　在编写自定义方法的代码时,可直接打开"代码"窗口,在"过程"下拉列表中选择新方法,即可开始编写新方法的代码。

项目小结

　　用户既可以在"类设计器"中可视化地定义类,也可以在.prg 文件中以编程的方式定义类。在程序文件中,正如程序代码不能在程序的过程之后一样,程序代码只能出现在类定义之前,而不能出现在类定义之后。

单 元 小 结

　　类是一种对象类型,而对象是类中的一个实例。本单元从类的实例设计,如自定义类按钮、类标签、类组合框、类按钮组为例等基本内容,对类、属性、事件和方法进行了细致的描述。

　　本单元的课堂操作及上机实训内容,简单明了,通俗易懂,可以帮助大家很快掌握有关新类创建、新属性和新方法程序的设计和使用。

本单元重点是关于类的创建和应用。程序设计人员应该熟练掌握类库创建、应用和自定义类的设计。通过本单元的学习,不仅要学会制作实例的设计和应用,还应该举一反三,掌握其他新类的设计与应用。

实训与练习

☞ **上机实训 1** 利用表单 F1 创建子表单 MF1,再利用 MF1 创建两个下属表单 FMF1 和 FMF2。

实训目的

掌握程序方式定义类的设计方法。

步骤参考

【操作步骤】如图 7-26 所示,

编写代码如下:

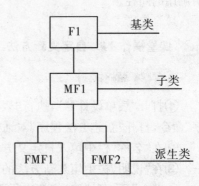

图 7-26 自定义表单的结构和层次

```
FMF1＝creatobject("MF1")
FMF1. SHOW
FMF2＝creatobject("MF1")
FMF2. SHOW
READ EVENTS
DEFINE CLASS MF1 AS F1
    CAPTION＝"子表单"
DEFINE CLASS FMF1 AS MF1
    CAPTION＝"派生表单 1"
DEFINE CLASS FMF2 AS MF1
    CAPTION＝"派生表单 2"        && 使用类设计器创建一个类标签用于设计表
单的大标题
```

☞ **上机实训 2** 使用类设计器创建一个类组合框,用于调整表单的背景色。

实训目的

掌握组合框类的设计方法。

步骤参考

①创建类组合框"cmbbx 背景色"。执行"文件"→"新建"命令,在打开的"新建"对话框中的"文件类型"栏中点选"类"单选按钮,单击【新建文件】按钮,打开"新建类"对话框。

②在"类名"中填写"cmbbx 背景色";在"派生于"中选择"ComboBox";在"存储于"中选择存储该类的位置,如上机操作 1 建立的类库 combtns,如图 7-27 所示。

③单击【确定】按钮,打开"类设计器"窗口。设置"cmbbx 背景色"的属性。右击"cmbbx 背景色"标题,在弹出的快捷菜单中选择"属性",打开"属性"窗口,设置新类属性如下:

- RowSource:红色,绿色,蓝色,黄色,青色,橙色,紫色
- RowSourceType:1
- Style:2

③编写类组合框的代码。右击"类组合框"打开代码窗口,在对象为"cmbbx 背景色"和

过程为"InteractiveChange"事件下编写类组合框的代码如下：

```
do case
    case this. listindex＝1
        thisform. backcolor＝rgb(255,0,0)
    case this. listindex＝2
        thisform. backcolor＝rgb(0,255,0)
    case this. listindex＝3
        thisform. backcolor＝rgb(0,0,255)
    case this. listindex＝4
        thisform. backcolor＝rgb(255,255,0)
    case this. listindex＝5
        thisform. backcolor＝rgb(0,255,255)
    case this. listindex＝6
        thisform. backcolor＝rgb(255,128,0)
    case this. listindex＝7
        thisform. backcolor＝rgb(128,0,128)
endcase
```

④关闭类设计器。将所创建的类组合框添加到表单上。

⑤运行并保存表单，结果如图 7-28 所示。

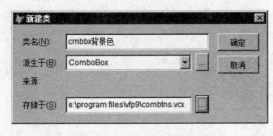

图 7-27　"新建类"对话框　　　　　图 7-28　组合框运行结果

上机实训 3　通过菜单命令使用"类设计器"创建一组查找记录的类按钮。

实训目的

掌握类按钮组的设计方法。

步骤参考

①新建类。

(1)执行"文件"→"新建"命令，打开"新建"对话框，选择"文件类型"栏的"类"，单击【新建文件】按钮，打开"新建类"对话框。

(2)在"类名"中填写"cmd 查找"，在"派生于"中填写"Commandgroup"；在"存储于"中选择存储该类的位置，如上机操作 1 建立的类库 combtns，如图 7-29 所示。

(3)单击【确定】按钮后打开"类设计器"。

②设置类的属性。右击新建按钮，在弹出的快捷菜单中选择"属性"选项，打开"属性"窗

口,设置按钮属性如下:

- Cmd 查找的 ButtonCount 属性为 4
- 清除每个命令按钮的标题 caption
- 更改每个命令按钮的 Name 为 cmd1、cmd2、cmd3、cmd4
- 设置每个命令按钮的 Picture 属性
- 设置每个命令按钮的工具提示属性 Tooltiptext,分别为首记录、上一条、下一条、末记录

③编写类按钮组的代码。打开代码窗口,各个命令按钮的代码如下:

```
cmd1_clik()
    go top
    thisform. refresh
cmd2_clik()
    skip -1
    if bof()
        go top
    endif
thisform. refresh
cmd3_clik()
    skip
    if eof()
    go bottom
        endif
    thisform. refresh
cmd4_clik()
    go bottom
    thisform. refresh
```

代码编写完毕,此时类按钮组设计如图 7-30 所示。

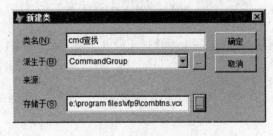

图 7-29 "新建类"对话框

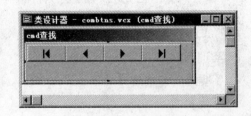

图 7-30 新建类"cmd 查找"

④关闭代码窗口和"类设计器"窗口,注册类。

 上机实训 4 设计如图 7-31 所示的学生管理卡片。

实训目的

通过本例的练习掌握自定义类按钮的应用。

图 7-31　学生管理卡片

步骤参考

①将"学生信息表"添加到数据环境设计器中。

②新建表单并将该表所需字段由"数据环境设计器"添加到表单上。

③单击"表单控件"工具栏的"查看类"按钮,在弹出的菜单中将实训 3 所创建的按钮组类添加到"表单控件"工具栏上,将该控件拖到表单上。

填空题

1. 对象是对客观世界中存在的_____。

2. 类具有_____、_____和_____等特征。

3. 基类的两大主要类型是_____和_____。

4. 事件是发生在对象上的_____。

5. 方法就是向对象施加的_____。

6. 可视定义类可以在_____中,以编程方式定义类应该在_____中。

7. 组成"类设计器"窗口的是_____和_____。

8. 对象的属性是描述客观世界中任何对象所具有的_____、_____和_____等特征。

9. 对象属性的赋值语句格式是_____。

10. 对象方法的语句格式是_____。

选择题

1. 客观世界中的任何事物都是对象,它们都具有各自的属性和方法。下面对属性的描述正确的是(　　)。

A. 属性是对象的内部特征　　　　　B. 属性是对象的外部特征

C. 属性是对象的固有特征　　　　　D. 属性是对象的固有方法

2. 关于类的描述,下面错误的是(　　)。

A. 类包含了对象的特征和方法　　　B. 类是对象的抽象

C. 类仅仅表明对象的行为　　　　　D. 类包含了新对象的属性、事件和方法

3. 类是面向对象程序设计的关键部分,创建新类不正确的方法是(　　)。

A. 在程序文件中定义类　　　　　　B. 从菜单进入"类设计器"

C. 通过命令窗口打开"类设计器"　　　　D. 在命令窗口输入添加命令

4. 关于对象的描述,下面错误的是(　　　)。

A. 类是对象的总称　　　　　　　　C. 对象的特征是属性

B. 对象是抽象的概念　　　　　　　D. 对象具有属性、事件和方法

5. 打开"类设计器"的途径不正确的描述是(　　　)。

A. 通过"项目管理器"打开　　　　　　B. 通过"文件"菜单打开

C. 使用"新建类"窗口打开　　　　　　D. 使用命令打开

6. 关于"新建类"对话框中的操作,下面错误的是(　　　)。

A. 打开"文件"菜单

B. 通过"新建类"对话框输入新建类的名称

C. 在"新建类"对话框中的"派生于"中选择基类

D. 在"新建类"对话框中的"存储于"中选择类库

7. 在定义类的基本命令 DEFINE CLASS 中引用关键字 PROTECTED,正确的描述是
(　　　)。

A. 用于访问父类的事件和方法　　　　B. 用于保护父类的事件和方法

C. 用于保护新定义的类　　　　　　　D. 用于隐藏类的事件和方法。

8. 关于类的封装性,正确的描述是(　　　)。

A. 类的特性及其内部过程、方法等信息全部隐藏在内部

B. 用于隐藏对象的事件和方法

C. 用于保护对象的事件和方法

D. 用于效果对象的事件和方法

9. 关于类的继承性,不正确的描述是(　　　)。

A. 用函数继承父类的事件和方法

B. 用命令继承父类的事件和方法

C. 用〈父类名〉_〈方法〉的命令继承父类的事件和方法

D. 控件类的继承性比容器类更严密

10. 关于类的多态性,不正确的描述是(　　　)。

A. 将同一个基类的不同子类可以放在一起来处理

B. 意味着许多对象具有相同的方法

C. 用新定义的代码取代父类中的代码

D. 满足不同对象完成相同的操作需求

简答题

1. 类与对象有什么关系?

2. 容器类和控件类的区别是什么?

3. 打开"类设计器"操作的途径有哪些?

4. 创建类库的关键操作有哪些?

5. 创建类按钮组的具体操作如何?

第 **8** 单 元

报表和标签

在数据库应用系统中，除了要为用户提供各种数据的操作和查询功能外，还需要将数据及数据处理的结果以用户要求的格式打印出来一，便于存档和交流，Visual FoxPro 9.0 是通过报表和标签的形式来完成数据的打印功能的。

标签(Label)则是打印在专用纸上的具有特殊格式的报表。

本单元将通过 5 个项目的讲解，介绍 Visual FoxPro 9.0 中类的基本概念和种类，类的特征、事件和方法以及使用类设计器创建类的方法，创建类的属性和方法。

项目 1　设计及创建报表

项目 2　使用报表设计器设计报表

项目 3　数据分组报表

项目 4　定制及输出报表

项目 5　设计标签

项目 1　设计及创建报表

项目描述

在数据库应用系统中,使用报表是日常工作中最常用的查看数据的手段之一。生成报表就是把输入的数据按照一定的条件和格式又返回到书面的过程。报表为用户提供了灵活的总结数据的文档形式,它是应用程序开发的一个重要组成部分。

项目分析

设计和应用报表首先要了解什么是报表、报表的组成及类型、设计报表的步骤等知识以及创建报表的方法。因此,本项目可分解为以下任务:
- 设计报表
- 利用报表向导创建报表
- 利用报表设计器创建快速报表

项目目标

- 了解报表的基本知识
- 掌握利用向导创建报表的方法
- 掌握利用报表设计器创建快速报表的方法

任务 1　设计报表

报表(Report)是一种文件,它告诉 Visual FoxPro 如何从表中提取数据以及以何种格式打印数据。

1. 报表的组成

报表包括两个基本组成部分:数据源和布局。数据源就是指报表的数据来源,通常是数据表或自由表,也可以是视图或临时表。报表布局定义了报表的打印格式。报表文件的扩展名为.frx,同时每个报表文件还有扩展名为.frt 的报表备注文件。

2. 报表的类型

创建报表之前应先确定报表的类型。Visual FoxPro 按照常规布局将报表分为列报表、行报表、一对多报表、多栏报表以及标签五种类型,它们的报表布局如图 8-1 所示,布局说明如表 8-1 所示。

　　　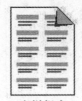　

列报表　　　　行报表　　　　一对多报表　　　多栏报表　　　　标签

图 8-1　报表布局

表 8-1　报表常规布局类型说明

布局类型	说　明	示　例
列报表	每行一条记录,字段与数据在同一列中	统计报表、财务报表、存货清单
行报表	字段与数据在同一行中	列表
一对多报表	一个表中的一条记录对应另一个表中的多条记录	发票、会计报表
多栏报表	一行多条记录,每条记录的字段沿左边缘竖直放置	电话号码簿、名片
标签	多列记录,可以打印在特殊纸上	邮件标签、货品标签

3. 设计报表的步骤

设计报表主要包括以下四个步骤:

(1)确定报表类型。

(2)添加数据源,创建报表布局文件。

(3)修改报表布局文件。

(4)预览和打印报表。

任务 2　利用报表向导创建报表

Visual FoxPro 中可以通过报表向导或报表设计器创建报表。比较常用的方法是首先利用报表向导快速创建报表,然后在报表设计器中对创建的报表进行修改和美化。

1. 启动报表向导

1)通过"新建"命令启动

执行"文件"→"新建"命令或单击标准工具栏上的【新建】按钮□,弹出"新建"对话框,在"文件类型"栏中点选"报表"单选按钮,单击【向导】按钮,打开如图 8-2 所示的"向导选取"对话框,即可启动报表向导。

2)通过"向导"命令启动

执行"工具"→"向导"→"报表"命令,也可打开"向导选取"对话框。

3)通过项目管理器启动

在项目管理器对话框中,单击"文档"选项卡,选择"报表",单击【新建】按钮,弹出如图 8-3 所示的"新建报表"对话框,单击【报表向导】按钮,即可打开"向导选取"对话框。

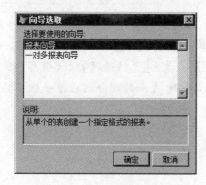

图 8-2　"向导选取"对话框

图 8-3　"新建报表"对话框

"向导选取"对话框中包含"报表向导"和"一对多报表向导"两个选项。"报表向导"即单表报表，表示报表中的数据来源于一个表；而"一对多报表向导"表示报表中的数据源于具有一对多关系的两个表。

2.利用报表向导创建单表报表

使用报表向导首先要打开数据源，数据源可以是数据库表、自由表，也可以是视图或临时表。报表向导提示用户回答简单问题，按照提示对话框进行操作就可以制作出相应报表。

✎ **课堂实训 1　使用报表向导创建一个基于学生信息表的报表**

〘 **具 体 操 作** 〙

①启动报表向导，打开"向导选取"对话框，如图 8-1 所示。

②选择"报表向导"选项，单击【确定】按钮，进入"第一步-字段选取"对话框，选择"学生"数据库的"学生信息表"表，并将可用字段栏中"学号""姓名""性别""出生日期""入学成绩""所学专业""团员否"等字段添加到选定字段栏中，如图 8-4 所示。

③单击【下一步】按钮，进入"第二步-分组记录"对话框，根据报表的需要，这一步可以不选择。这里以"所学专业"作为分组依据，并在总结选项中对入学成绩求平均值，如图 8-5 所示。

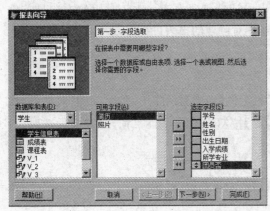
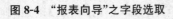
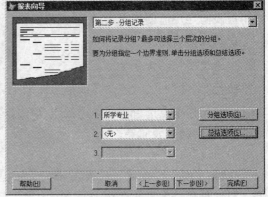

图 8-4　"报表向导"之字段选取　　　　　图 8-5　"报表向导"之分组记录

🕐 **贴心·提示：**

在报表输出时，经常要对数据进行分组统计，分组的依据是基于一个或多个字段的表达式。报表向导中最多可以选择三个分组层次。单击【分组选项】按钮可打开如图 8-6 所示的"分组间隔"对话框，从中可以对分组条件进行设置。单击【总结选项】对话框可打开如图 8-7 所示的"总结选项"对话框，从中可以选择不同的汇总方式来处理分组后每一组中的数据。

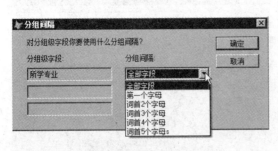

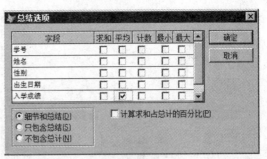

图 8-6　"分组间隔"对话框　　　　　　　图 8-7　"总结选项"对话框

④单击【下一步】按钮,进入"第三步－选择报表样式"对话框,有五种报表样式供用户选择,分别是经营式、账务式、简报式、带区式和随意式,在对话框的左上角给出了每种样式的简单外观供参考。用户可以根据实际情况从中选择一种样式,这里选择"经营式",如图 8-8 所示。

⑤单击【下一步】按钮进入"第四步－定义报表布局"对话框,用户可以设置报表页面的方向、选择字段布局和列数。当选择不同的选项时左上角将出现布局的图例,这里选择默认值,如图 8-9 所示。

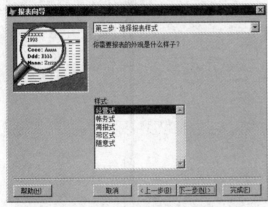

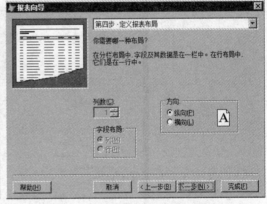

图 8-8　"报表向导"之选择报表样式　　　　图 8-9　"报表向导"之定义报表布局

⏰ 贴心·提示

如果在前面已指定了分组选项,则此处的"列数"微调和"字段布局"选项将不可用。

⑥单击【下一步】按钮进入"第五步－排序记录"对话框,从"可用字段或索引标识"列表框中选择一到三项作为报表输出时记录的排序依据并指定排序方式,"选定字段"的第一行为主排序字段,以下依次为各个次排序字段。这里选择"学号"的升序,如图 8-10 所示。

⑦单击【下一步】按钮,进入"第六步－完成"对话框,在"给报表输入标题"框中输入报表的标题"学生情况一览表",点选"保存报表为稍后使用"单选按钮,如图 8-11 所示。

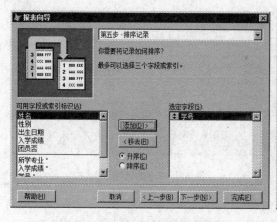

图 8-10 "报表向导"之排序记录

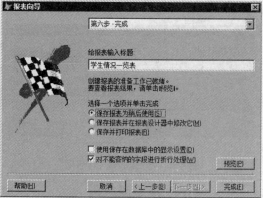

图 8-11 "报表向导"之完成

⑧单击【预览】按钮，可以在打印预览窗口中查看报表的最终设计结果，如图 8-12 所示。如果用户不满意，可以单击【上一步】按钮返回进行修改，也可以保存后到报表设计器中进行修改。单击【完成】按钮，以"学生信息表.frx"为文件名保存报表并结束该报表的创建过程。

图 8-12 报表的预览结果

贴心·提示

报表保存在以.FRX 和 FRT 为扩展名的文件中，以后要打印该报表时，可在命令窗口中输入：REPORT FORM 学生情况一览表 TO PRINT。

3. 利用向导创建一对多报表

一对多报表的数据来源是基于具有一对多关系的两个表或视图，"一"方为父表，"多"方为子表。"一对多报表向导"也是通过回答一些简单的问题来创建满足要求的一对多报表。

课堂实训 2　使用报表向导创建一个基于学生信息表和成绩表的一对多报表

具体操作

①启动报表向导,打开"向导选取"对话框,如图 8-2 所示。

②选择"一对多报表向导"选项,单击【确定】按钮,进入"第一步－选择父表字段"对话框,选择父表中所要使用的字段,这些字段将作为一对多关系中的"一"方出现在报表的上半部。这里选择"学生"数据库中的"学生信息表",并将可用字段栏中"学号"、"姓名"、"性别"、"所学专业"等字段添加到选定字段栏中,如图 8-13 所示。

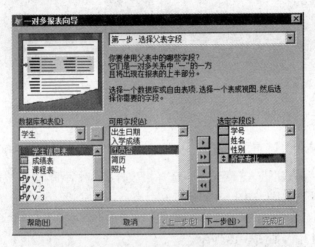

图 8-13　"一对多报表向导"之选择父表字段

③单击【下一步】按钮进入"第二步－选择子表字段"对话框,选择子表中所要使用的字段,这些字段将作为一对多关系的"多"方出现在报表中父表字段的下方。这里选择"学生"数据库中的"成绩表",并将可用字段栏中"课程编号"、"平时成绩"、"期末成绩"等字段添加到选定字段栏中,如图 8-14 所示。

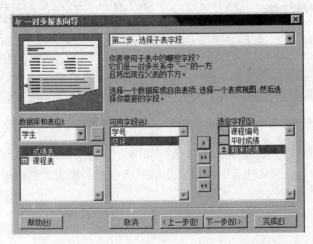

图 8-14　"一对多报表向导"之选择子表字段

④单击【下一步】按钮进入"第三步－关联表"对话框,如果在数据库中已经为两表建立

了关系,选择默认关系即可,否则就选择两表的连接字段,这里选择"学号"为连接字段,如图
8-15 所示。

⑤单击【下一步】按钮进入"第四步－排序记录"对话框,确定父表的排序依据及排序方式,这里选择按"学号"的升序,如图 8-16 所示。

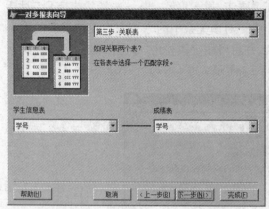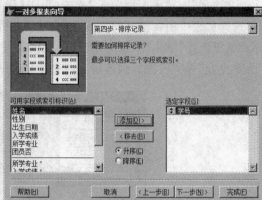

图 8-15 "一对多报表向导"之关联表　　　图 8-16 "一对多报表向导"之排序记录

⑥单击【下一步】按钮进入"第五步－选择报表样式"对话框,确定报表输出的样式和纸张的方向,这里选择默认值,如图 8-17 所示。

⑦单击【下一步】按钮进入"第六步－完成"对话框,输入报表标题"学生情况",并点选"保存报表为稍后使用",如图 8-18 所示。

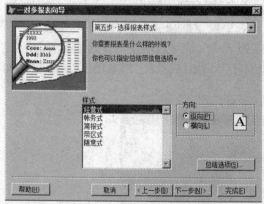

图 8-17 "一对多报表向导"之选择报表样式　　图 8-18 "一对多报表向导"之完成

⑧单击【预览】按钮,在打印预览窗口显示如图 8-19 所示的最终设计结果,单击【完成】按钮,以"学生情况.frx"为文件名保存报表并结束该一对多报表的创建过程。

图 8-19　一对多报表的晕轮结果

任务 3　利用报表设计器创建快速报表

Visual FoxPro 中通过报表向导可以生成简单的报表,但这样的报表往往不尽如人意,需要使用报表设计器对其进行修改和美化。当然,也可以使用报表设计器创建报表,从空白的报表布局开始,逐步添加控件和数据源来创建和设计报表。报表设计器使用户更加灵活地编排格式、打印和总结数据。

1. 启动报表设计器

1)通过"新建"命令启动

执行"文件"→"新建"命令或单击标准工具栏上的【新建】按钮 ,弹出"新建"对话框,在"文件类型"栏中点选"报表"单选按钮,单击【新建文件】按钮,打开如图 8-20 所示的"报表设计器"窗口。报表设计器提供了一个空白布局,从空白报表布局开始,就可以添加各种控件,如表头、表尾、页标题、字段、各种线条及 OLE 控件等。

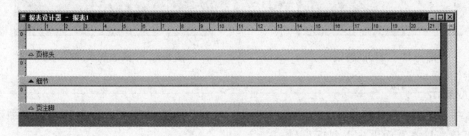

图 8-20　"报表设计器"窗口

2)通过项目管理器启动

在项目管理器对话框中,单击"文档"选项卡,选择"报表",单击【新建】按钮,弹出如图 8-3 所示的"新建报表"对话框,单击【新建报表】按钮,也可打开如图 8-19 所示"报表设计器"窗口。

3)通过命令方式启动

在命令窗口中输入如下命令,也可启动报表设计器。

启动空白的报表设计器:CREATE REPORT［〈报表文件名〉］｜? FROM［FIELDS 字段名列表］

在报表设计前中修改已存在的报表文件:MODIFY REPORT〈报表文件名〉［PRO-TECTED］

这里,PROTECTED 设置报表为保护模式,它将关闭或禁止报表设计器的某些功能。

2.快速报表

快速报表是 Visual FoxPro 提供的迅速自动创建简单报表布局的一种功能。对于用户而言,快速报表是一项省时的操作,只需在其中选择基本的报表组件,Visual FoxPro 就会根据选择的布局,自动创建简单的报表。

要使用快速报表,首先打开"报表设计器"窗口,并保证"细节"带区是空的,执行"报表"→"快速报表"命令即可创建快速报表。

 课堂实训3 使用快速报表功能创建一个学生情况报表

具体操作

①在项目管理器中选择"文档"选项卡,选择"报表",然后单击【新建】按钮,在打开的"新建报表"对话框中单击【新建文件】按钮,打开如图 8-19 所示的报表设计器。

②执行"报表"→"快速报表"命令,弹出"打开"对话框,选择"学生信息表",如图 8-21 所示。单击【确定】按钮,弹出"快速报表"对话框,为报表选择所需的字段、字段布局以及标题和别名等选项,设置如图 8-22 所示。

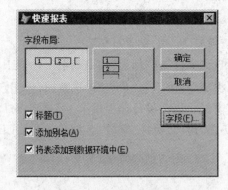

图 8-21 "打开"对话框　　　　　图 8-22 "快速报表"对话框

贴心·提示

①字段布局:有列布局和行布局两种形式。列布局可使字段在页面上从左到右排列,行布局可使字段在页面上从上到下排列。

②标题:确定是否将字段名作为标签控件的标题置于相应字段的上面或旁边。

③添加别名:在"报表设计器"窗口中,自动为所有字段添加别名(指定一个表或表达式中某项的另一个名称,通常用来缩短在代码中连续引用的名称,别名可以防止可能的不确定引用)。

④将表添加到数据环境中：自动将表添加到数据环境（在打开或修改一个表单或报表时需要打开的全部表、视图和关系）。

⑤【字段】按钮：显示"字段选择器"对话框，可在此对话框中选择要在报表中显示的字段。

❸单击【字段】按钮，弹出"字段选择器"对话框，选择报表需要的字段，这里选择学号、姓名、性别、出生日期及所学专业，如图 8-23 所示。

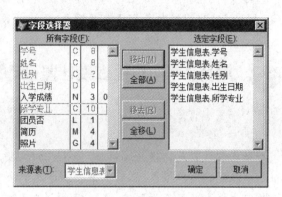

图 8-23　"字段选择器"对话框

贴心·提示

"快速报表"不能向报表布局中添加通用字段。

❹单击【确定】按钮，返回"快速报表"对话框，再次单击【确定】按钮，打开如图 8-24 所示的快速报表"报表设计器"窗口，完成快速报表的创建。

图 8-24　快速报表窗口

❺单击常用工具栏的【打印预览】按钮📷或执行"报表"→"打印预览"命令，即可预览快速报表的结果，如图 8-25 所示。

图 8-25　快速报表预览页面

"快速报表"生成的报表样式比较简单，可以将它原样保存、预览，也可以应用它进行报表输出。用"快速报表"快速生成报表布局，然后在"报表设计器"中进行修改、完善，对提高报表设计效率大有益处。

项目小结

　　在数据库应用中,报表是用户常用的一种输出数据的手段,利用报表向导可以创建基于单表的报表和基于多表的一对多报表,利用报表设计器可以创建快速报表。当然,利用报表设计器可以修改美化已有的报表,创建并设计个性化的报表。

项目 2　使用报表设计器设计报表

项目描述

　　报表设计器是创建并编辑、修饰报表的主要工具。用户可以事先使用报表向导或快速报表功能创建简单报表,然后在报表设计器中修改和定制其布局,当然也可以在报表设计器中从空白报表开始逐步创建、美化报表。使用报表设计器可以使用户更加灵活地对报表进行格式编排、打印和总结数据。

项目分析

　　本项目首先详细介绍报表设计器的各个组成部分,包括带区、报表设计器工具栏、报表控件工具栏、布局工具栏和调色板工具栏,然后通过实例介绍利用报表设计器设计报表的方法。因此,本项目可分解为以下任务:

- 报表设计器
- 使用报表设计器设计报表

项目目标

- 掌握报表设计器的组成及工具栏
- 掌握报表设计器设计报表的方法

 任务 1　报表设计器

　　在报表设计器中,用户不但可以利用快速报表创建报表布局,还可以从无到有按要求自定义报表。

1. 报表设计器的带区

　　报表中的每个白色区域,称之为"带区"。用户可以向带区插入各种控件,如打印报表所需的标签、字段、变量及表达式等,也可以添加直线、矩形及圆角矩形等控件以增强报表的视觉效果和可读性,还可以包含图片/OLE 绑定型控件。

　　每一带区底部的灰色条称为分隔符栏。带区名称显示于靠近蓝色箭头 ▲ 的栏,蓝色箭头指示该带区位于栏之上,而不是栏之下。

1)带区的分类

　　默认情况下,"报表设计器"显示三个基本带区:页标头、细节和页注脚。

- 页标头带区:包含的信息在每份报表中只出现一次。一般来讲,出现在报表标头中的项包括报表标题、栏标题和当前日期。

● 细节带区：一般包含来自表中的一行或多行记录。

● 页注脚带区：包含出现在页面底部的一些信息（如页码、节等）。

报表设计器中常见的带区如表 8-2 所示。用户可以根据需要给报表添加所需的其他带区，报表也可能有多个分组带区或多个列标头和注脚带区。

表 8-2　报表带区

带区名称	打印频率	添加方式	打印位置
标题	每报表一次	执行"报表"→"可选带区"命令	开头，可单独一页
页标头	每页一次	默认	标题后，每页初
列标头	每列一次	执行"文件"→"页面设置"命令，增加列数	页标头后
组标头	每组一次	执行"报表"→"数据分组"命令	每组开始
细节标头	每记录一次	"细节带区属性"→"关联页眉与页脚"	细节前
细节	每记录一次	默认	页标头或组标头后
细节注脚	每记录一次	"细节带区属性"→"关联页眉与页脚"	细节后
组注脚	每组一次	执行"报表"→"数据分组"命令	每组结束
列注脚	每列一次	执行"文件"→"页面设置"命令，增加列数	页注脚前
页注脚	每页一次	默认	每页最后，总结前
总结	每报表一次	执行"报表"→"可选带区"命令	报表最后，可单独一页

上面所列带区样式如图 8-26 所示。

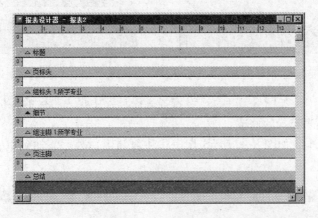

图 8-26　带区样式

⏰贴心·提示

如果报表中数据添加了多个分组，可以有多个组标头或组注脚带区。

用户可在任何带区中添加报表控件，也可以添加运行报表时执行的用户自定义函数。

2）调整带区的大小

在报表设计器中，可以修改每个带区的大小和特征。方法是用鼠标左键按住相应的分隔符栏，将带区栏拖动到适当高度。

报表设计器中最上面部分设有标尺，可以在带区中精确地定位对象的垂直和水平位置。

3)带区属性

双击某一带区分隔栏或右击带区分隔栏,在弹出的快捷菜单中选择"属性"命令,均可打开该带区的"属性"对话框。这里双击"细节"分隔栏,打开细节带区的"属性"对话框,如图8-27所示,用户可对带区进行下列属性设置。

● "常规"选项卡。"高度"用于精确设置带区的高度,也可以将鼠标放置在带区的分隔栏上,当鼠标指针变成 ↕ 时,直接拖动带区的分隔栏到适当高度。"运行表达式"区域用于指定在处理报表带区时需要运行的表达式,其中,"在进入时"文本框用于指定要在处理带区信息之前被求值的表达式,"在退出时"文本框用于指定要在处理带区信息之后被求值的表达式。

● "带区"选项卡。如图8-28所示,勾选"关联页眉和页脚带区"复选框可以添加细节标头和细节注脚。

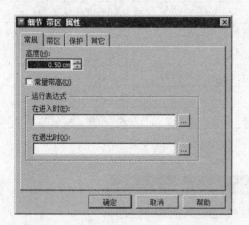

图8-27 "细节带区属性"对话框之常规选项卡

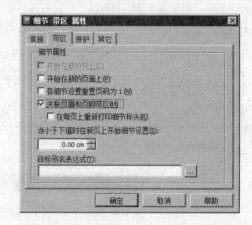

图8-28 "细节带区属性"对话框之带区选项卡

● "保护"选项卡。如图8-29所示,设置报表设计器中报表带区的保护选项,以限制在保护模式下用户对报表布局的修改。

● "其它"选项卡。如图8-30所示,用于将注释和用户数据添加到报表设计器或标签设计器中的报表带区。

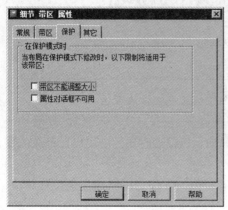

图8-29 "细节带区属性"对话框之保护选项卡

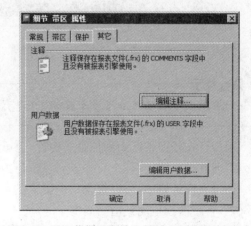

图8-30 "细节带区属性"对话框之"其它"选项卡

4）可选带区

执行"报表"→"可选带区"命令，打开如图 8-31 所示的"报表属性"对话框。在"可选带区"选项卡下的"标题"区域若勾选"报表有标题带区"复选框，报表设计器将增加"标题"带区，标题带区含有在报表开始时要打印的信息，其内容在每个报表中打印一次。若勾选"新页在标题打印后"复选框，则该内容将单独出现在报表的第一页，一般在其中放置报表的总标题。另外，在"总结"区域若勾选"报表有总结带"复选框，将会在报表设计器中增加"总结"带区，总结带区含有报表结束时要打印的信息。若勾选"总结打印在新页上"复选框，可以将其打印在新的一页中；若勾选"总结包含页眉"复选框，可将页眉与"总结"带区一同打印；若勾选"总结包含页脚"复选框，可将页脚与"总结"带区一同打印。

单击"细节带"区域的【添加】按钮，可添加细节带区，Visual FoxPro 9.0 中可设置多个细节带区，以便在一个父表中为每一条记录处理相对应的子表。

2. 报表设计器工具栏

在报表设计器中，执行"显示"→"报表设计器工具栏"命令，将显示如图 8-32 所示的"报表设计器"工具栏，各按钮功能如表 8-3 所示。

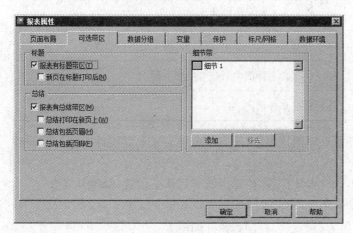

图 8-31 "报表属性"对话框

图 8-32 "报表设计器"工具栏

表 8-3 "报表设计器"工具按钮说明

按钮	名 称	说 明
	数据分组	显示"数据分组"对话框，从中可以创建数据分组并指定其属性
	数据环境	打开"数据环境设计器"，添加与报表相关的数据表和视图
	页面设置	打开"报表属性"对话框的页面设置，进行报表页面设置
	报表控件工具栏	显示或隐藏报表控件工具栏
	调色板工具栏	显示或隐藏调色板工具栏
	布局工具栏	显示或隐藏布局工具栏
	字体属性	打开"字体"对话框，对报表中选定的控件进行与字体相关的设置

3. 报表控件工具栏

在报表设计器中,构成报表的每一个元素都是报表控件,可使用报表控件工具栏在报表或标签上创建控件。执行"显示"→"报表控件工具栏"命令,可显示如图8-33所示的"报表控件"工具栏,该工具栏中各按钮功能如表8-4所示。

图 8-33 "报表控件"工具栏

表 8-4 报表控件工具栏按钮说明

按钮	名 称	说 明
▶	选定对象	选取报表中的对象
A	标签	用于添加任意文本
abl	域控件	用于添加表字段、内存变量和其他表达式
＋	线条	用于在报表上添加各种线条样式
▢	矩形	用于在报表上添加矩形和边界
◯	圆角矩形	用于在报表上添加圆形、椭圆形、圆角矩形和边界
▥	图片/ OLE 绑定控件	用于在报表上添加位图或通用型字段
🔒	按钮锁定	连续选取多个相同的控件

单击需要的控件按钮,把鼠标指针移到报表上,然后单击报表来放置控件或把控件调整到适当大小。

如果在报表上添加了控件,可以双击此控件,在弹出的对话框中设置、修改其属性。

4. 布局工具栏

使用布局工具栏可以在报表或表单上对齐和调整控件的位置。

5. 调色板工具栏

使用调色板工具栏可以设定表单或报表上各控件的颜色。

任务 2 使用报表设计器设计报表

报表文件生成之后,往往需要使用报表设计器进一步设计报表。打开文件时,报表类型文件.frx 将在"报表设计器"中打开。当然,也可以用 MODIFY REPORT 〈报表文件名〉命令打开报表。在"报表设计器"中可以设置报表数据源、更改报表的布局、添加报表控件和设计数据分组等。

报表包括两个基本组成部分:数据源和布局。数据源通常是数据库中的表,也可以是视图、查询或临时表,视图和查询能对数据库中的数据筛选、排序、分组。而报表布局则定义了报表的打印格式,在定义了一个表、一个视图或查询后,便可以创建报表或标签了。

1. 设置报表的数据源

设计报表的最终目的是输出数据库中的数据,因此报表必须指定数据来源。报表的数据源可以是数据表、自由表或视图。数据表中的字段是设计报表的基础,字段的内容就是报表输出的内容。在使用"报表向导"和"快速报表"创建报表时,均有选择数据源的操作,而使用报表设计器设计报表时可以从一个空白报表开始,此时,就需要为报表指定数据源来提供数据。

打开报表设计器后,首先要指定数据源为报表提供数据,Visual FoxPro 提供了"数据环境设计器"来管理数据源。数据环境定义了报表或表单使用的数据源,它包括表、视图和关系。数据环境与报表或表单一起保存,可以利用"报表设计器"进行修改。定义报表数据环境之后,当打开或运行该文件时,Visual FoxPro 自动打开表或视图,并在关闭或释放该文件时关闭表或视图。

 课堂实训 4　为"学生成绩一览表"报表添加数据源及相应函数

具体操作

①执行"文件"→"新建"命令,打开"新建"对话框,点选"报表"单选按钮,单击【新建文件】按钮,打开"报表设计器"窗口。

②执行"文件"→"另存为"命令,打开"另存为"对话框,在"保存报表为"文本框中输入"学生成绩一览表",单击【保存】按钮保存空白报表。

③在"报表设计器"工具栏上单击【数据环境】按钮 ▣₈,或者执行"显示"→"数据环境"命令,打开"数据环境设计器"窗口。

④执行"数据环境"→"添加"命令,打开"添加表或视图"对话框,如图 8-34 所示。

⑤选择作为数据源的表或视图,这里依次选择"学生信息表"和"成绩表",并单击【添加】按钮将其添加到"数据环境设计器"中,如图 8-35 所示,关闭"添加表或视图"对话框。

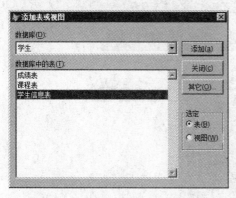

图 8-34　"添加表或视图"对话框

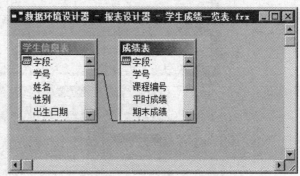

图 8-35　"数据环境设计器"窗口

2. 设计报表布局

通过设计报表,可以用各种方式在打印页面上显示数据。使用报表设计器可以设计复杂的列表和总结摘要。

1)报表的常规布局

创建报表之前,应该规划好报表的布局和数据的位置,譬如列报表或一对多报表、标题位置、日期位置等。

报表布局文件具有.frx 文件扩展名,它存储报表的详细说明。每个报表文件还有带.frt

文件扩展名的相关文件。

报表文件指定了所用到的域控件、要打印的文本以及信息在页面上的位置。报表文件不存储每个数据字段的值，只存储一个特定报表的位置和格式信息，即每次运行报表时都根据报表文件指定的数据源读取数据。因此，报表的值取决于报表文件所用数据源的字段内容。如果经常更改数据源内容，每次运行报表，值都可能不同。

2）规划数据的位置

使用"报表设计器"内的带区，可以控制数据在页面上的打印位置。报表布局可以有几个带区，规划好报表中可能包含的一些带区以及每个带区的内容，每个带区下面的分隔栏标识了该带区。

3. 在报表设计器中使用控件

添加完数据源后，接着要添加字段，即添加域控件。报表或标签的域控件还包括变量和计算结果。

1）添加字段控件

课堂实训5　接上例从数据环境向报表设计器添加字段

①在报表设计器及数据环境设计器已经打开的前提下，将"学生信息表"及"成绩表"添加到数据环境中并建立了两表的联系。

②在数据环境设计器中用左键按住选定字段（如姓名），拖到报表设计器的相应带区（如细节带区）放开，此时该字段被拖放到布局上了，如图8-36所示。

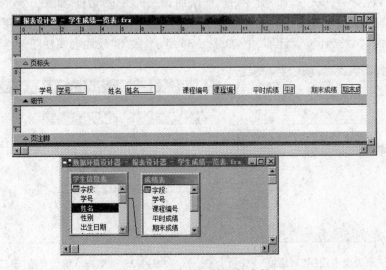

图8-36　从数据环境添加字段

③如果用户需要某表或视图中的所有字段或大部分字段，则可以一次全部拖放过去。譬如按住学生信息表的"字段"，就可将该数据表中的全部字段拖放到报表设计器中。

除了上面介绍的从数据环境中添加字段，还可从工具栏添加表中字段。

课堂实训6　从报表控件工具栏向报表设计器添加表中字段

①单击报表控件工具栏中的"字段"按钮 **abl**，在报表设计器的相应带区要添加的位置单击，弹出"字段 属性"对话框，如图8-37所示。

②该对话框中可设置表达式,域控件在报表布局的大小和位置,及指定字段的计算方法等。单击"表达式"框右侧的 … 按钮,弹出"表达式生成器"对话框,在"表达式"框中输入要添加的字段名,如图 8-38 所示。

图 8-37　"字段 属性"对话框　　　　图 8-38　"表达式生成器"对话框

③单击【确定】按钮,返回"字段 属性"对话框,所输字段已出现在表达式框中,再次单击【确定】按钮,将字段添加到报表设计器的相应带区。

2)添加"图片/OLE 绑定"控件

课堂实训 7　在报表设计器中添加包含 OLE 对象的通用型字段

①在报表控件工具栏中单击"图片/OLE 绑定控件"按钮,在报表设计器的相应带区单击,弹出"图形/ OLE 绑定 属性"对话框,如图 8-39 所示。

②首先选择控件源类型,然后指定控件源,在"如果源和帧大小不同"下拉列表中选择当控件的大小与指定源的大小不一致时如何处理,一般选择"度量内容,保留形状",最后在"对象位置"区域确定图片对象相对于带区的位置。单击"控制源"框右侧的 … 按钮,弹出"打开图片"对话框,选择图片,如图 8-40 所示。

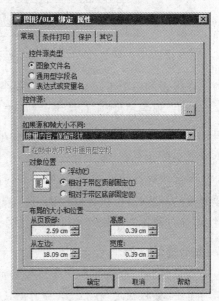

③单击【确定】按钮,返回"图形/ OLE 绑定 属性"对话框,此时指定了控件源,单击【确定】按钮,将该控件添加到报表设计器相应带区的指定位置。

3)添加标签控件

在报表中,标签一般用作显示报表的标题、字段标题等说明性文字。标签控件中的内容在报表中会原样显示。例如在报表的页标头带区内

图 8-39　"图形/OLE 绑定 属性"对话框

图 8-40   "打开图片"对话框

对应字段变量的正上方加入一标签来说明该字段表示的意义,如图 8-41 中页标头区中的"学号""姓名"等,或者对于整个报表的标题也可用标签来设置。

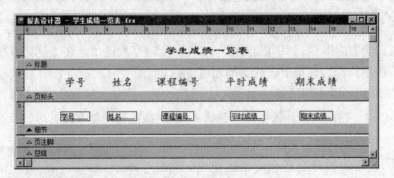

图 8-41   添加标签控件

在报表的各个带区都可以添加标签控件,方法如下:

单击"报表控件"工具栏中的【标签控件】按钮 A ,此时鼠标形状变成一条竖直线,表示可插入文本。在"报表设计器"中要添加标签控件的带区的适当位置单击鼠标,在光标处输入要显示的文本。

要修改标签控件的内容,可单击"报表控件"工具栏中的【标签控件】按钮 A ,然后单击要修改的标签控件,进行修改即可。若要设置标签控件文本的字体、字号、效果和颜色等属性,可通过鼠标选中标签控件,然后执行"格式"菜单中的各个菜单项可进行相应的设置。

🕐 贴心·提示

每当输入一个标签文本前都需单击一次"标签控件"按钮,如果在选择"标签控件"按钮后再单击"按钮锁定"按钮 🔒 ,即可解决这个问题,选择一次就可以输入多个标签文本。

4）添加线条、矩形和圆角矩形控件

在报表适当位置添加一些线条、矩形或圆角矩形等控件对报表进行修饰，可以增强报表的美观性。

单击"报表控件"工具栏中相应的按钮，然后在要添加控件的位置拖动鼠标即可。

执行"格式"→"绘画笔"命令，在级联菜单中选择适当的样式和磅值，可以调整线条、矩形和圆角矩形等控件的线条样式和粗细。

执行"格式"→"填充"命令，在级联菜单中可以为矩形、圆角矩形选择填充图案。

执行"格式"→"前景颜色"或"背景颜色"命令，可以为控件设置前景色或背景色等。

双击圆角矩形控件，会弹出如图 8-42 所示的"矩形 属性"对话框，在该对话框中可以设置圆角矩形的位置、大小、打印条件和保护等相关属性。

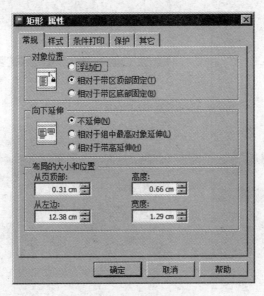

图 8-42　"矩形 属性"对话框

4. 在报表设计器中调整控件

1）移动控件

在控件上单击鼠标可选中控件，如果要同时选中两个以上的控件，可在按下【Shift】键的同时进行选择。拖动选中的控件到目标位置即可移动控件。

控件移动时是以网格为单位的，默认情况下每次移动 12 像素。执行"格式"→"设置网格刻度"命令可以修改每次移动的默认值。一般来说，对控件位置进行微调时可减少该值。

⏰ 贴心·提示

选中控件后，按住【Ctrl】键再进行移动可以不受网格限制。

2）对齐控件

当控件较多或增加了新的控件时，往往需要重新调整控件的位置，使用"布局"工具栏可以快速实现控件的重新排列，使各控件对齐。只要选中要对齐的控件，然后单击"布局"工具栏中相应的对齐按钮即可对齐控件。

3）格式化控件

选中控件后，执行"格式"菜单中的相应命令，如图8-43所示，就可以对控件进行各种格式化设置。

4）删除控件

选择要删除的控件，执行"编辑"→"剪切"命令，或按【Delete】键即可删除控件。

5）调整控件大小

除标签外的其他控件都可以调整大小。方法是选中要调整大小的控件后，拖动控点。由于字段控件的内容是可变的，有时预先指定的大小不足以容纳其全部内容，此时可右击字段控件，在弹出的快捷菜单中选择"属性"命令，在弹出的"字段 属性"对话框中勾选"溢出延伸"复选框，如图8-44所示，单击【确定】按钮，即可自动换行显示字段或表达式中的全部内容。

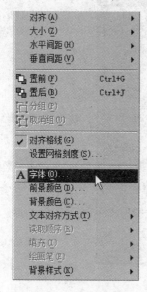

图8-43 "格式"菜单

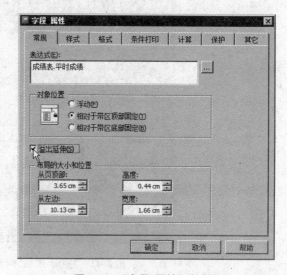

图8-44 "字段 属性"对话框

5. 设计报表的页注脚

利用"快速报表"功能创建的报表在默认的情况下有一个页注脚。页注脚包含一个日期函数和系统变量_PAGENO。日期函数返回一个日期值，系统变量_PAGENO返回当前打印的页数。

✍ **课堂实训8 在报表设计器中将日期和页码加入到报表中**

可以利用【标签控件】按钮 **A** 和【字段控件】按钮 **abl** 相配合加入，也可以只利用字段控件按钮加入，这里的制表日期使用标签控件和字段控件加入，页码用字段控件加入。

①加入"制表日期"。单击【字段控件】按钮，在"报表设计器"中的"页注脚"带区内画一矩形框。在弹出的"字段 属性"对话框中单击"表达式"文本框右侧的 **…** 按钮，打开"表达式生成器"对话框。

②在"函数"区域的"日期"下拉列表中选择系统日期函数DATE()，单击【确定】按钮，返回"字段 属性"对话框，再单击【确定】按钮，此时将函数"DATE()"插入到"页注脚"带区。

③加入"打印页码"。单击【字段控件】按钮,画一矩形框。在弹出的"字段 属性"对话框中单击"表达式"文本框右侧的 ... 按钮,打开"表达式生成器"对话框。

④在"表达式生成器"对话框中生成或输入"第"＋STR(_PAGENO,2)＋"页"表达式,单击【确定】按钮,返回"字段 属性"对话框,再次单击【确定】按钮,在"页注脚"带区插入页码,此时的"报表设计器"如图 8-45 所示。

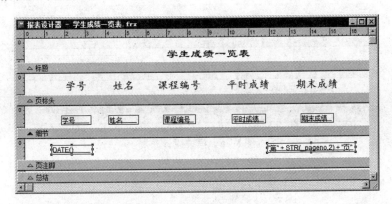

图 8-45　页注脚插入日期和页码

⑤单击标准工具栏中的【打印预览】按钮,就会在预览窗口的页注脚处看到"05/11/14",表示打印日期;"第 1 页",表示页码。

6. 设计标题和总结带区

除了为报表设计表头和表尾外,有时还希望创建整个报表的标题和总结说明。例如,在"学生成绩表"上定义的页标头为字段名称,第一页要有总的标题"学生成绩一览表",或者在报表尾部加上一些附注、补充、总结等。

报表标题设置在"标题"带区,而报表总结设定在报表的"总结"带区内。标题带区含有在报表开始时要打印的信息,总结带区含有报表结束时要打印的信息。需要时它们都可以单独占用一页。将带有总计表达式的字段控件放置在总结带区内,可以对表达式涉及的所有数据求和。

课堂实训 9　在报表中添加标题或总结带区

①如果报表设计器中还没有"标题"和"总结"带区,则执行"报表"→"可选带区"命令,打开如图 8-31 所示的"报表属性"对话框,分别勾选"报表有标题带区"和"报表有总结带区"复选框。

②勾选带区后,"新页在标题打印后"复选框和"总结打印在新页上"将可用。如果希望这样的带区单独作为一页,请分别勾选它们。

③单击【确定】按钮,"报表设计器"根据选择将自动添加相应的新带区。

④前面添加标签时已经在"标题"带区用标签控件输入标签文本"学生成绩一览表",执行"格式"菜单命令,设置格式为"隶书""二号"。

⑤在"总结"带区里添加一个标签控件和一个字段控件,标签文本为"总人数:",字段控件表达式为"RECCOUNT()",即统计人员数。

⑥将"页注脚"带区中的日期函数控件移到"标题"带区右侧位置。

❼经过以上设置后，"报表设计器"中的报表布局如图 8-46 所示。

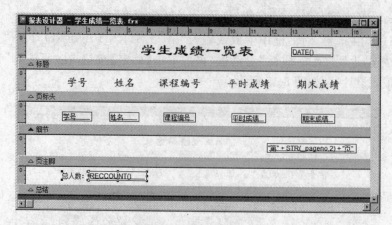

图 8-46　报表设计布局

项目小结

　　报表设计器是创建并设计、修饰报表的主要工具。报表设计器由标题、页标头、细节、页注脚及总结五个带区组成，用户可通过报表控件工具栏向各带区添加标签、字段、线条、形状及图片/OLE绑定等控件来创建和设计报表，通过格式菜单及布局工具栏来修饰美化报表。

项目 3　数据分组报表

项目描述

　　报表布局设计好以后，数据是按照在数据源中存在的顺序排列的。在实际应用中，经常需要将同类数据一起输出，以便于进行比较、统计和分析。在报表中可以通过数据分组来实现这一要求。

项目分析

　　创建分组报表首先要重组数据源中数据的排列顺序，然后添加分组关键字，最后进行带区设计。因此，本项目可分解为以下任务：

● 数据分组与记录顺序
● 添加数据分组
● 组带区设计

项目目标

● 了解数据分组的实质
● 掌握添加数据分组的方法

300

任务 1　数据分组与记录顺序

报表(Report)中的数据是按照数据源中的记录顺序输出的,数据分组将重组数据源中原来的记录顺序,使数据按分组条件重新排列。用户可以利用索引、排序、查询或视图等方式改变记录的顺序。若数据源是一个表,应按分组关键字建立索引并将该索引设置为主控索引。若报表中有多个分组,则主控索引的索引表达式应包含所有的分组关键字,且顺序应与分组一致。

任务 2　添加数据分组

1. 添加单个数据分组

一个单组报表可以基于输入表达式进行一级数据分组。例如,可以把组设在“所学专业”字段上来打印所有记录,相同专业的记录在一起打印。

贴心提示

这样做的前提是数据源必须按“所学专业”字段排序。

***课堂实训 10　以学生信息表为基础,建立如图 8-47 所示“学生基本情况”报表**

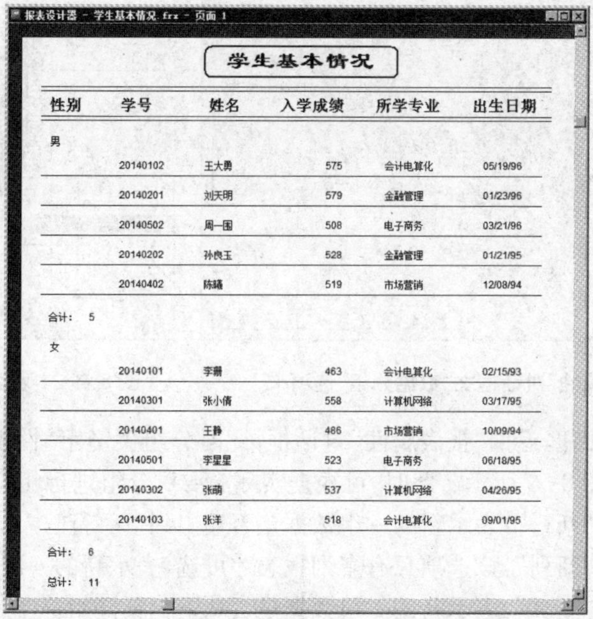
报表设计器 - 学生基本情况.frx - 页面 1

学生基本情况

性别	学号	姓名	入学成绩	所学专业	出生日期
男					
	20140102	王大勇	575	会计电算化	05/19/96
	20140201	刘天明	579	金融管理	01/23/96
	20140502	周一围	508	电子商务	03/21/96
	20140202	孙良玉	528	金融管理	01/21/95
	20140402	陈曦	519	市场营销	12/08/94
合计:　5					
女					
	20140101	李珊	463	会计电算化	02/15/93
	20140301	张小倩	558	计算机网络	03/17/95
	20140401	王静	486	市场营销	10/09/94
	20140501	李星星	523	电子商务	06/18/95
	20140302	张萌	537	计算机网络	04/26/95
	20140103	张洋	518	会计电算化	09/01/95
合计:　6					
总计:　11					

图 8-47　“学生基本情况”报表预览

具体操作

①执行“文件”→“新建”命令,打开“新建”对话框,点选“报表”单选按钮,单击【新建文件】按钮,打开“报表设计器”,执行“文件”→“另存为”命令,打开“另存为”对话框,在“保存报表为”文本框中输入文件名“学生基本情况表”,单击【确定】按钮,保存报表文件。

②添加数据源。首先将"学生信息表"右击"报表设计器",在弹出的快捷菜单中选择"数据环境"选项,打开"数据环境"窗口,将"学生信息表"添加到数据环境中,并设置主控索引为按"性别"索引。

③依次将性别、学号、姓名、入学成绩、所学专业和出生日期等字段由数据环境直接拖曳到"细节"带区,并水平对齐排列。

④在"细节"带区添加"线条"控件 ✛。

⑤在"页标头"带区依次添加六个"标签"控件 A,内容分别为性别、学号、姓名、入学成绩、所学专业、出生日期,并设置属性为宋体四号粗体。

⑥分别在"页标头"带区上部和下部添加两个"线条"控件。

⑦添加分组。执行"报表"→"数据分组"命令,或右击"报表设计器",在弹出的快捷菜单中选择"数据分组"选项,打开如图 8-48 所示"报表属性"对话框中的"数据分组"选项卡。

⑧单击【添加】按钮,打开"表达式生成器"对话框,在其中可输入分组表达式。这里双击"字段"列表框中"性别"字段,将其添加到"表达式"文本框中,如图 8-49 所示。

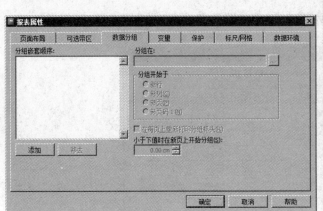

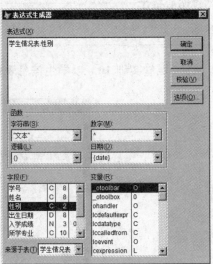

图 8-48 "报表属性"对话框之"数据分组"选项卡   图 8-49 "表达式生成器"对话框

⑨单击【确定】按钮,返回"报表属性"对话框,此时分组关键字"性别"将自动添加到"分组在"文本框中,如图 8-50 所示。此时,可根据实际需要对分组进行相应的设置。

(1)分组开始于"新行":表示新的一组数据是否输出到下一行。

(2)分组开始于"新列":该选项只有多列报表才可选,表示新的一组数据从下一列开始。

(3)分组开始于"新页":表示新的一组数据是否从下一页开始。

(4)分组开始于"新页码":表示是否将新的一组数据输出到下一页且页号重置为1。

(5)在每页上重新打印分组标头:表示当同一组数据分布在多页上时,是否每一页都打印组标头。

(6)小于下值时在新页上开始分组:微调按钮项的含义是当页面剩余空间较小时,可能只输出组标头,而组中的数据输出到下一页,可适当修改该值以避免这种情况。

⑩单击【确定】按钮完成分组操作,此时"报表设计器"中将增加和分组有关的"组标头"

带区和"组注脚"带区。

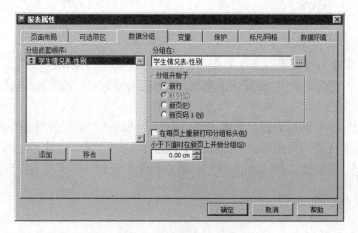

图 8-50　添加分组关键字

⑪在带区内放置需要的控件。通常，把分组所用的字段控件从"细节"带区移动到"组标头"带区。这里将"性别"字段从"细节"带区拖曳到"组标头"带区；在"组注脚"带区添加"标签"控件"合计："和"字段"控件，其表达式为"学号"，计算方式为"计数"，重置基于"分组"。

⑫执行"报表"→"可选带区"命令，打开"报表属性"对话框，勾选"报表有标题带区"复选框和"报表有总结带区"复选框，单击【确定】按钮，添加"标题"带区和"总结"带区。

⑬在"标题"带区添加"标签"控件，内容为"学生基本情况"，设置属性为隶书二号粗体。添加"圆角矩形"控件，线条设为 2 磅实线。调整"标题"带区大小并设置居中对齐。

⑭在"总结"带区添加"标签"控件"总计："和"字段"控件，"字段"控件表达式为"学号"，计算方式为"计数"，重置基于"报表"。此时"报表设计器"布局如图 8-51 所示。

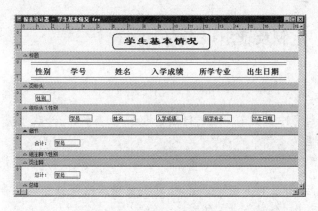

图 8-51　"报表设计器"布局

⏰**贴心·提示**

"总结"带区和"组注脚"带区的字段控件表达式虽然一样，但由于它们所处的位置不同，因此计算范围也各不相同。"组注脚"带区中的字段控件的计数范围是本组内的记录，而"总结"带区中的字段控件的计数范围则是全部记录。

⑮保存该报表的修改,单击标准工具栏的【打印预览】按钮 🔍,查看最终效果,如图8-47所示。

2.添加多个数据分组

有时,用户需要对报表进行多个数据分组,如在打印学生名册时在用"所学专业"分组的基础上,还可以按"性别"分组,这称为嵌套分组。嵌套分组有助于组织不同层次的数据和总计表达式。

Visual FoxPro 9.0的报表设计器最多可以添加20层分组,每层分组都有各自的组标头和组注脚。添加多个分组的前提是当前主控索引包含了每个分组表达式,并且分组表达式的顺序不能随意颠倒。如前面先按"所学专业"分组,在所学专业相同的情况下再按"性别"分组。

 任务3　组带区设计

添加分组后,每个分组在"报表设计器"中都会有"组标头"和"组注脚"带区。但初始状态下这两个带区没有任何内容,需要向其中添加控件。通常把分组所用的字段控件从"细节"带区移动到"组标头"带区,在"组注脚"带区添加总结性信息,也可以添加标签、线条、矩形和圆角矩形等控件,用以美化报表。

若要修改组带区,则需要先打开"数据分组"对话框,然后修改分组表达式即可。

项目小结

　　为了方便对数据进行比较、统计和分析,有时需要将同类数据一起输出,这就是分组报表。创建分组报表首先要将分组字段设置为主控索引,然后添加分组,利用报表设计器依次进行组标头和组注脚带区的设计。

项目4　定制及输出报表

项目描述

报表在设计的过程中需要不断地进行预览报表、检查数据、修改布局、完善报表等过程,直到获得满意的报表为止。

项目分析

报表设计完成后,如果有不满意的地方,需要重新修改数据和调整布局,直到输出正确的报表。因此,本项目可分解为以下任务:

● 定制报表
● 添加和使用变量
● 预览并打印报表

项目目标

● 掌握定制报表的方法
● 掌握向报表中添加和使用变量的方法

● 掌握预览报表和打印报表的方法

任务1　定制报表

报表在打印之前,还需要对报表的布局做进一步的定制,如设置页边距、纸张类型、域中文本的字体、颜色、添加各种形状的图形、线条等。

✎ **课堂实训 11　为上题创建的"学生基本情况"报表设计输出格式**

具 体 操 作

① 定义报表的页面。

(1)执行"文件"→"页面设置"命令,打开"报表属性"对话框,如图 8-52 所示。

(2)在"页面布局"选项卡的"列"选项区域可以设置报表的列数、列宽度和多列报表的列间距。这里所说的"列"指的是报表页面上横向打印的记录的数目,不是单条记录的字段数目。默认情况下是一列,即报表每行打印一条记录。如果报表中输出的字段较少,就可以增加列数,也称为多列报表。这里采用默认设置。

(3)如果"列"选项区域中的"数量"大于 1,则可以设置多列的间隔,还可以选择报表的输出记录顺序,即记录是按行输出还是按列输出。

(4)单击【页面设置】按钮,将弹出如图 8-53 所示的"页面设置"对话框,在其中可以进行纸张大小(默认为 A4 纸)、方向、页面边距及打印机的相关设置。这里选择默认设置。

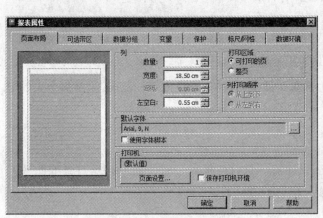

图 8-52　"报表属性"对话框

图 8-53　"页面设置"对话框

(5)单击【确定】按钮,返回"报表属性"对话框,再次单击【确定】按钮,完成页面定义。

② 调整字段控件中的文本。

(1)选定"标题"带区标签控件和圆角矩形。

(2)执行"格式"→"文本对齐方式"→"居中"命令,居中对齐。或者双击"字段控件",在打开的"字段属性"对话框中单击"格式"选项卡,选择该字段控件的数据类型及格式表达式。

③ 更改字体。

选定"页标头"各标签控件,执行"格式"→"字体"命令,在打开的"字体"对话框中选定

"宋体",单击【确定】按钮。

④添加修饰。

(1)从"报表控件"工具栏中选择"线条"控件 ✝。

(2)在"报表设计器"的页标头各标签控件上面和下面分别拖动光标,各画出两条直线。

🕐 贴心·提示

①拖动线条两端的黑色方块,可以调整线条长短。②执行"格式"→"绘图笔"命令,可以更改线条的粗细和线型。③按住【Ctrl】键,拖动线条,可以微调线条的位置。

(3)从"报表控件"工具栏中选择"圆角矩形"控件 ◯,在"报表设计器"的"标题"带区拖动鼠标绘制圆角矩形。双击绘制的图形,打开"矩形属性"对话框,在"样式"选项卡下设置想要的圆角样式,如图 8-54 所示,单击【确定】按钮。

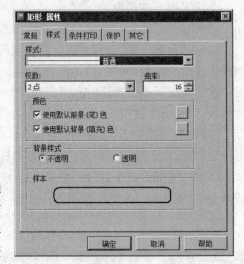

图 8-54 "矩形属性"对话框之"样式"选项卡

📶 任务 2 添加和使用变量

在数据库应用系统中,变量的应用非常广泛,它能够给应用程序带来极大的灵活性。Visual FoxPro 使用变量来保存打印报表时所计算的结果。在报表中可以使用变量可以灵活设计各种形式的报表。特别是"总结"带区中,往往是通过变量来计算所需的值并输出。使用报表变量,可以计算各种值,还可利用这些值来计算其他相关值。

🖊 课堂实训 12 使用报表变量,为课堂实训 4 创建的"学生成绩一览表"添加每个人的总评成绩

具体操作

①使用报表变量的方法是在"报表设计器"中执行"报表"→"变量"命令,打开如图 8-55 所示的"报表属性"对话框的"变量"选项卡。

这里,

(1)变量:显示当前报表中的变量并为新变量提供输入位置。

(2)保存的值:显示存储在当前变量中的表达式。可以在文本框中输入表达式,也可以单击其后的 ⋯ 按钮,在弹出的"表达式生成器"对话框中生成。

(3)初始值:在进行任何计算之前,显示选定变量的值以及此变量的重置值。可以直接在文本框中输入一个值,也可以单击其后的 ⋯ 按钮,在弹出的"表达式生成器"对话框中生成。

(4)报表完成后发布:在报表打印后从内存中释放变量。如果未选定此选项,那么除非退出 Visual FoxPro 或使用 CLEAR ALL 或 CLEAR MEMORY 命令来释放变量,否则此变量一直保留在内存中。

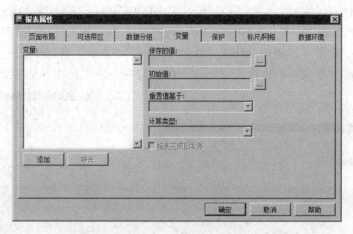

图 8-55　"报表属性"对话框之"变量"选项卡

(5)重置值基于:指定变量重置为初始值的位置。"报表"是其默认值,也可选择"页面"或"列"。如果使用"数据分组"命令在报表中创建组,该框将为报表中的每一组显示一个重置项。

(6)添加:单击将弹出"报表变量"对话框,用于定义新的变量。

(7)移去:在"变量"框中删除选定的变量。

(8)计算类型:用来指定变量执行的计算操作。从其初始值开始计算,直到变量被再次重置为初始值为止。

②单击【添加】按钮,弹出"报表变量"对话框,创建并设置如图 8-56 所示的变量 zpcj,单击【确定】按钮,返回"报表属性"对话框并添加创建的变量。

③单击"保存的值"右侧的　按钮,打开"表达式生成器"对话框,输入如图 8-57 所示的存储在当前变量 zpcj 中的表达式"成绩表.平时成绩＋成绩表.期末成绩＊0.7",单击【确定】按钮,返回"报表属性"对话框。

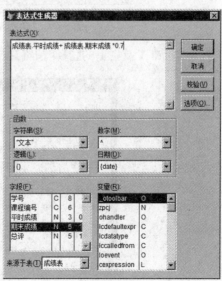

图 8-56　"报表变量"对话框　　　　图 8-57　"表达式生成器"对话框

307

④设置变量的其他参数,如图 8-58 所示,单击【确定】按钮完成变量的添加。

⑤在"报表设计器"的"页标头"带区插入"标签"控件,其内容为"总评成绩",在"细节"带区插入"字段"控件,弹出"字段属性"对话框,单击"表达式"文本框右侧的按钮,打开"表达式生成器"对话框,在"表达式"文本框中输入 zpcj,单击【确定】按钮,生成如图 8-59 所示表达式。

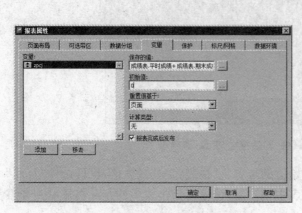

图 8-58 "报表属性"对话框其他设置

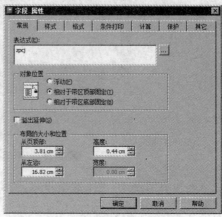

图 8-59 生成变量表达式

⑥单击【确定】按钮,此时"报表设计器"布局如图 8-60 所示。

图 8-60 "学生成绩一览表"报表设计窗口

⑦单击标准工具栏上的【打印预览】按钮,变量的预览结果如图 8-61 所示。

图 8-61 变量的预览结果

任务 3　预览并打印报表

1. 预览报表

在"报表设计器"中设计报表时，可以随时预览设计结果。

预览报表的方法如下：

(1)执行"文件"→"打印预览"命令。

(2)单击标准工具栏上的【打印预览】按钮 ⟨⟨⟩。

(3)在"项目管理器"中，选中该报表，单击【预览】按钮。

均可看到如图 8-61 所示效果。

通过预览报表，不用打印就能看到它的页面外观。可以检查数据列的对齐和间隔，或者查看报表是否返回所需的数据。预览时可以显示整个页面或者缩小到一部分页面。

使用"报表设计器"创建的报表布局文件只是创建了一个结构文件，该文件把要打印的数据组织成令人满意的格式，并按数据源中记录出现的顺序处理记录。在打印一个报表文件之前，应该确认数据源中已对数据进行了正确的排序。

如果表是数据库的一部分，则可用视图排序数据，即创建视图并且把它添加到报表的数据环境中。如果数据源是一个自由表，可创建并运行查询，并将查询结果输出到报表中。

2. 打印报表

通过预览确认报表已经达到满意状态后，就可以打印输出了。打印报表的方法如下：

(1)在"打印预览"窗口中单击"打印预览"工具栏的【打印】按钮 🖶 直接输出。

(2)执行"文件"→"打印"命令，打开"打印"对话框进行打印。

(3)单击标准工具栏的【打印一个副本】按钮 🖶 打印。

(4)通过打印报表命令：

REPORT FORM〈报表文件名〉[PREVIEW][TO PRINT PROMPT][FOR〈条件〉][范围]

其中，PREVIEW 选项将报表内容输出到屏幕上，即打印预览；TO PRINT 输出到打印机上，若要在打印之前打开"打印"对话框，则加 PROMPT 短语。如果只打印报表的部分内容，可以使用范围短语，FOR 条件短语和 WHILE 条件短语。

✑ **课堂实训 13　从"报表设计器"中打印"学生成绩一览表"报表**

①执行"文件"→"打印"命令，弹出"打印"对话框，如图 8-62 所示。在其中选择使用的打印机、打印范围、打印份数等项目。

②单击【确定】按钮，Visual FoxPro 就会把报表发送到打印机上打印。

如果未设置数据环境，则会显示"打开"对话框，并在其中列出一些表，从中可以选定要进行操作的一个表。

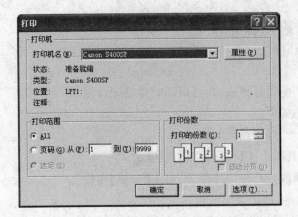

图 8-62 "打印"对话框

　　报表在设计的过程中需要不断地预览报表,以便于检查数据、修改布局、页面设置、完善报表,直到获得满意的报表即可打印该报表。法仍继承父类的属性和方法。

 ## 项目 5　设计标签

项目描述

　　在 Visual FoxPro 中,标签是一种特殊的报表,其创建、修改方法与报表大体相同。一般先使用"标签向导"创建标签,然后在"标签设计器"中进行修饰和修改,也可以直接在"标签设计器"中建立标签。无论采用哪种方式,都必须指明标签类型。

项目分析

　　标签既然是一种特殊的报表,那么它们的设计方法应该基本一致,但同时标签又具有其特殊的功能和报表不可替代的作用。另外,"标签设计器"是基于所选标签的大小自动定义页面。因此,本项目可分解为以下任务:

- 利用标签向导创建标签
- 利用标签设计器编辑标签
- 预览并打印标签

项目目标

- 掌握利用标签向导创建标签的方法
- 掌握利用标签设计器编辑标签的方法
- 掌握预览和打印标签的方法

任务 1　利用标签向导创建标签

✎ **课堂实训 14**　利用向导创建"学生情况"标签,要求含有专业、学号、姓名、性别等信息

具体操作

①执行"文件"→"新建"命令,在打开的"新建"对话框中点选"标签"单选按钮,单击【向导】按钮,进入"标签向导"对话框的"第一步·选择表",选择"学生"数据库的"学生信息表",如图 8-63 所示。

②单击【下一步】按钮,进入"标签向导"对话框的"第二步·选择标签类型",从中可以选择标签纸的型号、大小、标签的列数以及单位制式等,这里选择"Avery 5161"型,如图 8-64 所示。

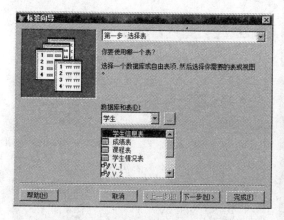
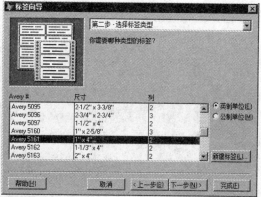

图 8-63　"标签向导"对话框之选择表　　　　图 8-64　"标签向导"对话框之选择标签类型

③单击【下一步】按钮,进入"标签向导"对话框的"第三步·定义布局"。首先在"文本"文本框中输入提示文本"专业",单击 ▶ 按钮,将其添加到"选定字段"列表框中,单击分隔符 **:** 按钮,将相应符号添加到"选定字段"列表框中提示文本"专业"的后面;然后在"可用字段"列表框中选定"所学专业"字段,单击 ▶ 按钮,将该字段添加到"选定字段"列表框当前行的后面,当前行的信息输入完毕,单击换行 **↵** 按钮,将光标移至下一行继续输入后续内容,布局定义完成后如图 8-65 所示。

④单击【下一步】按钮,进入"标签向导"对话框的"第四步·排序记录"。在"可以字段或索引标识"列表框中选中"所学专业"字段,单击【添加】按钮,将其添加到"选定字段"列表框中,点选"升序"单选框,使标签的记录顺序按"所学专业"的升序排序,如图 8-66 所示。

⑤单击【下一步】按钮,进入"标签向导"对话框的"第五步·完成"。点选"保存标签供以后使用"单选框,如图 8-67 所示。

⑥单击【预览】按钮,可以预览创建的标签结果,如图 8-68 所示。

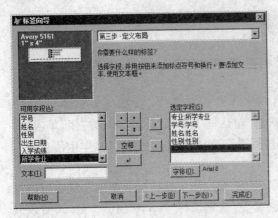

图 8-65 "标签向导"对话框之定义布局

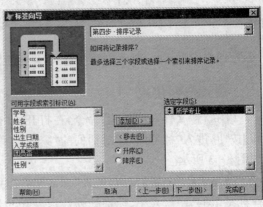

图 8-66 "标签向导"对话框之排序记录

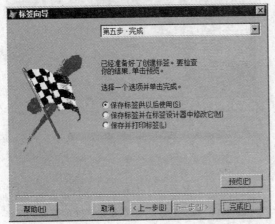

图 8-67 "标签向导"对话框之完成

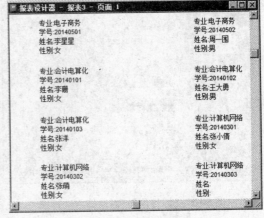

图 8-68 标签的预览结果

⑦单击【完成】按钮,将标签保存为文件名"学生情况",扩展名为.lbx 的标签文件。以后可打开"标签设计器",对创建的标签做进一步的修改。

任务 2 利用标签设计器编辑标签

在"标签设计器"中用户既可以创建一个新的空白标签文件,也可以对原有的标签文件进行修改和美化。"标签设计器"的操作与"报表设计器"的操作完全相同。

课堂实训 15   修改上题创建的标签,并添加标题和照片信息

具体操作

①在"项目管理器"中,选中"学生情况.lbx"标签文件,单击【修改】按钮,打开"标签设计器"窗口,如图 8-69 所示。

②执行"报表"→"可选带区"命令,打开"报表属性"对话框,勾选"报表有标题带区"复选框,如图 8-70 所示,单击【确定】按钮,添加"标题"带区。

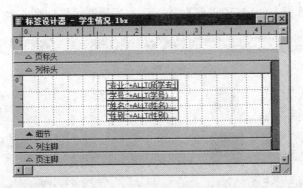

图 8-69　"标签设计器"窗口

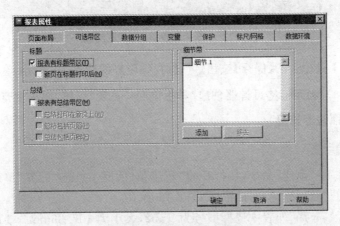

图 8-70　"报表属性"对话框

❸使用"报表控件"工具栏的"标签"控件 A，单击"标题"带区添加标签控件，内容为"学生情况"，并设置属性为"幼圆"，三号，粗体。适当向右调整位置。

❹框选"细节"带区所有内容，设置属性为"宋体"，五号；向左调整位置，在其右侧添加"字段"控件，其表达式为"学生信息表.照片"，调整该控件大小。编辑好的标签布局如图 8-71 所示。

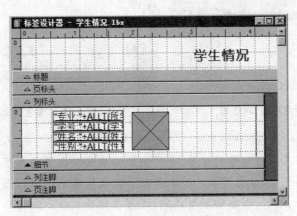

图 8-71　"学生情况"标签布局

313

⑤单击标准工具栏上的【打印预览】按钮,标签的预览结果如图 8-72 所示。

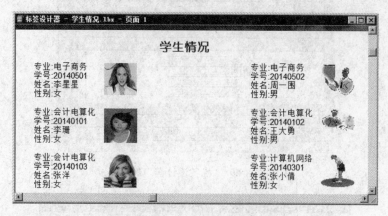

图 8-72 "学生情况"标签预览结果

⑥单击标准工具栏上的【保存】按钮 ,保存编辑好的标签,并关闭标签设计器。

✍ 课堂实训 16 利用标签设计器创建"学生情况一览表"标签,要求含有学号、姓名、出生日期、所学专业、照片等信息

【具体操作】

①执行"文件"→"新建"命令,在打开的"新建"对话框中点选"标签"单选按钮,单击【新建文件】按钮,打开"新建标签"对话框,如图 8-73 所示。

②在"选择标签布局"列表中选择型号为 Tab2,大小为 107.36mm x 107mm ,列数为 2 的标签,单击【确定】按钮,启动"标签设计器",将出现以上选择的标签布局所定义的页面,如图 8-74 所示。

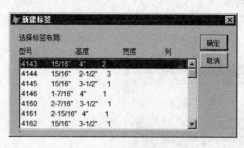

图 8-73 "新建标签"对话框

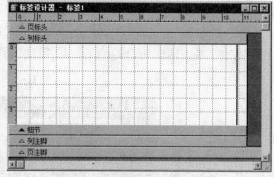

图 8-74 "标签设计器"窗口

⏰ 贴心·提示

列表框中提供了几十种型号的标签,每种型号的后面列出了其高度、宽度和列数。标签向导提供了多种标签尺寸,分为英制和公制两种。默认情况下,"标签设计器"显示五个报表带区:页标头、列标头、细节、列注脚和页注脚,还可在标签上添加组标头、组注、脚标题、总结带区。

❸给标签指定数据源并插入控件。

（1）打开"数据环境"窗口，添加"学生信息表"。把所需的字段，如学号、姓名、出生日期、专业等字段依次从数据环境的学生信息表中，拖曳到标签设计器的"细节"带区靠右相应的位置上进行布局。

（2）框选"细节"带区全部标签控件和字段控件，设置属性为"楷体"，四号并调整位置和对齐方式。

（3）单击"报表控件"工具栏的"图片/OLE 绑定"控件按钮，在"细节"带区左上部分划一矩形框图。在弹出的"图片/OLE 绑定 属性"对话框的"控制源类型"中点选"通用型字段名"单选框。

（4）单击"控制源"文本框后面的 ... 按钮，打开"表达式生成器"对话框，双击"字段"列表框的"照片"字段将其添加到"表达式"列表框中，单击【确定】按钮，返回"图片/OLE 绑定 属性"对话框，在"如果源和帧大小不同"下拉列表框中选择"度量内容，填充帧"选项，参数设置如图 8-75 所示。

（5）单击【确定】按钮，添加"图片/OLE 绑定"控件。在"页标头"带区用"标签"控件加入"学生情况一览表"，设置其格式为"方正舒体""二号"，并在其下面用"线条"控件添加 2 磅线条。

（6）在"细节"带区添加"圆角矩形"控件，将该带区所有内容框起来。

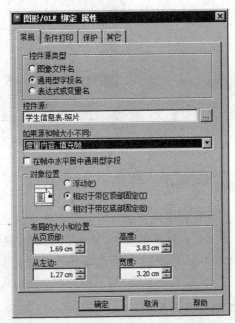

图 8-75　"图像/OLE 绑定 属性"对话框

❹经过以上步骤的设计，标签设计器布局如图 8-76 所示。

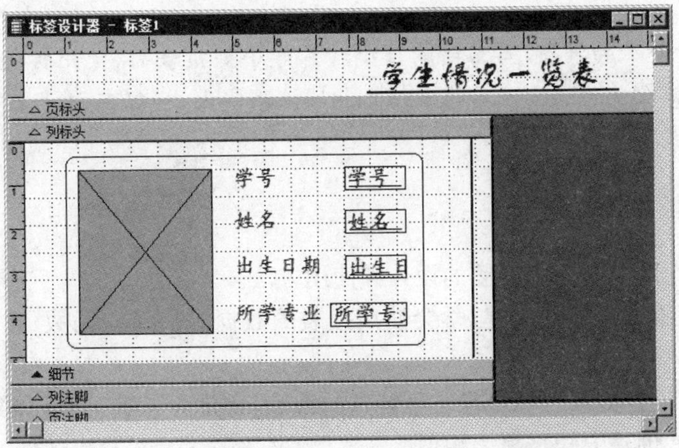

图 8-76　标签设计器布局

❺执行"文件"→"打印预览"命令，标签的预览结果如图 8-77 所示。

❻单击标准工具栏上的【保存】按钮，在弹出的"另存为"对话框中设置"保存标签为"

为"学生情况一览表","保存类型"为"标签(＊.lbx)",单击【保存】按钮,保存设计好的标签并关闭标签设计器。

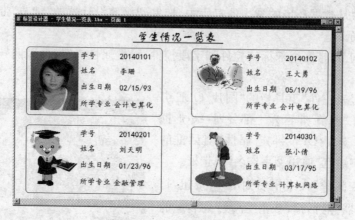

图 8-77　标签预览结果

任务 3　预览并打印标签

预览标签的方法与预览报表的方法完全相同,打印的方法也基本一样。只是在使用命令方式打印标签的时候,命令格式会有些区别。

打印标签的命令格式如下:

LABEL │ REPORT FORM〈标签文件名〉[TO PRINT] [NOCONSOLE]

贴心·提示

当使用 REPORT 输出标签时,标签文件名中的扩展名.lbx 不能省略。

项目小结

标签是一种特殊的报表,当需要输出小卡片等小型报表时,使用标签是非常方便的。标签的创建、编辑及美化的方法与报表基本相同。事实上,标签在设计上要比报表更加灵活,且效果更加丰富多彩。

单元小结

本单元主要介绍了报表和标签的设计和使用方法。

(1)要求掌握报表文件的创建,学会使用报表的数据源、布局、函数、数据分组和多栏报表,并能根据需要输出报表。

(2)掌握标签设计方法。标签是一种特殊的报表,它是为了满足客户需要而设计的一种单列或多列报表。创建方式与报表相似。

报表和标签设计器使用简单、功能强大。深入研究和掌握它的更多性能,将会给设计工作带来很大的方便。

实训与练习

说明:上机实训 1～上机实训 3 所用数据库表结构如图 8-78 所示。

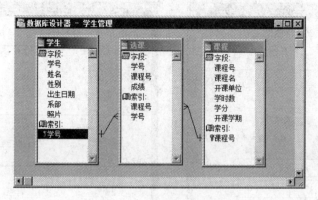

图 8-78　"学生管理"数据库

👉 **上机实训 1**　利用一对多报表向导首先建立按"系部"分组的学生成绩表,并在组注脚处添加"人数",页注脚处添加页号。

实训目的

掌握在报表中添加组注脚和页注脚的方法。

实训步骤参考

①按课堂实训 2 建立报表。

②在页注脚处添加域控件,在"表达式"对话框中添加或选择页变量。

③在组注脚处添加域控件,在"表达式"对话框中添加或选择计数函数。

👉 **上机实训 2**　使用"学生"表中的数据,用快速报表建立一个报表,添加标题"学生情况表",并对报表作适当的修饰。

实训目的

掌握为报表添加标题的方法。

实训步骤参考

①打开"学生"表。

②打开"报表设计器"。

③从"报表"菜单中选择快速报表。

④添加标题带区。输入"学生情况表",并设置字体、字形、字号。

👉 ***上机实训 3**　利用"标签设计器"建立一个如图 8-79 所示的"学生成绩单"标签。

实训目的

掌握"标签设计器"的使用。

实训步骤参考

①按课堂操作 16 的方法打开"标签设计器"。

②按效果图设计版面。

③添加统计函数和平均函数。

☞ **上机实训 4** 　设计如图 8-80 所示的学生档案报表,要求按系部显示学生信息并统计每个系的人数。

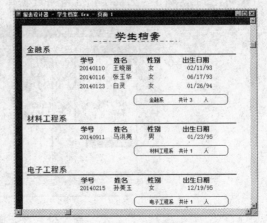

图 8-79　上机实训 3 效果图　　　　　　图 8-80　"学生档案"报表

实训目的

掌握报表的设计方法。

实训步骤参考

①打开"学生"表。

②打开"报表设计器",使用快速报表制作报表。

③添加标题带区,输入"学生档案"。

④添加数据分组,按系部分组。

⑤在组注脚处添加域控件,表达式选择"学号"字段,计算选择"计数"。

⑥各标签和字段控件的布局如图 8-81 所示。

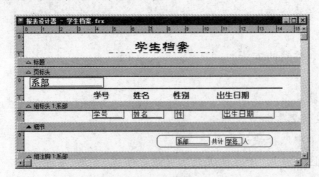

图 8-81　实训 4 各控件布局

填空题

1. 报表文件的扩展名是_____,相应的备份文件的扩展名是_____。

2. 如果对报表进行了分组,报表会自动添加_____和_____带区。

3. 在命令窗口中输入_____命令,可以打印或预览制定的报表。

4. 如希望将标题内容单独打印一页,应从报表菜单中选择_____选项,选中"新页"复选钮。

5. 报表"细节"带区的作用是:_____。

6.设计报表通常包括两部分内容:_____和_____。

7.报表由_____和_____两个基本部分组成。

8.数据源通常是数据库中的表,也可以是_____和_____。

9.创建分组报表需要按_____进行索引或排序,否则不能保证正确分组。

10.利用一对多报表向导创建的一对多报表,把来自两个表中的数据分开显示,父表中的数据显示在_____带区,子表中的数据显示在_____带区。

选择题

1.下列哪个带区不是报表的带区(　　)。

　　A.组注脚　　　　B.总结　　　　C.数据　　　　D.标题

2."报表设计器"中,可以使用的控件是(　　)。

　　A.标签、域控件、列表框　　　　B.标签、文本框、表格

　　C.标签、域控件、线条　　　　D.标签、域控件、页框

3.创建一个新报表,可以使用命令(　　)。

　　A. CREATE REPORT　　　　B. REPORT FORM

　　C. MODIFY REPORT　　　　D. DO REPORT

4.报表的数据源可以是(　　)。

　　A.数据库表、自由表　　　　B.自由表、其他报表

　　C.数据库表或查询　　　　D.表、查询、视图

5.打开设计器,创建一个快速报表,它所包含的基本带区有(　　)。

　　A.页标头、细节和总结　　　　B.页标头、细节和页注脚

　　C.组标头、细节、组注脚　　　　D.标题、细节、总结

6.用于打印报表中的字段、变量和表达式的计算结果的控件是(　　)。

　　A.报表控件　　　B.域控件　　　C.标签控件　　　D.图片/OLE绑定控件

7.标签文件的扩展名是(　　)。

　　A. .LBX　　　　B. .LBT　　　　C. .PRG　　　　D. .FRX

8.报表标题的打印方式为(　　)。

　　A.每组打印一次　　　　B.每列打印一次

　　C.每个报表打印一次　　　　D.每页打印一次

9.标签实质上是一种(　　)。

　　A.一般报表　　　　B.比较小的报表

　　C.多列布局的特殊报表　　　　D.单列布局的特殊报表

10.打印报表文件BB的命令是(　　)。

　　A. REPORT FROM BB TO PRINT　B. DO FROM BB TO PRINT

　　C. REPORT FROM BB PRINT　　D. DO FROM BB PRINT

简答题

1."报表设计器"中带区有哪几类?它们的各自含义是什么?

2.报表中可以使用的控件有哪些?如何添加这些控件?

3.简述制作快速报表的过程。

4.报表和标签有什么区别?

第 **9** 单元

菜单和工具栏

菜单和工具栏为用户提供了一个结构化的、可访问的途径,便于用户使用应用程序中的命令和工具。一个好的应用系统软件必须要有一个友好且使用方便的用户操作界面,菜单是 Visual FoxPro 用户在执行各项操作之前首先接触到的界面元素。通过创建菜单可为用户提供结构化的、可快速访问的操作途径,合理地规划并设计菜单将使应用程序的主要功能得以完整体现。

本单元将通过 4 个项目的讲解,介绍 Visual FoxPro 9.0 中系统菜单、下拉菜单及快捷菜单等有关菜单的创建及设计方法,最后介绍自定义工具栏的创建方法。

项目 1 认识 Visual FoxPro 9.0 系统菜单

项目 2 设计下拉式菜单

项目 3 设计快捷菜单

项目 4 创建自定义工具栏

项目 1　认识 Visual FoxPro 9.0 系统菜单

项目描述

Visual FoxPro 9.0 的系统菜单不但提供了调用 Visual FoxPro 系统功能的途径和方法,也是一个最好的应用实例。研究它的结构和特点,能更好地掌握菜单设计系统。

项目分析

设计菜单首先应该了解菜单的特点与风格,建立菜单的步骤、菜单分组线的设定,以及如何激活菜单项,怎样使菜单项不可用等。因此,本项目可分解为以下任务:

- 系统菜单的结构和种类
- 菜单设计的一般步骤
- Visual FoxPro 9.0 系统菜单

项目目标

- 了解菜单的种类和认识菜单的结构
- 了解菜单的设计步骤
- 掌握系统菜单的组成

任务 1　系统菜单的结构和种类

Visual FoxPro 中有两种菜单形式:菜单和快捷菜单。菜单由菜单栏(主菜单)、子菜单(下拉菜单)及菜单项组成;而快捷菜单是当用户在选定对象上右击鼠标时弹出的菜单。快捷菜单一般由一个或一组上下级弹出式菜单组成。

如图 9-1 所示为 Visual FoxPro 9.0 系统菜单的一般结构。

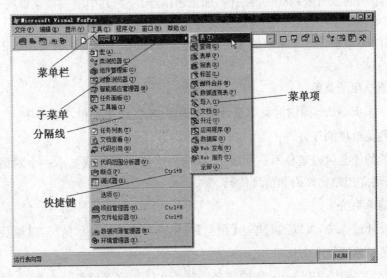

图 9-1　系统菜单的一般结构

由图 9-1 可以看出,Visual FoxPro 9.0 系统菜单分为主菜单和子菜单,主菜单是用来控制应用系统中各项的操作;而子菜单则是主菜单的下一级菜单,子菜单还可以包括子菜单(级联菜单)。菜单中包含菜单项,每个菜单项对应一项操作。当菜单项很多时,可以对菜单项分组,另外,还可以为菜单项定义热键和快捷键。

每个菜单项可以有选择地设置一个热键和一个快捷键。热键通常是一个字符。当菜单被激活时,可以按菜单项的热键快速选择该菜单项。快捷键通常是 Ctrl 键和另一个字符键组合成的组合键。不管菜单是否激活,都可以通过快捷键选择相应的菜单选项。

典型的菜单一般是一个下拉菜单,它由一个菜单和一组弹出式菜单组成。其中菜单栏作为主菜单,弹出式菜单作为子菜单。当选择一个条形菜单选项时,激活相应的条形菜单。

任务2 菜单设计的一般步骤

Visual FoxPro 中创建一个完整的菜单系统通常包括以下几个步骤:

1. 规划菜单系统

首先确定需要哪些菜单,它将出现在操作界面的哪个地方,每个菜单所具有的子菜单有哪些内容。对于一个应用程序而言,菜单系统的质量将决定其实用性,因此,菜单系统的规划非常重要。在规划菜单系统时,应从以下几个方面考虑。

(1)按照用户所要执行的任务组织菜单系统,而不是按照应用程序的层次来组织菜单系统。由于应用程序的最终使用者是用户,因此,菜单的组织要符合最终用户的思考习惯和工作方法。

(2)给每个菜单起一个有意义且言简意赅的标题。

(3)按照预计的菜单项使用频率和逻辑顺序来组织菜单项,如果不能预计使用频率,也无法确定逻辑顺序,可以按照字母顺序组织菜单项。

(4)将菜单项按照功能相近的原则分组,并在菜单项的逻辑组之间放置分隔线。

(5)将菜单项的数目限制在一屏之内,如果超出,则应为其中的一些菜单项创建子菜单。

(6)为菜单和菜单项设置访问键或快捷键。

(7)使用能够准确描述菜单项的文字。描述菜单项时,尽量使用日常用语而不是计算机术语。

2. 创建菜单和子菜单

利用 Visual FoxPro 提供的菜单设计器创建菜单、各级子菜单及菜单项。

3. 指定各菜单项的任务

各菜单项的任务可以是显示一个表单、执行一个应用程序或显示一个对话框等。如果需要,还可以建立初始化代码和清理代码。

4. 预览菜单系统

在菜单设计过程中,可以随时单击【预览】按钮查看菜单的显示情况,以便及时修改。

5. 生成菜单系统

菜单保存后,将生成以 .mnx 为扩展名的菜单文件。该文件是一个表,存储与菜单系统有关的所有信息。执行"菜单"→"生成"命令将生成一个扩展名为 .mpr 的菜单程序文件。

6. 运行菜单程序

执行"程序"→"运行"命令,打开"运行"对话框。在"运行"对话框中指定已生成的扩展名为. mpr 的菜单程序,或在相关的程序代码中及命令窗口中输入 DO 菜单名. mpr 命令,即可运行菜单程序。

任务 3　Visual FoxPro 9.0 系统菜单

Visual FoxPro 9.0 系统菜单是一个典型的菜单系统,其主菜单是一个条形菜单,内部名字为_MSYSMENU,也可将其看成是整个菜单的名字。

如表 9-1～表 9-3 所示为三组常用菜单项和其内部名字。

表 9-1　主菜单(_ MSYSMENU)常见选项

选项名称	内部名字	选项名称	内部名字
文件	_MSM_FILE	编辑	_MSM_EDIT
显示	_MSM_VIEW	窗口	_MSM_WINDO
工具	_MSM_TOOLS	帮助	_MSM_SYSTM
程序	_MSM_PROG		

表 9-2　下拉菜单的内部名字

选项名称	内部名字	选项名称	内部名字
"文件"菜单	_MFILE	"程序"菜单	_MPROG
"编辑"菜单	_MEDIT	"窗口"菜单	_MWINDOW
"显示"菜单	_MVIEW	"帮助"菜单	_MSYSTEM
"工具"菜单	_MTOOLS		

表 9-3　"编辑"菜单(_MEDIT)的部分选项

选项名称	内部名字	选项名称	内部名字
撤销	_MED_UNDO	清除	_MSM_CLEAR
重做	_MED_REDO	全部选定	_MSM_SLCTA
剪切	_MED_CUT	查找…	_MED_FIND
复制	_MED_COPY	替换…	_MED_REPL
粘贴	_MED_PASTE		

项目小结

Visual FoxPro 有菜单和快捷菜单两种菜单形式。而系统菜单分为主菜单和子菜单,主菜单是用来控制应用系统中各项的操作;子菜单则是主菜单的下一级菜单,它可以包括级联菜单。菜单中包含菜单项,每个菜单项对应一项操作。当菜单项很多时,可以对菜单项分组,另外,还可以为菜单项定义热键和快捷键。

项目 2　设计下拉式菜单

项目描述

多数应用程序以菜单的形式列出其具有的功能,用户则通过菜单调用应用程序的各种功能。通过 Visual FoxPro 提供的"菜单设计器",可以方便地创建菜单和编辑菜单,提高应用程序的质量。

项目分析

Visual FoxPro 应用程序的每一部分都可以有自己的菜单系统。使用"菜单设计器"创建菜单的基本步骤有:启动"菜单设计器"、建立下拉式菜单(定义菜单结构)、生成菜单程序文件和运行菜单。因此,本项目可分解为以下任务:

- 启动菜单设计器
- 创建快速菜单
- 在菜单设计器中设计下拉式菜单
- 为顶层表单添加菜单
- 隐藏或显示 Visual FoxPro 的系统菜单

项目目标

- 掌握使用菜单设计器建立菜单的方法
- 掌握为顶层表单添加菜单方法
- 掌握隐藏或显示系统菜单

任务 1　启动菜单设计器

可以通过以下方法启动"菜单设计器"。

1. 交互式方式启动

执行"文件"→"新建"命令,或单击常用工具栏上的【新建】按钮□,打开"新建"对话框,点选"菜单"单选项,如图 9-2 所示,单击【新建文件】按钮,弹出"新建菜单"对话框,如图 9-3 所示,用户可以创建菜单和快捷菜单两种形式的菜单,单击【菜单】按钮,将启动并打开如图 9-4 所示的"菜单设计器",此时,Visual FoxPro 的系统菜单将出现在"菜单"菜单中。

2. 项目管理器启动

打开项目管理器,单击"其他"选项,选中"菜单"选项,单击【新建】按钮,如图 9-5 所示,打开"新建菜单"对话框,单击【菜单】按钮,即可启动"菜单设计器"。

3. 命令方式启动

在命令窗口中输入 CREATE MENU 〈菜单名〉命令,启动"菜单设计器",新建指定"菜单名"的菜单文件。或输入 MODIFY MENU 〈菜单名〉命令,在"菜单设计器"中修改已有的、文件名为"菜单名"的菜单文件。

图 9-2　"新建"对话框

图 9-3　"新建菜单"对话框

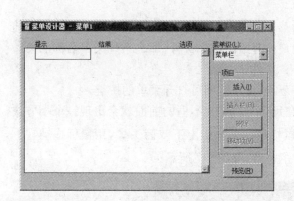

图 9-4　"菜单设计器"窗口

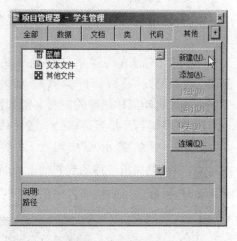

图 9-5　项目管理器

任务 2　创建快速菜单

启动"菜单设计器"后，执行"菜单"→"快速菜单"命令，可以在"菜单设计器"窗口上自动生成一个与 Visual FoxPro 系统菜单一样的菜单，如图 9-6 所示。如果用户设计的菜单类似于 Visual FoxPro 系统菜单，可以先采用此方法建立快速菜单，然后在此基础上根据需要增加菜单或裁减、修改原来的菜单，方便用户快速地创建并设计自己的系统菜单。

贴心·提示

快速菜单只有在"菜单设计器"为空时才可以建立，否则不可用。

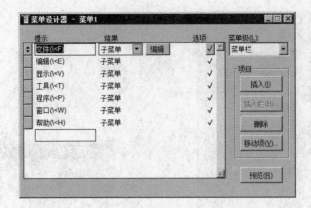

图9-6 快速菜单

任务3 在菜单设计器中设计下拉式菜单

下拉菜单是一种最常见的菜单。设计完成事先规划好的下拉菜单时，可以使用 Visual FoxPro 提供的"菜单设计器"，它能使用户的工作更加方便、快捷。

1. 菜单设计器

菜单设计器主要包括"提示"、"结果"和"选项"等内容。

1）提示

"提示"中输入的是菜单名称，如果想为菜单名称加入热键，可在要设定为热键的字母前面加上一反斜线（\）和小于号（<）。如果用户没有给出这个符号，那么系统菜单名称的第一个字母就被自动当作热键的定义。譬如输入"文件（\＜F）"。

所谓"热键"，是指当菜单处于激活状态下，单击该键即可打开菜单的按键。

另外，一旦在"提示框"中输入了内容，在每个"提示"文本框的前面就会出现一个小方块按钮，当把鼠标指针移动到它的上面时，鼠标指针会变成上下双箭头，用鼠标拖动它上下移动时，可改变当前菜单名称在菜单栏中的位置，如图9-7所示。

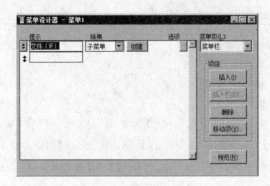

图9-7 提示框操作

2）结果

"结果"列用于指定用户在选择菜单标题或菜单项时发生的动作，它包括如图9-8所示的四个选项。

图 9-8　结果中包含的选项

(1)命令。如果选择"命令",表示菜单项的功能是执行一条命令。选中后,其右边将出现一个文本框,在此文本框中输入要执行的命令。

贴心·提示

此选项只对应执行一条 VFP 命令的情况。

(2)填充名称(或菜单项♯)。若选择此项,可以定义第一级菜单的菜单名或子菜单的菜单项序号。若"菜单设计器"窗口右侧的"菜单级"组合框选中的是"菜单栏",则该处显示"填充名称",表示由用户来定义菜单名;若"菜单设计器"窗口右侧的"菜单级"组合框选中的是其他内容(子菜单),则该处显示"菜单项♯",表示由用户来定义菜单项序号。无论是哪种情况,其右侧都会出现文本框,用户只需将名字或序号输入其中即可。

贴心·提示

若不选择此项,系统会自动为各主菜单和子菜单设定名称,但系统所取的名称不容易记忆,这样不利于在程序中引用它。

(3)子菜单。若选择"子菜单",表示菜单项的功能是打开子菜单。选中此项后,其右侧会出现 创建 按钮(当新建子菜单时)或 编辑 按钮(当对已有子菜单进行修改时),单击该按钮,将打开新的"菜单设计器"窗口供用户设计子菜单,该窗口除右侧"菜单级"组合框中的选项外,其他界面与前述完全一致,如图 9-9 所示。

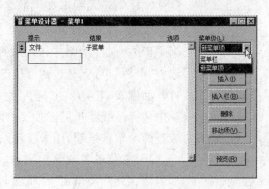

图 9-9　"菜单级"选项

"菜单设计器"右侧的"菜单级"组合框用于从下级菜单设计界面返回到上级菜单设计界面,它包含当前可选的所有菜单项。其中的"菜单栏"表示第一级菜单(主菜单)。

(4)过程。若选择"过程",表示菜单项的操作结果是执行一个过程。选中此项后,其右侧会出现 创建 按钮(当新建过程时)或 编辑 按钮(当修改过程时),单击此按钮,将打开一个文本编辑窗口供用户输入过程代码。

3)选项

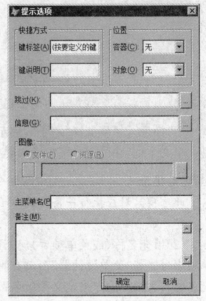

每个菜单都包含一个选项按钮 ,单击此按钮,将弹出"提示选项"对话框,如图 9-10 所示,用于设置菜单项的一些附加属性。当定义了某种属性后,"菜单设计器"窗口的选项按钮 会变成 ✓ 按钮。

用户可以为菜单项定义如下属性。

(1)快捷方式。将光标定位在"键标签"文本框中,直接在键盘上按下要设置的组合键,则该组合键将自动出现在"键标签"和"键说明"文本框中。在"键说明"文本框中可输入对快捷键的说明信息。一旦设置了快捷键,就可以在不打开菜单的情况下通过按快捷键执行菜单项。

⏰**贴心·提示**

CTRL+J 是无效的快捷键。

图 9-10 "提示选项"对话框

(2)位置。用于指定在编辑 OLE 对象时菜单栏和对象的相对位置,它包括无、左、中、右。

(3)跳过。用于设置菜单项的跳过条件,在该文本框中可以输入一个逻辑表达式。在菜单运行期间,若表达式结果为.T.,则该菜单项将不可用。

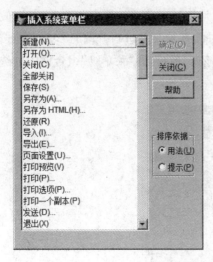

图 9-11 "插入系统菜单栏"对话框

(4)信息。用于输入菜单项的说明信息,该说明信息将出现在 Visual FoxPro 的状态栏中。

(5)图像。"图像"选项区域包括"文件"和"资源"两个单选按钮。若选中"文件"单选按钮,则可在下面的文本框中输入图形文件的名称,或单击文本框右侧的 按钮,打开"打开图片"对话框来指定图片文件。当菜单运行时,该图片将出现在菜单名称的左侧。若选中"资源"单选按钮,则可单击文本框右侧的 按钮,打开如图 9-11 所示的"插入系统菜单栏"对话框,可以从中选择系统菜单的图片。右侧的"排序依据"选项区域有两个单选按钮,用来指定系统菜单项的排序方式。

(6)主菜单名或菜单项#。用于指定菜单项的内部名称。如果不指定,系统会自动命名。当菜单项的"结果"为"命令"、"过程"和"子菜单"时有效。

4）菜单级

在"菜单设计器"右侧的"菜单级"下拉列表中显示
的是当前所处的菜单级别。单击右侧的下三角按钮,在展开的下拉列表中选择其中的某项
可以从子菜单返回上面的任一级菜单。

5）项目

在"菜单设计器"的"项目"区域包含以下四个按钮。

（1）"插入"按钮。该按钮表示在当前菜单项的前面插入一个新的菜单项。

（2）"插入栏"按钮。在设计子菜单时,如果希望将 Visual FoxPro 的系统菜单中的某项
菜单项引入到自定义的菜单中,只要在"菜单设计器"窗口中单击【插入栏】按钮,就会打开
"插入系统菜单栏"对话框,选择其中的某一项,单击【确定】按钮,返回"提示选项"对话框,再
单击【确定】按钮,则该选项就会自动添加到用户自定义菜单中。

⏰ **贴心·提示**

"插入栏"只在设计子菜单时有效。

（3）"删除"按钮。该按钮用于删除光标所在的当前菜单项。

（4）"移动项"按钮。单击该按钮,将会打开如图 9-12 所示的"移动项目"对话框,该对话
框可以将当前菜单项移动到指定的位置。

6）"预览"按钮

在设计菜单的过程中,可以随时单击【预览】
按钮查看菜单的外观,此时,屏幕上将出现"预览"
对话框,同时菜单栏显示用户自定义的菜单,但此
时的菜单不能实际运行。单击【确定】按钮,返回
"菜单设计器"。

7）设置菜单分组

在设计菜单时,为了增强菜单的可读性,可以
使用分隔线将内容相近的菜单项分成组,譬如将
复制、剪切、粘贴分为一组,将保存、另存为、还原
分为一组等。

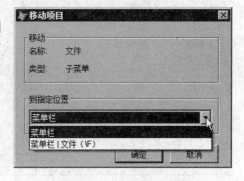

图 9-12　"移动项目"对话框

分组方法如下:

在要插入分隔线的位置插入一个新的菜单项,然后在"菜单名称"栏中输入"\－"。菜单
运行时显示为一条水平分组线。

2. 在菜单设计器中定义菜单结构

"菜单设计器"窗口被打开后,首先设计菜单栏,将菜单栏的菜单项在左侧"菜单名称"框
处按行输入。

✍ 课堂实训 1 设计学籍管理系统的菜单,主菜单包括:数据维护(D)、代码维护(C)、数据打印(P)、退出(Q)。其中"数据维护"的下一层子菜单包括:录入数据、修改数据、浏览数据,单击"退出"菜单,能退出当前菜单并能恢复系统菜单

具 体 操 作

①执行"文件"→"新建"命令,打开"新建"对话框,选择"菜单"选项,单击【新建文件】按钮,打开"菜单设计器"窗口。

②在"菜单名称"文本框处,依次输入"数据维护(\<D)"、"代码维护(\<C)"、"数据打印(\<P)"、"退出(\<Q)",如图 9-13 所示。

③设置快捷键。单击"数据维护"菜单项,在右侧"选项"下面会出现█按钮,单击此按钮,打开"提示选项"对话框,将鼠标定位在标签处,同时按 Ctrl 和 D 键,系统检测并显示出"Ctrl+D",如图 9-14 所示,单击【确定】按钮,即可设置快捷键。

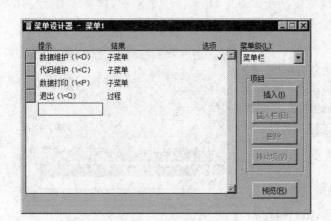

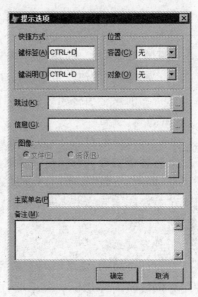

图 9-13 设置主菜单   图 9-14 "提示选项"对话框

④设置下拉式菜单。将光标定位在"数据维护"菜单项上,在"结果"选项中选择"子菜单",然后单击其后的 创建 按钮,打开"数据维护"子菜单设计窗口,如图 9-15 所示,依次设计其子菜单,在设计过程中可以单击【预览】按钮预览设计效果。

⑤将光标定位在"退出"菜单项上,在"结果"选项中选择"过程",然后单击后面的 创建 按钮,在打开的"过程"文本编辑窗口中输入代码:

```
SET SYSMENU NOSAVE
SET SYSMENU TO DEFAULT
```

其中:SET SYSMENU 命令可以允许或禁止在程序执行时访问系统菜单,也可以重新配置系统菜单,如图 9-16 所示。

命令格式:

SET SYSMENU ON|OFF|AUTOMATIC

|TO[〈弹出式菜单名表〉]

|TO[〈条形菜单项名表〉]

|TO[DEFAULT]|SAVE|NOSAVE

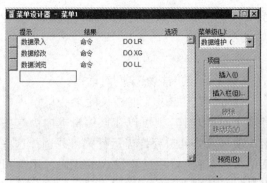

图 9-15　设计"数据维护"子菜单　　　　图 9-16　设计"退出"过程代码

说明

①NO：允许程序执行时访问系统文件。

②OFF：禁止程序执行时访问系统文件。

③AUTOMATIC：可使系统菜单显示出来，可以访问系统菜单。

④TO[〈弹出式菜单名表〉]：重新配置系统菜单，以内部名字列出可用的弹出式菜单。

⑤TO[〈条形菜单项名表〉]：重新配置系统菜单，以条形菜单项内部名列出可用的子菜单。

⑥TO[DEFAULT]：将系统菜单恢复为缺省配置。

⑦SAVE：将当前系统菜单配置指定为缺省配置。

⑧NOSAVE：将缺省配置恢复成 Visual FoxPro 系统菜单的标准配置。

要将系统菜单恢复成 Visual FoxPro 的标准配置，先执行 SET SYSMENU NOSAVE 命令，然后执行 SET SYSMENU TODEFAULT 命令。

⑨SET SYSMENU TO 命令将屏蔽系统菜单，使其不可用。

❻保存菜单结构。执行"文件"→"保存"命令，打开"另存为"对话框，在"保存菜单为"文本框中输入"XJGL"，单击【保存】按钮，将设计的菜单保存为"XJGL. mnx"的菜单文件和"XJGL. mntT"的菜单备注文件。

❼生成菜单程序。执行"菜单"→"生成"命令，弹出"生成菜单"对话框，如图 9-17 所示，单击【生成】按钮，生成"XJGL. mpr"文件。

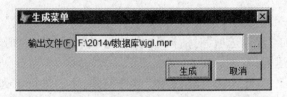

图 9-17　"生成菜单"对话框

❽执行菜单程序。在命令窗口或在程序中输入命令 DO F:\2014VF 数据库\XJGL. mpr 即可执行设计的菜单。

任务4 为顶层表单添加菜单

1. 菜单的"常规选项"和"菜单选项"

在"菜单设计器"窗口打开时，Visual FoxPro 的"显示"菜单会自动增加"常规选项"和"菜单选项"两个菜单项，该菜单项的设置将影响菜单的应用。

1）常规选项

执行"显示"→"常规选项"命令，将打开如图 9-18 所示的"常规选项"对话框。

图 9-18 "常规选项"对话框

（1）过程。如果菜单栏级的某些菜单项没有规定具体动作，则可以在该编辑框内为这些菜单项写入公共过程。当运行菜单并选择这些菜单项时，将执行在这里输入的代码。用户可以在"过程"列表框中直接输入代码，或单击【编辑】按钮，打开专门的文本编辑窗口进行输入。

（2）位置。"位置"区域有四个单选按钮，用于设置用户自定义菜单和系统菜单的相对位置关系。

替换：以用户菜单替换系统菜单，此项为系统默认。

追加：将用户菜单添加到系统菜单之后。

在……之前：将用户菜单插在某系统菜单项之前。选择该单选按钮后，其右侧会出现一个用来指定菜单项的组合框，在组合框中选择一项，则程序运行时，用户菜单将出现在系统菜单项之前。

在……之后：将用户菜单插在某系统菜单项之后。选择该单选按钮后，其右侧会出现一个用来指定菜单项的组合框，在组合框中选择一项，则程序运行时，用户菜单将出现在系统菜单项之后。

（3）菜单代码。"菜单代码"区域有"设置"和"清理"两个复选框。"设置"复选框用于设置菜单系统的初始化代码，该代码在菜单运行时首先被执行，一般包括环境设置、打开必要的文件、声明变量、全局变量等。"清理"复选框用于设置菜单的清理代码，该代码在菜单程序的最后执行，一般包括环境的复原、变量的释放等。无论选择哪一项，都会弹出一个编辑窗口供用户输入代码。

（4）顶层表单。一般情况下，使用"菜单设计器"建立的菜单是在 Visual FoxPro 窗口上运行的。但如果勾选了"常规选项"对话框中的"顶层表单"复选框，则表示当前编辑的菜单将在一个顶层表单中运行。

在顶层表单添加菜单，除勾选"顶层表单"复选框外，还需进行下列操作：首先将要添加菜单的表单的 ShowWindow 属性的值设置为"2－作为顶层表单"，然后在表单的 Init 事件中添加如下代码：DO 菜单名. MPR WITH THIS[,. T.]

2）菜单选项

执行"显示"→"菜单选项"命令，将打开如图 9-19 所示的"菜单选项"对话框。如果用户定义的子菜单的某些菜单项没有规定具体动作，则可在"过程"编辑框中为其写入公共过程。当运行菜单并选择这些子菜单项时，将执行在这里输入的代码。用户既可以直接在编辑框输入，也可以单击【编辑】按钮，在打开的过程编辑窗口中输入。

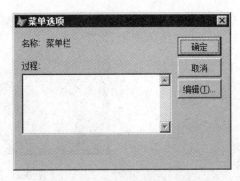

图 9-19　"菜单选项"对话框

2.为顶层表单添加菜单

SDI 菜单是出现在表单文档界面（SDI）窗口中的菜单。若要创建 SDI 菜单，必须在设计菜单时指出该菜单用于 SDI 表单。除此之外，创建 SDI 菜单的过程与创建普通菜单完全相同。

 课堂实训 2　将 XJGL.mpr 菜单挂在一个表单上

具体操作

①菜单设置。首先打开 XJGL.mpr 的"菜单设计器"，执行"显示"→"常规选项"命令，打开"常规选项"对话框，勾选"顶层表单"复选框，如图 9-20 所示，单击【确定】按钮完成设置。

图 9-20　"常规选项"对话框

然后，单击工具栏【保存】按钮，保存菜单并执行"菜单"→"生成"命令生成.mpr 文件。

②表单设置。新建一表单或打开一个已有的表单，这里为新建"学籍管理"表单，将该表单的 ShowWindow 属性值设为"2－作为顶层表单"，然后向表单的 Init 事件添加代码：DO xjgl.mpr WITH This,′gl′。

🕐贴心·提示

菜单文件名中的.mpr 不能省略，This 表示当前表单对象的引用，〈菜单名〉：′gl′是为菜单栏指定一个内部名。

最后，在表单的 Destroy 事件代码中添加"清除"菜单命令，使得关闭表单时能同时清除菜单，释放内存空间。格式如下：

RELEASE MENU 〈菜单名〉［EXTENDED］

🕐贴心·提示

EXTENDED 表示清除菜单栏的同时清除属下的所有子菜单。例如：RELASE MENU gl EXTENDED

③运行表单，可以看到 xjgl.mpr 菜单出现在当前表单的标题栏下面，如图 9-21 所示。

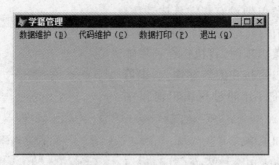

图 9-21　为表单添加菜单

 任务 5　隐藏或显示 Visual FoxPro 的系统菜单

用户在运行自己创建的菜单时,会自动隐藏 Visual FoxPro 的系统菜单,通过 SET SYSMENU 命令可以实现在程序运行期间是否能够访问系统菜单。

格式:

　　SET SYSMENU ON｜OFF｜AUTOMATIC｜TO [DEFAULT]｜SAVE｜NOSAVE

这里:

ON:允许程序执行时访问系统菜单。

OFF:程序执行期间隐藏系统菜单。

AUTOMATIC:使系统菜单显示出来,可以访问。为默认设置。

TO [DEFAULT]:如不带 DEFAULT 选项将隐藏系统菜单,带 DEFAULT 选项将系统菜单恢复为默认配置。

SAVE:将当前系统菜单的配置保存为默认配置。

NOSAVE:将默认配置恢复成系统菜单的标准配置。

项目小结

　　Visual FoxPro 应用程序的每一部分都可以有自己的菜单系统。使用"菜单设计器"创建菜单的基本步骤是:启动"菜单设计器"、定义菜单结构、生成菜单程序文件和运行菜单。

项目 3　设计快捷菜单

项目描述

一般情况下,下拉菜单是一个应用程序完整功能的集合,而快捷菜单则是指在某个对象上右击时弹出的菜单。快捷菜单的建立过程同创建菜单类似,只是运行方法不同。

项目分析

有时在控件或对象上右击时,可以快速展示当前对象可用的所有功能,这就是快捷菜单。可以利用 Visual FoxPro 的"菜单设计器"建立快捷菜单,并将快捷菜单附加在控件中。

因此,本项目可分解为以下任务:
- 创建快捷菜单
- 运行快捷菜单

项目目标
- 掌握建立快捷菜单的方法
- 掌握运行快捷菜单的方法

任务 1　创建快捷菜单

快捷菜单的建立也需要通过"菜单设计器"进行。执行"文件"→"新建"命令,打开"新建"对话框,点选"菜单"选项,单击【新建文件】按钮,或在项目管理器的"其他"选项卡下选择"菜单"选项,单击【新建】按钮,均可打开"新建菜单"对话框,如图 9-22 所示,单击【快捷菜单】按钮,即可打开"快捷菜单设计器"窗口,如图 9-23 所示。

图 9-22　"新建菜单"对话框

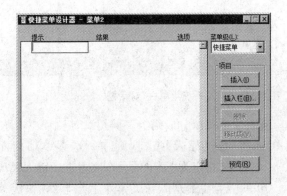

图 9-23　"快捷菜单设计器"窗口

在该窗口建立的菜单即为快捷菜单,快捷菜单的设计过程与菜单级别相同,只是"菜单级"列表框中仅显示为"快捷菜单",表示当前建立的菜单为快捷菜单。

任务 2　运行快捷菜单

快捷菜单设计完成后,首先将其生成为菜单程序文件,然后运行该菜单程序文件。

运行快捷菜单的方法是:在要运行快捷菜单的控件或对象的 RightClick 事件中添加执行菜单程序代码。譬如,若生成的快捷菜单程序文件为 KJ. mpr,要在表单运行过程中调用该菜单,则在表单的 RightClick 事件中写入命令 DO KJ. mpr 即可。

课堂实训 3　为某表单添加快捷菜单 **kjcd**,该菜单有四个选项:剪切(T)、复制(C)、粘贴(P)、清除(A),其中清除与其他三项用分组线分开

（具体操作）

①执行"文件"→"新建"命令,在打开的"新建"对话框中点选"菜单"选项,单击【新建文件】按钮,在弹出的"新建菜单"对话框中单击【快捷菜单】按钮,打开"快捷菜单设计器"窗口。

②依次添加"剪切""复制""粘贴""清除"菜单项,并分别指定其所完成的功能;或利用添

加系统菜单项的方法添加以上四个菜单项。这里采用后面的方法,单击【插入栏】按钮,打开"插入系统菜单栏"对话框,按下【Ctrl】键并依次单击"剪切""复制""粘贴""清除"菜单项,如图 9-24 所示。

③单击【插入】按钮,将其插入到"快捷菜单设计器"中,单击【关闭】按钮,返回"快捷菜单设计器"窗口,效果如图 9-25 所示。

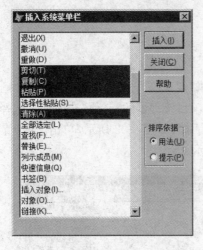

图 9-24 "插入系统菜单栏"对话框　　　　**图 9-25 "快捷菜单设计器"窗口**

④将快捷菜单分成两组,"剪切"、"复制"、"粘贴"为一组,"清除"自成一组,单击"清除"菜单项,再单击【插入】按钮,则在所选菜单项前面插入一个新菜单项,将"提示"设置为"\一","结果"指定为"菜单项#",文本框中键入"_mfi_sp100"表示分组线。

⑤单击【预览】按钮,在屏幕左上角显示"快捷菜单"字样,单击"快捷菜单"查看分组效果,如图 9-26 所示。

图 9-26 预览快捷菜单效果

⑥执行"文件"→"保存"命令,在打开的"另存为"对话框中命名"kjcd. mnx",单击【保存】

按钮,保存创建的快捷菜单。

⑦执行"菜单"→"生成"命令,打开"生成菜单"对话框,如图 9-27 所示,单击【生成】按钮,生成同文件名的".mpr"文件,该文件可以将创建的快捷菜单附加到控件或对象中。

⑧打开需要设置快捷菜单的表单,设置 RighClick 事件代码为:DO kjcd.mpr ,如图 9-28 所示,保存该表单。

图 9-27　"生成菜单"对话框

图 9-28　表单"方法程序"窗口

⑨执行表单,单击右键即可调出快捷菜单,如图 9-29 所示。

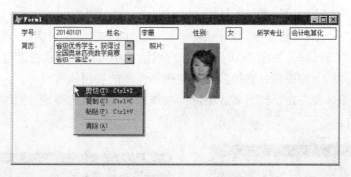

图 9-29　运行快捷菜单的表单

项目小结

快捷菜单是为某控件或对象创建的,因此在快捷菜单上要添加该控件或对象的所有可能的操作,至少是常用的操作,通过设置属性将其添加到控件或对象上,以便快速地执行任务。快捷菜单的创建方法与菜单相同,只是运行方法不同。

 项目 4　创建自定义工具栏

项目描述

如果程序中包含一些经常需要重复执行的操作,可以将其定义成工具栏,以此来简化操作,加速任务的执行。譬如,如果用户要经常从菜单中选择打印报表命令,则最好能提供带有打印按钮的工具栏,从而简化这项操作。

项目分析

Visual FoxPro 9.0 中工具栏的创建一般有两种形式,一个是利用 Visual FoxPro 的工

337

具栏进行修改定制;另一个是利用 Visual FoxPro 提供的工具栏基类,创建自定义工具栏,然后将其添加到表单集中。因此,本项目可分解为以下任务:

- 定制工具栏
- 创建并应用自定义工具栏

项目目标

- 掌握定制工具栏的方法
- 掌握自定义工具栏的创建方法
- 掌握自定义工具栏的添加方法

任务1 定制工具栏

创建工具栏最简单的方法就是修改 Visual FoxPro 提供的工具栏。既可以通过添加或移去按钮来修改现有的工具栏,也可以创建包含现有工具栏按钮的新工具栏。

1.修改现有的 Visual FoxPro 工具栏

执行"显示"→"工具栏"命令,打开如图 9-30 所示的"工具栏"对话框,单击【定制】按钮,弹出"定制工具栏"对话框,如图 9-31 所示,在此对话框中可以对工具栏进行如下修改操作。

(1)删除工具栏上的按钮。直接将工具栏中不常用的按钮拖离即可。

(2)添加按钮。首先在"分类"列表中选择要添加工具所属的类别,然后将所需按钮拖曳到工具栏上即可。

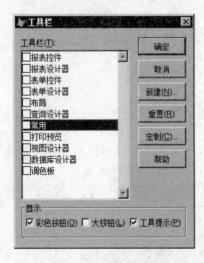

图 9-30 "工具栏"对话框

图 9-31 "定制工具栏"对话框

2.利用现有工具栏创建新工具栏

除上述方法外,用户还可以创建由其他工具栏按钮组成的新工具栏。方法如下:

(1)单击"工具栏"对话框的【新建】按钮,打开"新工具栏"对话框,在"工具栏名称"框中输入新建工具栏名称,如图 9-32 所示。

图 9-32　"新工具栏"对话框

图 9-33　新建的工具栏

（2）单击【确定】按钮，打开"定制工具栏"对话框，在"分类"列表框中选择一种类别，然后将所需的按钮拖曳到新建的工具栏上，如图 9-33 所示。

任务 2　创建并应用自定义工具栏

如果要创建一个自定义工具栏，并使它包含已有工具栏中所没有的按钮，则可以通过定义一个自定义工具栏类完成此项任务。利用 Visual FoxPro 提供的工具栏基类可以创建所需的类。

1.定义自定义工具栏类

利用 Visual FoxPro 提供的工具栏基类定义了工具栏类后，可向工具栏类添加对象，并为自定义工具栏定义属性、事件和方法程序，最后可将工具栏添加到表单集中。

课堂实训 4　自定义一个工具栏，其中包含"保存"、"复制"、"剪切"、"粘贴"四个按钮，其中"保存"与其他三项要分隔开

（具体操作）

①执行"文件"→"新建"命令，打开"新建"对话框，点选"类"，单击【新建文件】按钮；或从"项目管理器"中选择"类"选项卡，单击【新建】按钮，均可打开"新建类"对话框。

贴心·提示

自定义工具栏也可以使用 CREATE CLASS 或 MODIFY CLASS 命令创建。

②在"类名"框中输入新类的名称，在"派生于"框中选择"Toolbar"，以使用 工具栏基类。或者单击按钮，以便选择其他工具栏类，如图 9-34 所示。

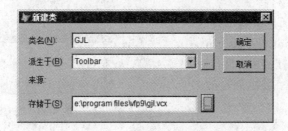

图 9-34　"新建类"对话框

③单击【确定】按钮，打开"类设计器"窗口，如图 9-35 所示。

④设计按钮。从"表单控件"工具栏上,选择"按钮"控件,单击 🔒 按钮,将光标置于自定义工具栏上,单击四次,工具栏上出现 4 个按钮控件,如图 9-36 所示。

图 9-35 "类设计器"窗口   图 9-36 添加按钮控件   图 9-37 设计工具类

⑤添加分隔符。在"表单控件"工具栏上单击 ⅠⅠ 按钮,将光标置于自定义工具栏上第一与第二个按钮之间并单击,这时第一与第二个按钮之间会出现一个间隔,将按钮按性质分组。

⑥修改命令按钮"Picture"属性,可添加图片。在"表单控件"工具栏上单击"选定对象"按钮,单击自定义工具栏第一个按钮,在"属性"对话框中选择 Picture 属性,单击 … 按钮去选择图片。本例中图片是在安装路径下 VFP9\ Wizards\Graphics 文件夹中选择图片,单击【确定】按钮,即可添加图片。图片的名称分别为:SAVE. BMP、COPY. BMP、CUT. BMP、PASTE. BMP,效果如图 9-37 所示。

⏰贴心·提示

对象可以移动,但每次只能移动一个对象。

⑦为新建的工具栏类添加一个自定义属性 oFormRef。执行"类"→"新建属性"命令,打开"新建属性"对话框。在名称处输入 oFormRef,如图 9-38 所示,单击【添加】按钮,再单击【关闭】按钮。

⑧编写事件代码:

● 工具栏的 Init 事件代码:

  PARAMETER oForm

  THIS. oFormRef＝oForm

● 工具栏的 AfterDock 事件代码:

  WITH_VFP. ActiveForm

  . Top＝0

  . Left＝0

  . Height＝ THIS. oFormRef. Height－32

  Width＝ THIS. oFormRef. Width－8

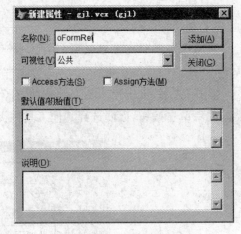

图 9-38 "新建属性"对话框

● 命令按钮的 Click 事件代码

　　Command1：_VFP. ActiveForm. save

　　Command2：SYS(1500，"_med_copy"，"_medit")

　　Command3：SYS(1500，"_med_cut"，"_medit")

　　Command4：SYS(1500，"_med_paste"，"_medit")

⑩保存自定义工具栏类。

2. 应用自定义工具栏

　　在创建了自定义工具栏并保存在指定的可视类库后，就可以把自定义工具栏添加到表单中，使得在打开表单的同时，也打开自定义工具栏。

 课堂实训 5　将自定义的工具栏添加在表单中

（具体操作）

①打开一个带有编辑控件的表单。

②在"表单控件"工具栏中选择"查看类"按钮，在弹出的列表中选择"添加"，打开"打开"对话框。

③在"打开"对话框中选择自定义工具栏可视类库的文件名"gjl. vcx"，单击【打开】按钮，此时所添加的新类按钮将会出现在"表单控件"工具栏上，如图 9-39 所示。

④在控件工具栏中选择自定义类"gjl"控件，单击表单的空白处，将弹出如图 9-40 所示的对话框，询问是否创建表单集。

图 9-39　表单控件　　　　　　　　　图 9-40　创建表单集询问框

⏰贴心·提示

　　在 Visual FoxPro 中，用户只能在表单集中添加工具栏，让工具栏与表单集中的各个表单一起打开，而不能直接在某个表单中添加工具栏。

⑤单击【是】按钮，则系统将首先创建一个含有被打开表单的表单集，然后将新的工具栏加入到表单集中。

⑥保存并执行表单，可以看到新的工具栏出现在运行窗口中，如图 9-41 所示。该工具栏可以放在运行窗口中的任何位置，并在关闭表单集时自动关闭。

（项目小结）

　　工具栏可以简化对象的重复操作，用户既可以定制工具栏，也可以创建自定义工具栏，自定义工具栏只能应用到表单集中。

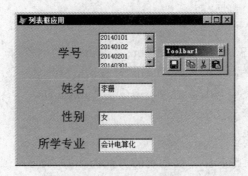

图 9-41   添加工具栏效果

单 元 小 结

本单元主要介绍了菜单和工具栏的设计和使用方法。

（1）要求掌握菜单的基本结构和菜单设计器的使用，学会主菜单、快速菜单和快捷菜单的创建和应用方法。

（2）创建菜单的一般步骤是：设计菜单栏、创建主菜单和菜单项、为菜单项和子菜单指定任务及定义快捷键、生成并运行菜单程序。

（3）要求掌握工具栏的创建方法。创建工具栏一般有两种方法，一是定制工具栏；二是利用工具栏基类，创建自定义工具栏并应用到表单集中。

实训与练习

☞ **上机实训 1**   创建一个含有"文件"和"退出"两个菜单项的下拉菜单，其中"文件"菜单有"打开"、"浏览"、"关闭"三个选项，这里"打开"调出系统菜单，打开一个表文件；"浏览"使用"BROWSE"命令浏览数据；"关闭"关闭当前工作区打开的表；"退出"返回系统并恢复系统设置。

实训目的

掌握建立条形菜单的方法以及调用系统菜单的方法。

实训步骤参考

①执行"文件"→"新建"命令，打开"新建"对话框；点选"菜单"选项，单击"新建文件"按钮，打开"菜单设计器"窗口。

②在"菜单名称"框分别输入"文件"、"退出"。

③在"文件"项上创建下一层菜单"打开"、"浏览"、"关闭"。

④在"打开"项上的"结果"选项中选择"菜单项#"，在相应的编辑框中输入"_MFI_OPEN"。

⑤在"浏览"项上的"结果"选项中选择"命令"，在相应的编辑框中输入"BROWSE"。

⑥在"关闭"项上的"结果"选项中选择"命令"，在相应的编辑框中输入"USE"。

⑦返回上一层菜单，在"退出"项上的"结果"选项中选择"过程"，在相应的编辑框中输入：

    SET SYSMENU NOSAVE
    SET SYSMENU TO DEFAULT

⏰ **贴心·提示**

"打开"菜单的内部名字为"_MFI_OPEN"。

👉 **上机实训 2**　为顶层表单设计菜单。菜单项："标题字体",其中有三个选项,"宋体"、"楷体"、"黑体",使用菜单字体选项,去改变标签中的文本字体。

图 9-42　条形菜单

实训目的

掌握为顶层表单添加菜单的方法。

实训步骤参考

①打开"菜单设计器",按图 9-42 所示设计一条形菜单。

②在每个菜单项所对应的过程中书写代码。如"宋体"对应的过程代码:

　　_VFP. ActiveForm. Label1. FontName＝"宋体"

③执行"显示"→"常规选项"命令,并勾选"顶层表单"选项,单击【确定】按钮。

④保存菜单并生成. mpr 文件。

⑤新建一表单,表单上有一个标签控件。

⑥将表单的 ShowWindow 属性值设为 2,定义成顶层表单。

⑦向表单的 Init 事件添加代码:DO〈菜单文件名〉WITH This[,"〈菜单名〉"]

⑧在表单的 Destroy 事件代码中添加"清除"菜单命令。

⏰ **贴心·提示**

使用标签的 FontName 属性。

👉 **上机实训 3**　为一表单设计有"时间"和"日期"两个选项的快捷菜单,选择时间时表单上显示当前时间;选择日期时,表单上显示当前日期。

实训目的

掌握快捷菜单的使用方法。

实训步骤参考

①执行"文件"→"新建"命令,在打开的"新建"对话框中点选"菜单"选项,单击【新建文件】按钮,在弹出的"新建菜单"对话框中单击【快捷菜单】按钮,打开"快捷菜单设计器"窗口。

②分别添加菜单项"日期"、"时间",在其对应的过程中编写相应代码,如"日期"过程对应的代码如下:

　　_vfp. activeform. label1. caption＝"当前日期是:"

　　_vfp. activeform. label2. caption＝str(year(date()))＋"年"＋ str(month(date())＋

　　＋"月"＋str(day(date()))＋"日"

"时间"过程对应的代码如下:

　　_vfp. activeform. label1. caption＝"当前时间是:"

　　_vfp. activeform. label2. caption＝str(hour(time()))＋".点"＋ str(minute(time()))＋

　　＋"分"＋str(sec(time()))＋"秒"

⏰**贴心·提示**

年、月、日的表示使用相应的函数。如年份表示 year(date())。

③保存创建的快捷菜单,文件名为"快捷菜单.mnx",执行"菜单"→"生成"命令,将快捷菜单生成为"快捷菜单.mpr"。

④在"表单设计器"中设计如图 9-43 所示表单。表单上有 2 个标签,1 个命令按钮。

 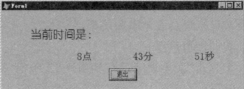

图 9-43 实训 3 效果

⑤在表单的 RightClick 事件代码中添加调用快捷菜单的程序命令:

DO 快捷菜单.mpr

⑥表单运行结果如图 9-44 所示。

图 9-44 表单运行结果

填空题

1.使用"菜单设计器"定义菜单,最后生成的菜单文件的扩展名是_____。该文件不能直接运行,必须生成扩展名为_____的文件,才能运行。

2.为顶层表单设计菜单时,需要在"常规选项"对话框中勾选"_____"复选框,其次要将表单的_____属性设置为 2,使其成为顶层表单,最后需要在表单的相应代码中设置调用菜单程序的命令。

3.快捷菜单从属于某个界面对象,在设计时,通常是在对象的_____事件代码中添加调用该菜单的程序命令。

4.在设计菜单时,定义分组线的符号是_____。

5.菜单中的快捷方式是在定义菜单时在访问键的前面加上_____字符,然后在菜单项中选"_____"中的无符号按钮,出现"提示选项"对话框,进行快捷键设置。

6.在命令窗口输入_____命令可以启动菜单设计器。

7.关闭 Visual FoxPro 系统菜单的命令是_____。

8.将 Visual FoxPro 系统菜单设置为默认菜单的命令是_____。

9.要为表单设计菜单,首先需要在设计菜单时在"常规选项"对话框中选中_____复选框,其次要将表单的 ShowWindow 属性设置为_____,使其成为顶层表单,最后需要在表单的_____事件代码中添加调用菜单程序的命令。

10.热键和快捷键的区别是使用_____时,菜单必须是处在激活状态。

选择题

1.为表单建立了快捷菜单 MYMENU,调用快捷菜单的命令代码 DO mymenu. mpr WITH THIS 应该放在表单的( )事件中。

A. Desory B. Init 事件 C. Load 事件 D. RIGHTCLICK 事件

2.为了从用户菜单返回到系统菜单应该使用命令( )。

A. SET DEFAULT SYSTEM B. SET MENU TO DEFAULT

C. SET SYSTEM TO DEFAULT D. SET SYSMENU TO DEFAULT

3.使用"菜单设计器"定义了一个名为"MENULX"的条形菜单,并生成了菜单程序。运行此菜单的命令是( )。

A. DO MENULX B. DO MENULX. MNX

C. DO MENULX. MPR D. DO MENU MENULX

4.要将"文件"菜单的热键设置为 F,可用( )定义该菜单标题。

A. 文件(F) B. 文件(<\F) C. 文件(\<F) D. 文件(ˆF)

5.运行名为 MAIN 的菜单程序的命令是( )。

A. DO MAIN B. DO MAIN,MPR

C. DO MAIN. MNX D. 以上都不对

6.所谓快捷菜单,是指( )。

A. 当用户在某个对象上右击时弹出的菜单

B. 运行速度较快的菜单

C. "快速菜单"另一种说法

D. 可以为菜单项指定快速访问的方式

7.以下关于菜单的叙述正确的是( )。

A. 菜单设计完成后必须生成程序代码

B. 菜单设计完成后不必生成程序代码,可以直接使用

C. 菜单项的热键和快捷键功能相同

D. 为表单建立快捷菜单时,调用快捷菜单的命令代码应写在表单的 Init 事件中

简答题

1.简述条形菜单的定义过程。

2.简述菜单项"退出"过程代码的内容。

3.简述快捷菜单的设计过程。

4.简述为顶层表单添加菜单设计过程。

5.简述启动"菜单设计器"的方法。

第10单元

应用系统开发实例

开发数据库应用系统是学习 Visual FoxPro 9.0 的最终目标,本单元主要介绍如何把已经设计好的数据库、表单、报表、菜单等组件连编成一个完整的应用程序。

本单元将通过 5 个项目的讲解。

项目1 系统开发基本步骤

项目2 连编应用程序

项目3 主程序设计

项目4 应用程序生成器

项目5 应用系统开发实例

项目 1 系统开发基本步骤

项目描述

了解系统开发的步骤是开发数据库应用系统的前提,只有了解系统开发的过程及方法,才能正确并顺利地开发出用户需求的数据库应用系统。

项目分析

首先了解应用系统开发过程,然后学习系统开发的方法和步骤,为后续的系统开发实例做准备。因此,本项目可分解为以下任务:

- 系统开发过程
- 建立应用程序目录结构
- 项目集成
- 加入项目信息

项目目标

- 了解系统开发的基本过程
- 掌握建立完成系统目录的方法
- 掌握使用项目管理器组织应用系统的方法
- 掌握加入系统项目信息的方法

任务 1　系统开发过程

1. 需求分析

通过详细调查现实世界要处理的对象(组织、部门、企业等),明确用户的信息需求、处理需求、安全性和完整性需求。

2. 数据库设计

根据用户需求,确定需要的表、视图及表间联系等。

3. 应用程序设计

包括设计用户界面、表单、报表、菜单、建立项目及将所有模块连接并编译在一起。

4. 测试与调试

在应用程序设计过程中,为了发现和纠正程序中的错误,需要反复进行测试和调试。

贴心·提示

测试是为了发现程序中的错误,调试是为了诊断和改正程序中的错误。

任务 2　建立应用程序目录结构

一个完整的应用程序,包含多种不同类型的文件,如数据库文件、表文件、表单文件、菜单文件、报表文件。

为了便于以后的修改、维护,需要建立一个层次清晰的目录结构。如图 10-1 所示就是一个目录结构示例,将数据库文件、表文件、索引文件放在 DATA 目录中,将表单文件放在 FORMS 目录中,让不同文件各归其所。

```
⊟ 📁 应用程序
    📁 DATA
    📁 FORMS
    📁 GRAPHICS
    📁 HELP
    📁 INCLUDE
    📁 LIBS
    📁 MENUS
    📁 PROGS
    📁 REPORTS
```

图 10-1 应用程序目录结构

任务 3 项目集成

人们在开发一个项目时,可以通过两种不同的方法进行,一种是在基本开发完成时,利用项目管理器将整个系统文件统一管理起来。另一种是在一开始开发项目时,就先建立项目管理系统,然后每开发一个都自动存放在项目系统中。

选择哪一种方法,完全取决于开发者的习惯。"项目管理器"是 Visual FoxPro 开发人员的工作平台。下面以一个简单的"学生管理"信息系统为例,说明利用"项目管理器"组织应用系统的步骤。

课堂实训 1 用"项目管理器"组织一个简单的"学生管理信息"系统

具体操作

①创建或打开已有的"学生管理"项目管理器。

②将已开发完成的各个模块或部件通过"项目管理器"添加到"学生管理"项目中。

③在"项目管理器"中自下而上地调试各个模块。

贴心·提示

①"模块"或"部件"是指能完成特定功能的命令文件、表单、报表或菜单等。②"自下而上"是指先调试可以独立运行的模块单元,然后再调试运行调用它们的模块单元。

任务 4 加入项目信息

打开已创建的项目管理器,譬如"学生管理"项目,执行"项目"→"项目信息"命令,或者在"项目管理器"上单击鼠标右键,在弹出的快捷菜单中选择"项目信息"命令,均可打开如图 10-2 所示的"项目信息"对话框。

在"项目信息"对话框中,单击"项目"选项卡,依次添加作者、单位、地址、城市等项目信息,最后单击【确定】按钮。

贴心·提示

①"调试信息"复选框用于指定已编译文件是否包含调试信息。如果勾选此选项,则可以在"跟踪"窗口中查看程序执行的情况,对程序的调试有很大帮助,但是会增加程序的大小。因此,在交付用户之前进行连编时应清除此复选框。②"加密"复选框用于指定是否为了安全性对已编译的文件加密。③"附加图标"复选框用于在应用程序运行时,指定是否显示一个选定的图标。

图 10-2　"项目信息"对话框

项目小结

　　应用系统开发步骤是后续开发数据库系统的基础,系统的开发需要经过需求分析、数据库设计、应用程序设计、测试与调试四个阶段,根据需求建立结构清晰的系统目录,利用项目管理器组织应用系统的开发,进行项目集成,最后完善项目信息。

 项目 2　连编应用程序

　　项目描述

　　连编应用程序是将应用程序的所有模块连接并编译在一起,生成扩展名为.exe 的可执行文件。连编应用程序是发布应用程序的基础。

　　项目分析

　　在连编生成应用程序文件之前,先要确定在应用程序中分别包含和排除哪些文件。然后设置应用程序入口的主文件,最后进行应用程序的连编。因此,本项目可分解为以下任务:

- 设置文件的包含与排除
- 设置主文件
- 连编项目
- 连编应用程序
- 运行应用程序

　　项目目标

- 掌握设置文件包含与排除的方法
- 掌握设置主文件的方法

● 掌握连编项目及应用程序的方法
● 掌握运行应用程序的方法

任务 1　设置文件的包含与排除

在连编生成应用程序文件之前,首先要确定在应用程序文件中将包含哪些文件、排除哪些文件。凡设置为"包含"的文件,在连编后将包含在生成的应用程序文件内;凡设置为"排除"的文件,在连编后将不包含在应用程序文件内。

1. 设置规则

凡不需要用户更新的文件设置为"包含",如表单文件、命令文件、菜单文件。凡需要用户更新的文件设置为"排除",如数据库文件、表文件。

2. 设置方法

在"项目管理设计器"中选中指定的文件,单击鼠标右键,在弹出的快捷菜单中选择"包含"或"排除"即可。

贴心·提示

如果文件设置为"排除",在文件名左侧将出现符号 Φ;如果文件设置为"包含",则在文件名左侧符号 Φ 消失。

任务 2　设置主文件

主文件是整个应用程序的入口,当用户运行应用程序时,将首先启动主文件,然后主文件再调用其他程序。

1. 选择主文件

在 Visual FoxPro 中程序文件、菜单、表单或查询都可以作为主文件,一般来讲,最好使用程序文件,称为主程序。关于主程序的具体内容将在项目 3 中专门介绍。

2. 设置主文件的方法

在"项目管理器"中选中指定的文件,执行"项目"→"设置主文件"命令,或单击鼠标右键,在弹出的快捷菜单中选择"设置主文件"选项,则"项目管理器"中将以黑体显示主文件名。

任务 3　连编项目

连编项目的目的是为了分析项目中对所有文件的引用,自动把所有的隐式文件包含到项目中,并重新编译过期的文件。

课堂实训 2　在项目管理器中连编项目

具体操作

①在"项目管理器"中选中主文件,单击【连编】按钮,弹出"连编选项"对话框。

②在"连编选项"对话框中,点选【重新连编项目】单选按钮,单击【确定】按钮。

③如果在项目连编过程中发生错误,必须纠正或排除错误,并且反复进行"重新连编项

目"操作,直至连编成功。

⏰ **贴心·提示**

也可以通过命令方式连编项目,格式:BUILD PROJECT〈项目文件名〉。

📶 任务4 连编应用程序

连编应用程序,就是将项目中所有设置为"包含"的文件连编成一个应用程序文件。

应用程序文件有两种形式:

● 应用程序文件(.APP):需要在 Visual FoxPro 中运行。

● 可执行文件(.EXE):可以在 Windows 环境下运行,但需要两个动态连接库 Vfp9r.dll 和 Vfpenu.dll。

✍ **课堂实训 3 在"项目管理器"中连编应用程序**

具体操作

①在"项目管理器"中单击【连编】按钮,弹出如图 10-3 所示的"连编选项"对话框。

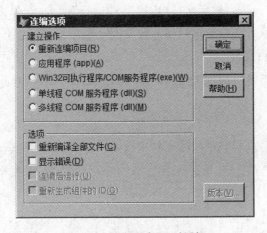

图 10-3 "连编选项"对话框

②在"连编选项"对话框中,若点选【应用程序(app)】单选框,单击【确定】按钮,则生成一个.APP 文件;若点选【Win32 可执行程序/COM 服务程序(exe)】单选框,单击【确定】按钮,则生成一个.EXE 文件。

⏰ **贴心·提示**

也可以使用命令方式连编应用程序:

格式 1:BUILD APP〈应用程序文件名〉FROM〈项目文件名〉

功能:连编项目生成一个应用程序文件。

格式 2:BUILD EXE〈可执行文件名〉FROM〈项目文件名〉

功能:连编项目生成一个可执行文件。

课堂实训 4 用命令方式从"学生管理. PJX"项目连编得到一个应用程序"学生管理统. APP"

┌─────────────┐
│ **具 体 操 作** │
└─────────────┘

在命令窗口键入命令：

　　　BUILD APP 学生管理系统 FROM 学生管理

课堂实训 5 用命令方式从"学生管理. PJX"项目连编得到一个可执行文件"学生管理系统. EXE"

┌─────────────┐
│ **具 体 操 作** │
└─────────────┘

在命令窗口键入命令：

　　　BUILD EXE 学生管理系统 FROM 学生管理

任务 5 运行应用程序

1. 运行. APP 应用程序

首先启动 Visual FoxPro, 然后执行"程序"→"运行"命令, 在弹出的"运行"对话框中选择要执行的应用程序；或者在命令窗口输入命令 DO 应用程序文件名。

2. 运行. EXE 可执行文件

在 Windows 下双击该可执行文件(. EXE)图标, 也可以在 Visual FoxPro 中运行。

┌─────────┐
│ 项目小结 │
└─────────┘

　　连编应用程序是将应用程序的所有模块连接并编译在一起, 生成扩展名为. exe 的可执行文件。连编应用程序的过程是设置文件的包含与排除、设置入口的主文件、连编项目, 即运行应用程序。

项目 3 主程序设计

项目描述

　　主程序作为整个应用程序的入口, 主要任务是: 初始化应用程序运行环境、显示用户界面、控制事件循环、恢复原始环境。

项目分析

　　主程序在整个应用系统中占有主导地位, 设计好主程序至关重要, 应按照其任务依次设计。因此, 本项目可分解为以下任务：

● 初始化环境

● 初始的用户界面设计

● 控制事件循环

● 恢复环境设置

项目目标

● 掌握主程序的编写及设计方法

任务 1　初始化环境

初始化环境包括为应用程序建立特定的环境使用的 SET 命令,还包括定义公共变量、打开数据库、打开表等命令。

任务 2　初始的用户界面设计

初始的用户界面可以是菜单,也可以是表单,或两者兼有之。

在主程序中使用 DO 命令运行菜单,使用 DO FORM 命令运行表单,以显示用户初始界面。

任务 3　控制事件循环

在显示初始的用户界面后,执行开始事件循环命令:READ EVENTS,将主程序挂起,以便系统处理鼠标单击、键盘键入等用户事件。

当程序运行结束时,必须在"退出"按钮的事件或"退出"菜单项中包括结束事件循环的命令:CLEAR EVENTS,以便继续执行原来被挂起的主程序。

任务 4　恢复环境设置

在程序结束时,使用 SET 命令恢复原来的环境设置,包括关闭数据库、关闭表等命令。

下面是一个简单的主程序样例:

主程序文件名:mian. prg

内容:

```
set talk off          && 设置初始环境
do form〈主表单〉       && 显示用户初始画面
read events           && 开始事件循环
set talk on           && 恢复环境设置
```

项目小结

主程序是整个应用系统的入口程序,操作环境及各表单及事件的运行由该程序执行,因此,设计一个好的主程序将是应用系统好的开端。

项目 4　应用程序生成器

项目描述

Visual FoxPro 9.0 的应用程序生成器提供了应用程序的一般需求,它可以大大简化应用系统的开发工作。

项目分析

本项目以一个简单的工资管理应用系统为例,说明使用应用程序生成器开发应用系统的步骤。因此,本项目可分解为以下任务:

- 启动应用程序向导
- 设置应用程序的类型
- 填写应用程序相关信息
- 创建表、生成表单和报表
- 程序生成器与项目一致性
- 连编成可执行程序

项目目标

- 掌握运用应用程序生成器开发应用系统的方法

任务1 启动应用程序向导

(1)执行"工具"→"向导"→"应用程序"命令,打开"应用程序向导"对话框,输入项目名称,并勾选【创建项目目录结构】复选框,如图 10-4 所示。

(2)单击【确定】按钮,则生成一个应用程序框架,该框架包含了应用程序目录,一个项目文件和其他相关文件。同时弹出"项目管理器"和"应用程序生成器"对话框,如图 10-5 和图 10-6 所示。

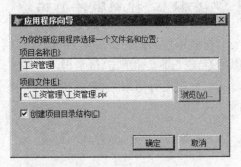

图 10-4 "应用程序向导"对话框

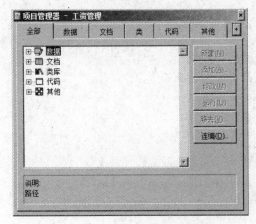

图 10-5 "工作管理"项目管理器

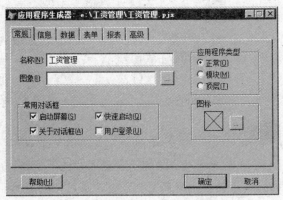

图 10-6 "应用程序生成器"对话框

任务2 设置应用程序的类型

在"应用程序生成器"对话框的"常规"选项卡中,点选"应用程序类型"栏下的【顶层】单选按钮,如图 10-7 所示,目的是为了生成.EXE可执行文件。

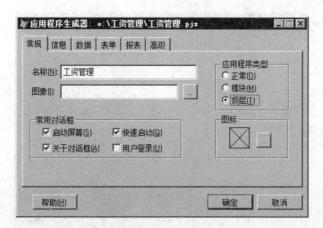

图 10-7　设置应用程序类型

任务3　填写应用程序相关信息

在"应用程序生成器"对话框的"信息"选项卡中依次填写作者、公司、版本、版权、商标等信息,如图 10-8 所示。这些信息将出现在应用程序的启动画面和"关于"对话框中。

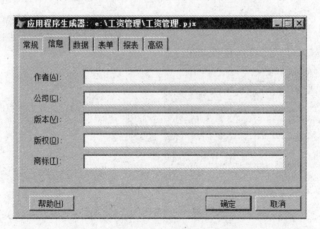

图 10-8　填写应用程序相关信息

任务4　创建表、生成表单和报表

课堂实训 6　创建表 GZ.DBF(工号 C(4)、姓名 C(8)、性别 C(2)、部门 C(10)、基本工资 Y、岗位津贴 Y、奖金 Y),并生成表单和报表

具体操作

①在"项目管理器"中"数据"选项卡的"自由表"下,单击【新建】按钮,新建表 GZ.DBF,如图 10-9 所示,保存在 DATA 文件夹下。

②在"应用程序生成器"对话框的"数据"选项卡中,单击【选择】按钮,将 DATA 文件夹下的表 GZ.DBF 添加到表格中,如图 10-10 所示。

图 10-9　创建 GZ 表

③勾选表格中"表单"和"报表"复选框,如图 10-10 所示,单击【生成】按钮生成表单 GZ. SCX 和报表 GZ. FRX,如图 10-11 所示。

图 10-10　选择表、生成表单和报表

图 10-11　生成表单和报表

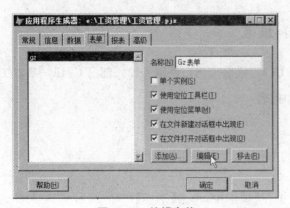

图 10-12　编辑表单

④选择"应用程序生成器"对话框的"表单"选项卡,单击【编辑】按钮,如图 10-12 所示,修改表单 GZ. SCX,如图 10-13 所示。

⑤选择"应用程序生成器"对话框的"报表"选项卡,单击【编辑】按钮,如图 10-14 所示,修改报表 GZ. FRX,如图 10-15 所示。

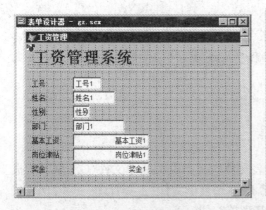

图 10-13 修改表单

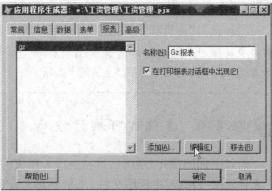

图 10-14 编辑报表

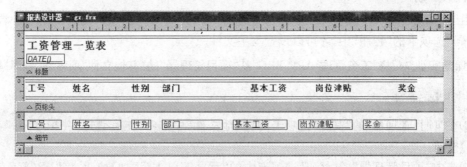

图 10-15 修改报表

任务5 程序生成器与项目一致性

在"应用程序生成器"对话框的"高级"选项卡中,单击【清理】按钮,如图 10-16 所示,使应用程序生成器所做的修改与当前活动项目保持一致,此时将弹出如图 10-17 所示的询问框,单击【是】按钮,即可完成更新操作。最后单击【确定】按钮,关闭"应用程序生成器"。

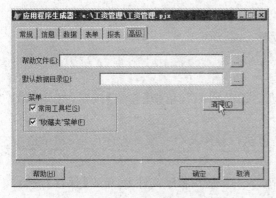

图 10-16 清理操作

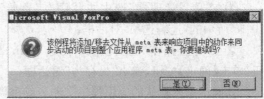

图 10-17 询问框

357

贴心·提示

①在使用"应用程序生成器"对话框编辑结束时,必须单击【清理】按钮,才能使其与当前活动项目保持一致。②如果需要重新打开"应用程序生成器",可在"项目管理器"上单击鼠标右键,选择快捷菜单上的"生成器"选项。

任务6 连编成可执行程序

通过前面的操作,系统已自动生成了相关的表文件(GZ. DBF)、表单文件(GZ. SCX)、报表文件(GZ. FRX)、主程序文件(工资管理_APP. PRG)、菜单文件(工资管理_TOP. MNX、工资管理_GO. MNX)等文件,并添加到了"项目管理器"。

1. 移动文件

由于"工资管理_APP. PRG"在"项目管理器"中"其他"选项卡的"其他文件"中,需要移到"代码"选项卡的"程序"中,才可以设置为主文件。

课堂实训7 将"工资管理_APP. PRG"从"项目管理器"的"其他文件"项移到"程序"项内

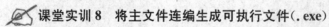

①在"项目管理器"的"其他"选项卡的"其他文件"中选中"工资管理_APP. PRG",单击【移去】按钮。

②选中"项目管理器"的"代码"选项卡中的"程序",单击【添加】按钮,将"PROGS"文件夹中"工资管理_APP. PRG"添加到"程序"中。

③用同样的方法将菜单文件(. MNX)从"其他文件"中移到"菜单"中。在"MENUS"文件夹下保存着菜单文件。

2. 设置主文件

在"项目管理器"中选中程序"工资管理_APP. PRG",执行"项目"→"设置主文件"命令,将该程序文件设置为项目的主文件。

3. 连编生成应用系统

课堂实训8 将主文件连编生成可执行文件(. exe)

具体操作

①在"项目管理器"选中主程序"工资管理_APP. PRG",单击【连编】按钮,打开如图10-18所示的"连编选项"对话框。

②在"建立操作"选项区域中点选"Win32 可执行程序/COM 服务程序(. exe)"单选按钮,单击【确定】按钮,弹出"另存为"对话框。

③确认系统默认的应用程序文件名或重新输入一个应用程序文件名,单击【保存】按钮,系统将自动完成连编过程并生成一个扩展名为. exe 的可执行文件。

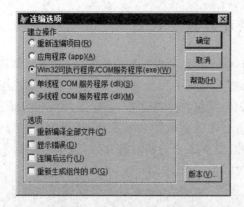

图 10-18　"连编选项"对话框

项目小结

　　应用程序生成器可以大大简化应用系统的开发工作,为用户快速开发应用程序系统提供了便利。

项目 5　应用系统开发实例

项目描述

　　本项目以运动会信息管理数据库应用系统为例进行实际应用系统的开发。本系统的主要功能包括:

　　(1)录入功能:录入比赛项目、参赛单位、运动员信息、个人项目得分、团体项目得分等。

　　(2)查询功能:按运动员号码、参赛单位、比赛项目等查询比赛信息。

　　(3)统计输出功能:统计和打印各参赛单位男子组、女子组、团体总分与名次。

项目分析

　　首先创建应用程序文件夹"运动会管理系统",在该文件夹下建立子文件夹"DATA"、"FORMS"、"PROGS"、"MENUS",然后建立项目文件"运动会管理.PJX"。因此,本项目可分解为以下任务:

　　● 数据库及数据表设计

　　● 系统组织结构设计

　　● 表单设计

　　● 报表设计

　　● 菜单设计

　　● 主程序设计

项目目标

　　● 掌握实际应用系统的开发过程

任务1 数据库及数据表设计

在创建应用系统之前,首先必须考虑与数据有关的一些问题,即进行数据库及数据表设计。设计时要考虑应用系统需要使用和处理哪些数据,为方便使用和管理应该将这些数据组织成几个数据表,每个表应该包含哪些字段,各个字段应定义成何种数据类型,需要按照哪些字段建立索引,表间通过什么字段建立联系,哪些表应放到数据库中,哪些表应作为自由表使用等。对于数据表既要考虑表的相对独立性,又要考虑到使用多个数据表时相互联系的方便性,并且尽量避免冗余字段的出现。

本例中数据库名称设定为"运动会.DBC",该数据库中包含5个有密切联系的数据表,这5个数据表分别是"运动项目"表、"参赛单位"表、"运动员"表、"个人得分"表、"团体得分"表。其中,"运动项目"表与"个人得分"表之间可以通过"项目编码"字段建立联系。同样,"运动项目"表与"团体得分"表之间也是通过"项目编码"字段建立联系。另外,"运动员"表与"个人得分"表之间可以通过"运动员号码"字段建立联系,"参赛单位"表与"团体得分"表之间可以通过"单位编码"建立联系。"运动员"表与"参赛单位"表之间可以通过"单位编码"建立联系。

5个数据表的具体结构如表10-1~10-5所示。

表 10-1 "运动项目"表的结构

字段序号	字段名	类型	宽度	索引	说明
1	项目编码	字符型	2	主索引	保存比赛项目信息,项目类别为:个人、团体
2	项目名称	字符型	16		
3	项目类别	字符型	4		

表 10-2 "参赛单位"表的结构

字段序号	字段名	类型	宽度	索引	说明
1	单位编码	字符型	2	主索引	保存参赛单位信息
2	单位名称	字符型	20		

表 10-3 "运动员"表的结构

字段序号	字段名	类型	宽度	索引	说明
1	运动员号码	字符型	4	主索引	保存运动员信息
2	姓名	字符型	8		
3	性别	字符型	2		
4	单位编码	字符型	2	普通索引	

表 10-4　"个人得分"表的结构

字段序号	字段名	类型	宽度	索引	说明
1	项目编码	字符型	2	普通索引	个人比赛项目的名次、得分。性别为"男"表示男子组,性别为"女"表示女子组
2	运动员号码	字符型	4	普通索引	
3	性别	字符型	2		
4	名次	整型	4		
5	得分	整型	4		

表 10-5　"团体得分"表的结构

字段序号	字段名	类型	宽度	索引	说明
1	项目编码	字符型	2	普通索引	保存每个单位参加的团体项目的名次、得分。性别为"男"表示男子组,性别为"女"表示女子组
2	单位编码	字符型	2	普通索引	
3	性别	字符型	2		
4	名次	整型	4		
5	得分	整型	4		

各表的参照完整性设置如表 10-6 所示。

表 10-6　参照完整性设置

父表	子表	更新	删除	插入
参赛单位	运动员	级联	限制	限制
参赛单位	团体得分	级联	限制	忽略
运动项目	个人得分	级联	限制	限制
运动项目	团体得分	级联	限制	限制
运动员	个人得分	级联	限制	忽略

"运动会.dbc"中创建的视图如表 10-7～10-15 所示。

表 10-7　"个人项目"视图

Select 语句	更新条件		功能
	关键字	更新字段	
SELECT * ; FROM 运动会! 运动项目; WHERE 运动项目.项目类别 ＝ "个人"	项目编码	全部字段	查询且更新"运动项目"表中的个人项目信息

表 10-8 "团体项目"视图

Select 语句	更新条件		功能
	关键字	更新字段	
SELECT *; FROM 运动会！运动项目； WHERE 运动项目.项目类别 ＝ "团体"	项目编码	全部字段	查询且更新"运动项目"表中的团体项目信息

表 10-9 "个人男子组"视图

Select 语句	更新条件		功能
	关键字	更新字段	
SELECT *; FROM 运动会！个人得分； WHERE 个人得分.性别 ＝ "男"	项目编码 运动员号码	全部字段	查询且更新"个人得分"表中男子组信息

表 10-10 "个人女子组"视图

Select 语句	更新条件		功能
	关键字	更新字段	
SELECT *; FROM 运动会！个人得分； WHERE 个人得分.性别 ＝ "女"	项目编码 运动员号码	全部字段	查询且更新"个人得分"表中女子组信息

表 10-11 "团体男子组"视图

Select 语句	更新条件		功能
	关键字	更新字段	
SELECT *; FROM 运动会！团体得分； WHERE 团体得分.性别 ＝ "男"	项目编码 单位编码 性别	全部字段	查询且更新"团体得分"表中男子组信息

表 10-12 "团体女子组"视图

Select 语句	更新条件		功能
	关键字	更新字段	
SELECT *; FROM 运动会！团体得分； WHERE 团体得分.性别 ＝ "女"	项目编码 单位编码 性别	全部字段	查询且更新"团体得分"表中女子组信息

表 10-13　"个人总分"视图

Select 语句	更新条件		功能
	关键字	更新字段	
SELECT 参赛单位. * , ; SUM(IIF(个人得分. 性别＝"男", 个人得分. 得分, 0)) AS 男子组总分 , ; SUM(IIF(个人得分. 性别＝"女", 个人得分. 得分, 0)) AS 女子组总分 ; FROM 运动会! 参赛单位 LEFT OUTER JOIN 运动会! 运动员 ; INNER OUTER JOIN 运动会! 个人得分 ; ON 运动员. 运动员号码 ＝ 个人得分. 运动员号码 ; ON 参赛单位. 单位编码 ＝ 运动员. 单位编码; GROUP BY 参赛单位. 单位编码			查询各参赛单位个人项目的男子组总分、女子组总分

表 10-14　"团体总分"视图

Select 语句	更新条件		功能
	关键字	更新字段	
SELECT 参赛单位. * , ; SUM(IIF(团体得分. 性别＝"男", 团体得分. 得分, 0)) AS 男子组总分 , ; SUM(IIF(团体得分. 性别＝"女", 团体得分. 得分, 0)) AS 女子组总分 ; FROM 运动会! 参赛单位 LEFT OUTER JOIN 运动会! 团体得分 ; ON 参赛单位. 单位编码 ＝ 团体得分. 单位编码; GROUP BY 参赛单位. 单位编码			查询各参赛单位团体项目的男子组总分、女子组总分

表 10-15　"总分"视图

Select 语句	更新条件		功能
	关键字	更新字段	
SELECT 个人总分. 单位编码, 个人总分. 单位名称, ; 个人总分. 男子组总分＋团体总分. 男子组总分 AS 男子组总分 , ; 个人总分. 女子组总分＋团体总分. 女子组总分 AS 女子组总分 , ; 个人总分. 男子组总分＋个人总分. 女子组总分＋团体总分. 男子组总分＋团体总分. 女子组总分 AS 团体总分 ; FROM 运动会! 个人总分 INNER JOIN 运动会! 团体总分 ; ON 个人总分. 单位编码 ＝ 团体总分. 单位编码			从视图"个人总分"、"团体总分"中查询

这里,数据库文件、表文件以及索引文件均保存在应用程序的 DATA 文件夹下。

任务2 系统组织结构设计

在面向对象的程序开发环境下,同样采用模块化设计的基本思想。根据"运动会信息管理"系统要求,该实例的功能模块及系统组织结构层次如图 10-19 所示。

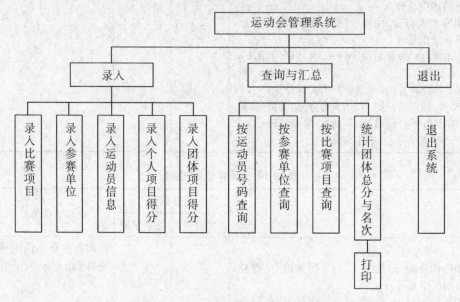

图 10-19 "运动会管理"系统组织结构

任务3 表单设计

"运动会管理"系统共设计 9 个表单。所有表单文件保存在应用程序的 Forms 文件夹下。

1. 录入比赛项目表单

(1)文件名:录入比赛项目. SCX。

(2)功能:完成对表"运动项目. DBF"的数据录入。

(3)设计:向表单(Form1)数据环境添加表"运动项目. DBF"(Cursor1),向表单(Form1)添加表格(grd 运动项目),复选框(check1),命令按钮(Cmd 追加、Cmd 关闭),如图 10-20 所示。

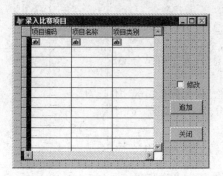

图 10-20 "录入比赛项目. SCX"窗口

(4)主要属性设置如表 10-16 所示。

表 10-16　"录入比赛项目"表单属性设置

对象名	属性名	属性值	备注
Form1	Caption	"录入比赛项目"	
Grd 运动项目	RecordSourceType	1—别名	将数据环境中的"运动项目.DBF"拖到表单上,然后再设置 ReadOnly、Delete-Mark 属性。
	RecordSource	"运动项目"	
	ReadOnly	.T.	
	DeleteMark	.F.	
Check1	Caption	"修改"	
	Value	.F.	
Cmd 追加	Caption	"追加"	
Cmd 关闭	Caption	"关闭"	
数据环境.Cursor1	Exclusive	.T.	使"运动员项目.DBF"以独占方式打开

(5)主要事件代码。

● check1.Click 事件(控制数据录入)

    with thisform.grd 运动项目

        .ReadOnly=! this.value

        .AllowAddNew=this.value

        .DeleteMark=this.value

        .parent.cmd 追加.Enabled=this.value

    endwith

● cmd 追加.Click 事件

    insert into 运动项目(项目名称) values("新项目")

    thisform.grd 运动项目.setfocus

● cmd 关闭.Click 事件

    thisform.release

2.录入参赛单位表单

(1)文件名:录入参赛单位.SCX。

(2)功能:完成对表"参赛单位.DBF"的数据录入。

(3)设计:向表单(Form1)数据环境添加表"参赛单位.DBF"(Cursor1),向表单(Form1)添加表格(grd 参赛单位),复选框(check1),命令按钮(Cmd 追加、Cmd 关闭),如图 10-21 所示。

(4)主要属性设置如表 10-17 所示。

图 10-21　"录入参赛单位.SCX"窗口

365

表 10-17　"录入参赛单位"表单属性设置

对象名	属性名	属性值	备注
Form1	Caption	"录入参赛单位"	
Grd 参赛单位	RecordSourceType	1—别名	将数据环境中的"参赛单位. DBF"拖到表单上,然后再设置 ReadOnly、DeleteMark 属性
	RecordSource	"参赛单位"	
	ReadOnly	. T.	
	DeleteMark	. F.	
Check1	Caption	"修改"	
	Value	. F.	
Cmd 追加	Caption	"追加"	
Cmd 关闭	Caption	"关闭"	
据环境. Cursor1	Exclusive	. T.	参赛单位. DBF 以独占方式打开

(5)主要事件代码。

● check1. Click 事件

　　with thisform. grd 参赛单位

　　　　. ReadOnly＝! this. value

　　　　. AllowAddNew＝this. value

　　　　. DeleteMark＝this. value

　　　. parent. cmd 追加. Enabled＝this. value

　endwith

● cmd 追加. Click 事件

　　insert into 参赛单位(单位名称) values("新单位")

　　thisform. grd 参赛单位. setfocus　　 && 为表格设置焦点

● cmd 关闭. Click 事件

　　thisform. release

3. 录入运动员信息表单

(1)文件名:录入运动员信息. SCX。

(2)功能:在列表框中选择参赛单位,利用表格控件可编辑修改参赛运动员信息。

(3)设计:向表单(Form1)的数据环境添加表"参赛单位. DBF"(Cursor1)、"运动员. DBF"(Cursor2),向表单(Form1)添加一个标签(Label1)、一个列表框(List1)、一个表格(Grd 运动员)、一个复选框(Check 修改)、两个命令按钮(Cmd 追加,Cmd 关闭),如图 10-22 所示。

(4)主要属性设置如表 10-18 所示。

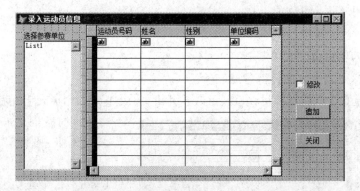

图 10-22　"录入运动员信息. SCX"窗口

表 10-18　"录入运动员信息"表单属性设置

对象名	属性名	属性值	备注
Form1	Caption	"录入运动员信息"	
Label1	Caption	"选择参赛单位"	
List1	RowSourceType	6—字段	显示参赛单位
	RowSource	参赛单位. 单位名称	
Grd 运动员	RecordSourceType	1—别名	使用表格生成器设置表格,然后再设置 ReadOnly、DeleteMark 属性
	RecordSource	"运动员"	
	ReadOnly	. T.	
	DeleteMark	. F.	
Check 修改	Caption	"修改"	
	Value	. F.	
Cmd 追加	Caption	"追加"	
	Enabled	. F.	
Cmd 关闭	Caption	"关闭"	
据环境. Cursor2	Exclusive	. T.	运动员. DBF 以独占方式打开

(5)主要事件代码。

check 修改. Click 事件

　　with thisform. grd 运动员

　　　　. ReadOnly＝! this. value

　　　　. DeleteMark＝this. value

　　　　. parent. cmd 追加. enabled＝this. value

　　endwith

● cmd 追加. Click 事件

　　insert into 运动员（单位编码）values(参赛单位. 单位编码)

　　thisform. grd 运动员. setfocus

● cmd 关闭. Click 事件

 thisform. release

4.录入个人项目得分表单

(1)文件名:录入个人项目得分. SCX。

(2)功能:选择个人比赛项目、组别(指男子组和女子组),录入比赛成绩(包括名次、得分)。

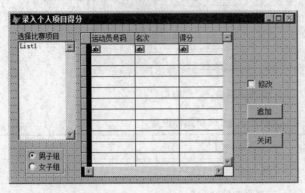

(3)设计:向表单(Form1)数据环境添加视图"个人项目"(Cursor1)、"个人男子组"(Cursor2)、"个人女子组"(Cusor3),向表单(Form1)添加一个标签(Label1)、一个列表框(List1)、一个选项组(OptionGroup1)、一个表格(Grid1)、一个复选框(Check 修改)、两个命令按钮(Cmd 追加,Cmd 关闭),如图 10-23 所示。

图 10-23 "录入个人项目得分. SCX"窗口

(4)主要属性设置如表 10-19 所示。

表 10-19 "录入个人项目得分"表单属性设置

对象名		属性名	属性值	备注
Form1		Caption	"录入个人项目得分	
"Label1		Caption	"选择比赛项目"	
List1		RowSourceType	6一字段	显示比赛项目
		RowSource	"个人项目. 项目名称"	
OptionGroup1	Option1	Caption	"男子组"	
	Option2	Caption	"女子组"	
Grid1		RecordSourceType	1一别名	
		RecordSource	null	
		ReadOnly	. T.	
		DeleteMark	. F.	
		ColumnCount	3	
Grid1. Column1. Header		Caption	"运动员号码"	
Grid1. Column2. Header		Caption	"名次"	
Grid1. Column3. Header		Caption	"得分"	
Check 修改		Caption	"修改"	
		Value	. F.	
Cmd 追加		Caption	"追加"	
		Enabled	. F.	
Cmd 关闭		Caption	"关闭"	

（5）主要事件代码。

● Form1. Init 事件

```
* 为视图创建索引
select 个人男子组
index on 项目编码 tag 项目编码
select 个人女子组
index on 项目编码 tag 项目编码
* 设置与表格数据源建立临时联系的相关属性
with thisform. grid1
    . ChildOrder="项目编码"
    . LinkMaster="个人项目"
    . RelationalExpr="项目编码"
endwith
thisform. optiongroup1. click
thisform. list1. listindex=1
```

● optiongroup1. Click 事件

```
* 根据性别设置表格数据源及列的数据源
DO case
    case this. value=1                    && 选中男子组
        with thisform. grid1
        . recordsource="个人男子组"
        . column1. Controlsource="个人男子组. 运动员号码"
        . column2. Controlsource="个人男子组. 名次"
        . column3. Controlsource="个人男子组. 得分"
    Endwith
case this. value=2                    && 选中女子组
    with thisform. grid1
    . recordsource="个人女子组"
    . column1. Controlsource="个人女子组. 运动员号码"
    . column2. Controlsource="个人女子组. 名次"
    . column3. Controlsource="个人女子组. 得分"
    Endwith
Endcase
select 个人项目
go top
thisform. list1. requery                    && 重新查询列表框 RowSource 属性
```

● cmd 追加. Click 事件

```
* 根据性别向指定视图插入数据
if thisform. optiongroup1. value=1          && 男子组
```

```
            insert into 个人男子组(项目编码,性别)values(个人项目.项目编码,"男")
        else                                      && 女子组
            insert into 个人女子组(项目编码,性别)values(个人项目.项目编码,"女")
        endif
        thisform.grid1.setfocus                    && 为表格设置焦点
```

● Grid1.Column1.text1.Valid 事件

```
    * 控件失去焦点前发生,返回.t.表示失去了焦点,返回.F.表明没有失去焦点
    * 如果运动员号码不存在或性别不对则拒绝保存
        xb=iif(thisform.optiongroup1.value=1,"男","女")     && 性别
        bm=this.value                              && 运动员编码
        select count( * ) from data\运动员 ;
            where 运动员号码==bm and 性别=xb ;
            into array shu
        if shu=0                                   && 号码不存在或性别不对
            if messagebox( bm+"号码不存在或性别不为"+xb+"是否修改?",
4+48,"提示")=6
                return .f.
            endif
        endif
        return .t.
```

●check 修改.Click 事件

```
    with thisform.grid1
        .ReadOnly=! this.value
        .DeleteMark=this.value
        .parent.cmd 追加.enabled=this.value
    endwith
```

● cmd 关闭.Click 事件

```
    thisform.release
```

● Form1.Unload

```
    Close data all
```

5. 录入团体项目得分表单

(1)文件名:录入团体项目得分.SCX。

(2)功能:选择团体比赛项目、组别(指男子组和女子组),录入团体比赛成绩(包括名次、得分)。

(3)设计:向表单(Form1)数据环境添加视图"团体项目"(Cursor1)、"团体男子组.DBF"(Cursor2)、"团体女子组"(Cusor3),向表单(Form1)添加一个标签(Label1)、一个列表框(List1)、一个选项组(OptionGroup1)、一个表格(Grid1)、一个复选框(Check 修改)、两个命令按钮(Cmd 追加,Cmd 关闭),如图 10-24 所示。

(4)主要属性设置如表 10-20 所示。

370

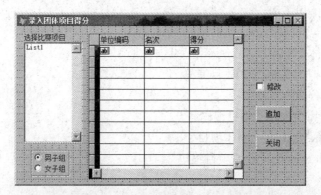

图 10-24　"录入团体项目得分. SCX"窗口

表 10-20　"录入团体项目得分"表单属性设置

对象名		属性名	属性值	备注
Form1		Caption	"录入团体项目得分"	
Label1		Caption	"选择比赛项目"	
List1		RowSourceType	6—字段	显示比赛项目
		RowSource	"团体项目. 项目名称"	
OptionGroup1	Option1	Caption	"男子组"	
	Option2	Caption	"女子组"	
Grid1		RecordSourceType	1—别名	
		RecordSource	null	
		ReadOnly	. T.	
		DeleteMark	. F.	
		ColumnCount	3	
Grid1. Column1. Header		Caption	"单位编码"	
Grid1. Column2. Header		Caption	"名次"	
Grid1. Column3. Header		Caption	"得分"	
Check 修改		Caption	"修改"	
		Value	. F.	
Cmd 追加		Caption	"追加"	
		Enabled	. F.	
Cmd 关闭		Caption	"关闭"	

（5）主要事件代码。

● Form1. Init 事件

　　＊为视图创建索引

```
select 团体男子组
index on 项目编码 tag 项目编码
select 团体女子组
index on 项目编码 tag 项目编码
with thisform. grid1
    . ChildOrder="项目编码"
    . LinkMaster="团体项目"
    . RelationalExpr="项目编码"
endwith
thisform. optiongroup1. click
thisform. list1. listindex=1
```

● optiongroup1. Click 事件

```
* 根据性别设置表格数据源和列数据源
DO case
    case this. value=1                      && 选中男子组
        with thisform. grid1
            . recordsource="团体男子组"
            . column1. Controlsource="团体男子组. 单位编码"
            . column2. Controlsource="团体男子组. 名次"
            . column3. Controlsource="团体男子组. 得分"
        Endwith
    case this. value=2                      && 选中女子组
            . recordsource="团体女子组"
            . column1. Controlsource="团体女子组. 单位编码"
            . column2. Controlsource="团体女子组. 名次"
            . column3. Controlsource="团体女子组. 得分"

    Endwith
Endcase
select 团体项目
go top
thisform. list1. requery                    && 重新查询列表框 RowSource 属性
```

● cmd 追加. Click 事件

```
* 根据性别向指定视图插入数据
if thisform. optiongroup1. value=1          && 男子组
    insert into 团体男子组(项目编码,性别) values(团体项目. 项目编码,"男")
else                                        && 女子组
    insert into 团体女子组(项目编码,性别) values(团体项目. 项目编码,"女")
endif
thisform. grid1. setfocus                    && 设置表格焦点
```

● grd 团体得分. Column1. text1. Valid 事件(控件失去焦点前发生,返回. t. 表示失去了焦点,返回. F. 表明没有失去焦点)

  ＊如果参赛单位中,单位编码不存在则拒绝保存

  bm＝this. value   &.& 单位编码

  select count(＊) from data\参赛单位 where 单位编码＝＝bm into array shu

  if shu＝0   &.& 编码不存在

    if messagebox(bm＋"编码不存在 是否修改?",4＋48,"提示")＝6

      return . f.

    endif

  endif

  return . t.

● check 修改. Click 事件

  with thisform. grid1

   . ReadOnly＝! this. value

   . DeleteMark＝this. value

   . parent. cmd 追加. enabled＝this. value

  endwith

● cmd 关闭. Click 事件

  thisform. release

● Form1. Unload 事件

  Close data all

6. 按运动员号码查询表单

(1)表单文件名:按运动员号码查询. SCX。

(2)功能:输入运动员号码,单击【查询】按钮,显示该运动员的姓名、性别、单位、参赛项目、名次、得分。

(3)设计:向表单添加 4 个标签(Label1、Label2、Label3、Label4),4 个文本框(Text1、TxtXM、TxtXB、TxtDW),2 个命令按钮(Command1、command2),1 个表格(Grid1),1 个线条(Line1),如图 10-25 所示。

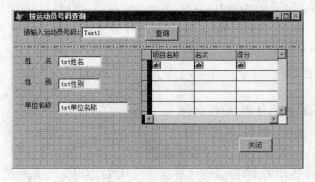

图 10-25　"按运动员号码查询. SCX"窗口

（4）主要属性设置如表10-21所示。

表10-21 "按运动员号码查询"表单属性设置

对象名	属性名	属性值	备注
Form1	Caption	"按运动员号码查询"	
Label1	Caption	"请输入运动员号码"	
Text1			用于输入运动员号码
Label2、Label3、Label4	Caption	"姓名"、"性别"、"单位名称"	
TxtXM、TxtXB、TxtDW	ReadOnly	.T.	分别用于显示姓名、性别、单位
	DisabledBackcolor	RGB(255,255,255)	
Command1	Caption	"查询"	
	Default	.T.	
Grid1	ReadOnly	.T.	
	RecordSourceType	1—别名	
	RecordSource	null	
	DeleteMark	.F.	
	ColumnCount	3	
Grid1.Column1.Header1	Caption	"项目名称"	
Grid1.Column2.Header1	Caption	"名次"	
Grid1.Column3.Header1	Caption	"得分"	
Command2	Caption	"关闭"	

（5）主要事件代码。

● Command1. Click 事件（"查询"按钮）

```
*根据运动员号码查询比赛成绩
ydybm=allt(thisform. text1. value)          && 待查询运动员号码
*判断运动员号码是否存在
select count(*) from data\运动员 where 运动员号码==ydybm into array shu
if shu=0                                     && 不存在该编号
    messagebox( ydybm+"号码不存在!",0+48,"提示")
    return                                   && 结束查询
else                                         && 存在该编号
    *查询姓名、性别、单位名称
    select 姓名,性别,单位名称;
    from data\运动员 ,data\参赛单位;
    where 运动员. 单位编码=参赛单位. 单位编码 and 运动员号码==ydybm;
    into array xm
    *在文本框中显示姓名、性别、单位名称
```

thisform. txtxm. value＝xm(1)

thisform. txtxb. value＝xm(2)

thisform. txtdw. value＝xm(3)

*查询该运动员的参赛项目、名次、得分

select 项目名称,名次,得分;

from data\运动项目,data\个人得分;

where 运动项目. 项目编码＝个人得分. 项目编码 and 运动员号码==ydybm;

into cursor grxx

*设置表格数据源显示该运动员的参赛项目、名次、得分

thisform. grid1. recordsource＝"grxx"

endif

- Text1. GetFocus 事件(在得到焦点之前发生)

  *清空相关文本框、表格

  thisform. txtXM. value＝""

  thisform. txtXB. value＝""

  thisform. txtDW. value＝""

  thisform. grid1. recordsource＝null

- Command2. Click 事件(关闭按钮)

  Thisform. releas

- Form1. Unload 事件

  close data all

7. 按参赛单位查询

(1)文件名:按参赛单位查询. SCX。

(2)功能:从列表框选择单位名称,在表格中显示该单位比赛成绩详细信息,在文本框中显示该单位总分。

(3)设计:向表单(Form1)数据环境添加表"参赛单位. DBF"(Cursor1),向表单(Form1)添加 2 个标签(Label1、label2),1 个表格(Grid1),1 个文本框(Text1),1 个命令按钮(command1),如图 10-26 所示。

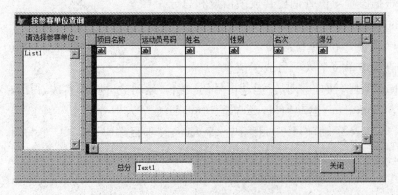

图 10-26　"按参赛单位查询. SCX"窗口

(4)主要属性设置如表 10-22 所示。

表 10-22 "按参赛单位查询"表单属性设置

对象名	属性名	属性值	备注
Form1	Caption	"按参赛单位查询"	
Label1	Caption	"请选择参赛单位"	
List1	RowSourceType	6—字段	显示参赛单位
	Rowsource	"参赛单位.单位名称"	
Grid1	ReadOnly	.T.	
	RecordSourceType	1—别名	
	RecordSource	null	
	DeleteMark	.F.	
	ColumnCount	6	
Grid1.Column1.Header1	caption	"项目名称"	
Grid1.Column2.Header1		"运动员号码"	
Grid1.Column3.Header1		"姓名"	
Grid1.Column4.Header1		"性别"	
Grid1.Column5.Header1		"名次"	
Grid1.Column6.Header1		"得分"	
Label2	Caption	"总分"	
Text1	ReadOnly	.T.	显示总分
	DisabledBackcolor	RGB(255,255,255)	
Command1	Caption	"关闭"	

(5)创建新方法。

● 名称:按参赛单位查询。

● 内容:

  * 根据参赛单位查询比赛成绩信息和总分

  thisform.grid1.recordsource=null

  dw=参赛单位.单位编码   &&待查询的单位编码

  * 查询该单位个人项目成绩信息

  select 项目名称,运动员.运动员号码,姓名,运动员.性别,名次,得分;

   from data\运动项目,data\运动员,data\个人得分;

    where 运动项目.项目编码=个人得分.项目编码;

     and 运动员.运动员号码=个人得分.运动员号码;

     and 运动员.单位编码=dw;

  into cursor dwcx1

  * 查询该单位团体项目成绩信息

```
select 项目名称,"＊＊＊＊" as 运动员号码,"＊＊＊＊＊＊＊＊＊" as 姓名,,;
        团体得分.性别,名次,得分;
    from data\运动项目,data\团体得分;
    where 运动项目.项目编码＝团体得分.项目编码;
        and 团体得分.单位编码＝dw;
    into cursor dwcx2
*合并个人项目成绩信息(dwcx1)与团体项目成绩信息(dwcx2)
select ＊ from dwcx1;
    union;
        select ＊ from dwcx2 ;
    into cursor dwcx3
*排序
select ＊ from dwcx3;
    order by 性别,项目名称;
        into cursor dwcx
*在表格(grid1)中显示该单位比赛成绩信息
thisform.grid1.recordsource="dwcx"
*计算总分
select sum(得分) from dwcx into array df
if vartype(df)<>"U"                          && 存在数组 df
    thisform.text1.value=df                  && 显示总分
else                                         && 总分不存在
    thisform.text1.value=""                  && 清空
endif
```

(6)主要事件代码。

● List1.Click 事件

　　thisform.按单位查询

●Form1.Init 事件

　　thisform.list1.listindex＝1

　　thisform.按单位查询

● Command1.click 事件

　　Thisform.release

● Form1.Unload 事件

　　close data all

8.按比赛项目名称查询表单

(1)表单文件名:按比赛项目名称查询.SCX。

(2)功能:选择团体比赛项目、组别(指男子组和女子组),在表格中显示该项目的比赛成绩的详细信息。

(3)设计:向表单(Form1)数据环境添加表"运动项目.DBF"(Cursor1),向表单(Form1)

添加1个标签(Label1),1个表格(Grid1),1个命令按钮(command1),如图10-27所示。

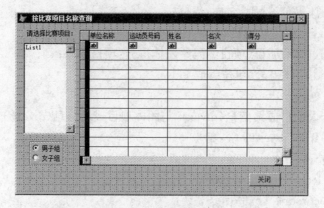

图10-27 "按项目名称查询.SCX"窗口

(4)主要属性设置如表10-23所示。

表10-23 "按比赛项目名称查询"表单属性设置

对象名	属性名	属性值	备注
Form1	Caption	"按比项目名称查询"	
Label1	Caption	"选择比赛项目"	
List1	RowSourceType	6—字段	显示比赛项目
	Rowsource	运动项目.项目名称	
Grid1	ReadOnly	.T.	
	RecordSourceType	1—别名	
	RecordSource	null	
	DeleteMark	.F.	
	ColumnCount	6	
OptionGroup1.Option1	Caption	"男子组"	组别
OptionGroup1.Option2	Caption	"女子组"	
Grid1.Column1.Header1	caption	"单位名称"	
Grid1.Column2.Header1		"运动员号码"	
Grid1.Column3.Header1		"姓名"	
Grid1.Column4.Header1		"名次"	
Grid1.Column5.Header1		"得分"	
Command1	Caption	"关闭"	

(5)创建新方法。

● 名称:按比赛项目查询。

● 内容:

　　* 根据比赛项目名称和性别查询比赛成绩

```
thisform. grid1. recordsource=null
xmmc=运动项目. 项目名称          && 待查询的项目名称
xmbm=运动项目. 项目编码          && 待查询的项目编码
xmlb=运动项目. 项目类别          && 待查询的项目类别
xb=iif(thisform. optiongroup1. value=1,"男","女")   && 待查询的组别"男"或
```
"女"
```
    if xmlb="个人"                && 项目类别为个人
        *查询个人比赛项目信息
        select 单位名称,运动员. 运动员号码,姓名,名次,得分;
            from data\参赛单位,data\运动员,data\个人得分;
            where 个人得分. 项目编码=xmbm;
                and 参赛单位. 单位编码=运动员. 单位编码;
                and 运动员. 运动员号码=个人得分. 运动员号码;
                and 个人得分. 性别=xb;
            order by 名次;
            into cursor xmcx
    else                         && 项目类别为团体
        *查询团体比赛项目信息
        select 单位名称,"****" as 运动员号码,"********" as 姓名,名次,得分;
            from data\参赛单位,data\团体得分;
            where 团体得分. 项目编码=xmbm;
                and 参赛单位. 单位编码=团体得分. 单位编码;
                and 团体得分. 性别=xb;
            order by 名次;
            into cursor xmcx
    endif
    thisform. grid1. recordsource="xmcx"       && 在表格中显示
```
(6)主要事件代码。
● List1. Click 事件
```
    thisform. 按项目查询
```
● OptionGroup1. Click 事件
```
    thisform. 按项目查询
```
● Form1. Init 事件
```
    thisform. list1. listindex=1
    thisform. 按项目查询
```
● Command1. Click 事件
```
    Thisform. release
```
● Form1. Unload 事件
```
    Close data all
```

9. 统计团体总分与名次

(1)文件名：团体总分与名次.SCX。

(2)功能：统计各参赛单位的男子组总分、女子组总分、团体总分及名次，并打印统计结果。

(3)设计：向表单（Form1）添加 1 个表格（Grid1），3 个命令按钮（Command1、Command2、Command3），如图 10-28 所示。

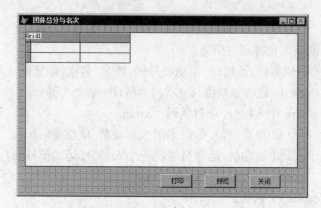

图 10-28 "团体总分与名次.SCX"窗口

(4)主要属性设置如表 10-24 所示。

表 10-24 "团体总分与名次"表单属性设置

对象名	属性名	属性值	备注
Form1	Caption	"团体总分与名次"	
Grid1	ReadOnly	. T.	显示各单位总分信息
	RecordSourceType	1—别名	
	DeleteMark	. F.	
Command1	Caption	"打印"	
Command2	Caption	"预览"	
Command3	Caption	"关闭"	

(5)主要事件代码。

Form1. init 事件

　　＊打开数据库

　　Open data DATA\运动会. DBC

　　＊从"总分"视图中查询各参赛单位的名次

　　select a1. ＊ ,count(＊) as 名次;

　　　　from 总分 a1,总分 a2;

　　　　where a1. 团体总分＜＝a2. 团体总分;

　　　　group by a1. 单位名称;

　　　　order by 名次;

　　　　into cursor 团体名次

＊设置表格数据源

thisform. grid1. recordsource＝"团体名次"

● Command1. Click 事件(打印)

select 团体名次

report form reports\团体总分报表 noconsole to printer

● Command2. Click 事件(预视)

select 团体名次

report form reports\团体总分报表 preview

● Command3. Click 事件(关闭)

Thisform. release

● Form1. Unload 事件

Close data all

任务 4　报表设计

(1)报表文件名:团体总分报表.FRX。

(2)功能:打印各参赛单位的男子组总分、女子组总分、团体总分、名次。

(3)设计:报表如图 10-29 所示,细节带区的 6 个域控件的表达式分别为:单位编码、单位名称、男子组总分、女子组总分、团体总分、名次。

报表的数据源是表单"查询团体总分. SCX"运行时创建的临时表"团体名次",报表文件保存在应用程序的 reports 文件夹下。

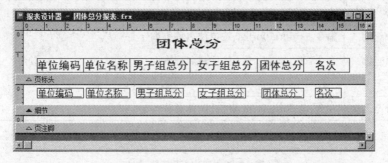

图 10-29　"团体总分报表. FRX"报表

任务 5　菜单设计

(1)文件名:主菜单.MNX。

(2)功能:作为整个应用系统的主菜单,用于调用表单和退出应用系统。

(3)主要设计:

● 菜单栏设计如表 10-25 所示。

表 10-25　菜单栏设计

菜单名称	结果	其他
录入	子菜单	
查询与汇总	子菜单	
退出	子菜单	

● "录入"子菜单设计如表 10-26 所示。

表 10-26　"录入"子菜单设计

菜单名称	结果	其他
录入比赛项目	命令:do form forms\录入运动项目	每个菜单的选项中跳过:
录入参赛单位	命令:do form forms\录入参赛单位	_vfp. forms. count>0
录入运动员信息	命令:do form forms\录入运动员	
\—		
录入个人项目得分	命令:do form forms\录入个人得分	
录入团体项目得分	命令:do form forms\录入团体得分	

● "查询与汇总"子菜单设计如表 10-27 所示。

表 10-27　"查询与汇总"子菜单设计

菜单名称	结果	其他
按运动员号码查询	命令:do form forms\按运动员号码查询	每个菜单的选项中跳过:
按参赛单位查询	命令:do form forms\按单位名称查询	_vfp. forms. count>0
按比赛项目查询	命令:do form forms\按项目名称查询	
\—		
统计团体总分与名次	命令:do form forms\统计团体总分	

● "退出"子菜单设计如表 10-28 所示。

表 10-28 "退出"子菜单设计

菜单名称	结果	其他
退出系统	过程: set sysmenu to default clear events	系统出口

🕐 贴心·提示

菜单文件保存在应用程序的 MENUS 文件夹下。

菜单的选项中"跳过"框:_vfp. forms. count>0 中,_vfp 为应用程序对象,forms. count 为正在运行的表单数目,该跳过条件为:当有表单运行时对应的菜单项不可用。

任务 6　主程序设计

主程序采用命令文件。

（1）文件名：main. prg。

（2）功能：作为整个应用程序的入口，显示初始画面，调用"主菜单. MPR"，开始事件循环，并在结束事件循环时物理删除各表中有删除标记的记录。

（3）主程序代码：

```
_screen. caption="运动会信息管理系统"
 * 在应用程序主窗口显示一幅画
_screen. picture="运动会. JPG"        && 该图片文件保存在应用程序目录下
_screen. width=700
_screen. height=300
_screen. autocenter=. t.
set message to "Visual FoxPro9. 0 应用系统演示实例"
set delete on                         && 删除标记生效
on shutdown quit                      && 关闭 VFP 主窗口时关闭应用程序
do menus\主菜单. mpr
read events                           && 开始事件循环
 * 结束事件循环时物理删除各表中有删除标记的记录
Close database all
Open database data\运动会
use 运动项目
pack
use 参赛单位
pack
use 运动员
pack
use 个人得分
pack
use 团体得分
pack
Close database all
*** 结 束 ***
```

main. prg 文件保存在应用程序的 PROGS 文件夹下。

在各个组件设计并调试完毕后，连编成"运动会管理. EXE"可执行文件，双击并运行该文件，显示本应用系统主窗口，如图 10-30 所示。

图 10-30 "运动会信息管理系统"主窗口

本项目以"运动会信息管理系统"的开发过程为例,系统地介绍了数据库管理应用系统开发的一般步骤和具体过程,希望对用户的实际应用有一定的帮助。

单 元 小 结

通过本单元的学习,应掌握以下内容:

(1)使用"项目管理器"管理各种文件。

(2)连编应用程序。

(3)主程序设计方法。

实训与练习

☞ **上机实训** 设计一学生信息管理数据库应用系统。

实训目的

熟悉使用"项目管理器"开发数据库应用系统的方法步骤,掌握主程序的设计方法、退出应用程序的设计方法,文件的包含与排除,以及连编应用程序的操作。

实训步骤参考

① 确定系统的主要功能:

● 录入学生基本信息、课程信息、各科成绩。

● 按学号、姓名查询成绩。

● 统计每个学生总分、平均分。

● 统计每个学科的最高分、最低分和平均分。

● 打印个人成绩单和班级成绩单。

② 数据库设计。参照第 3 单元的"学生. DBC"数据库。

③ 系统组织结构设计。

④表单设计。

⑤报表设计。

⑥菜单设计。

⑦主程序设计。

⑧连编成应用程序。

简答题

1. 何谓文件的包含与排除？

2. Read Events 含义是什么？Clear Events 含义是什么？

3. 如何设计主程序？

4. 退出应用程序如何设计？

第 **11** 单元

Web数据库技术

Web 数据库是网站上的后台数据库。与传统数据库不同的是，Web 数据库的存取不是通过用户自己设计的界面来完成的，而是通过 Web 应用程序实现的。这些 Web 应用程序，能够提供操作数据库的功能。用户利用浏览器输入所需要的数据，浏览器将这些数据传送给 Web 服务器，Web 服务器对这些数据进行处理。例如，将数据存入后台数据库，或者对后台数据库进行查询操作等，最后 Web 服务器将操作结果传回给浏览器。

本单元将通过 3 个项目的讲解，介绍 Web 数据库技术的应用。

项目 1　Web 数据库的层次结构及访问方法

项目 2　IDC 方法

项目 3　ActiveX 数据对象方法

项目 1　Web 数据库的层次结构及访问方法

项目描述

Web 数据库访问采用三层体系结构，即浏览器、Web 服务器、数据库服务器。而 Web 数据库访问的方法有两种，一种是以 Web 服务器作为中介，把客户浏览器和数据源连接起来，在服务器端执行对数据库的操作；另一种是把应用程序和数据库下载到客户端，在客户端进行数据库的访问。

项目分析

首先了解 Web 数据库的层次结构，根据结构创建虚拟目录，最后实现数据的访问。因此，本项目可分解为以下任务：

- 在 IIS 中创建虚拟目录
- Web 数据库访问方法

项目目标

- 了解 Web 数据库的层次结构
- 掌握在 IIS 中创建虚拟目录的方法
- 掌握连接数据库的方法

任务 1　在 IIS 中创建虚拟目录

IIS 是 Internet 信息服务器的简称，要使用 Web 数据库，应首先安装 IIS。

1. 安装 IIS

（1）以 Windows 7 为例，执行"开始"→"控制面板"命令，打开"控制面板"对话框，依次单击"程序"图标和"程序和功能"图标，在弹出的"卸载或更改程序"对话框中单击左侧【打开或关闭 Windows 功能】按钮，弹出"Windows 功能"对话框，如图 11-1 所示。

（2）在该对话框中展开【Internet 信息服务】项，进行如图 11-2 所示设置，单击【确定】按钮，系统自动完成 IIS 的安装，如图 11-3 所示。

2. 配置 IIS

（1）安装完成后，打开"控制面板"，依次单击"系统和安全"和"管理工具"，打开

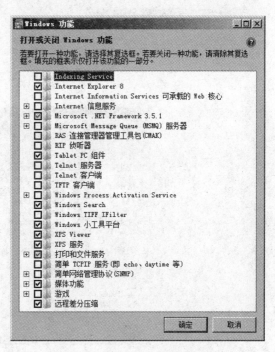

图 11-1　"Windows 功能"对话框

"管理工具"对话框，如图 11-4 所示。

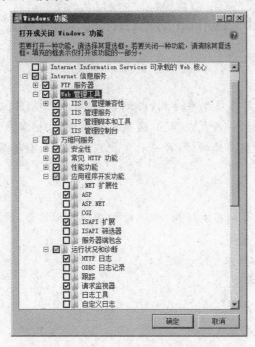

图 11-2　设置 Internet 信息服务参数

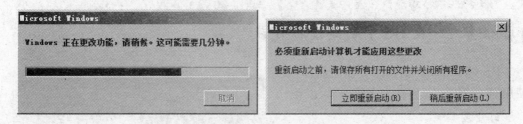

图 11-3　IIS 自动安装

图 11-4　"管理工具"对话框

(2)双击" Internet 信息服务(IIS)管理器"选项,进入 IIS 界面,如图 11-5 所示。

图 11-5　"Internet 信息服务(IIS)管理器"窗口

(3)单击"连接"窗格中"Default Web Site"选项,双击中间窗格中的"ASP"图标,在打开的"ASP"对话框中将"启用父路径"改为"True",如图 11-6 所示。

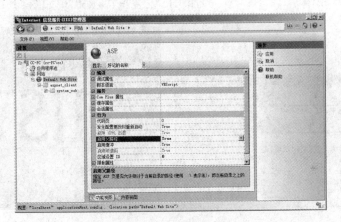

图 11-6　设置 ASP

(4)配置站点。展开右侧"操作"窗格的"管理网站",单击"高级设置",如图 11-7 所示。

图 11-7　管理网站

（5）在打开的"高级设置"对话框中，选择网站的目录，如图 11-8 所示。

（6）单击【确定】按钮，返回到 IIS 窗口，单击右侧的"绑定..."选项，打开"添加网站绑定"对话框。

（7）选中要绑定的网站。若是单机，只需修改后面的端口号即可，如图 11-9 所示。如果是办公室局域网，单击下拉按钮，在下拉框中选择局域网 IP，例如：192.168.**.**，然后修改端口号即可。

（8）单击【确定】按钮，返回到 IIS 窗口，单击右侧的"启动"选项，再单击下方的"浏览"选项，即可打开绑定文件夹里的网站了。

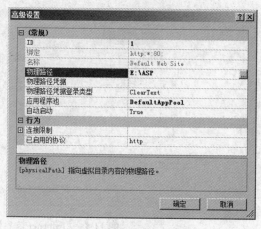

图 11-8　配置网站目录

3. 测试 IIS

安装完成后，可以测试 IIS 是否正常运行。方法是在浏览器的地址栏输入：http://localhost:80 或者 http://127.0.0.1。如果 IIS 安装正常，则出现如图 11-10 所示画面。

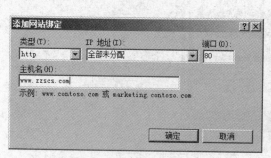

图 11-9　"网站绑定"对话框

图 11-10　IIS 运行界面

4. 在 IIS 中创建虚拟目录

为使客户端 Web 浏览器能够访问 Web 应用程序，存取 Web 数据库，应在 IIS 中创建虚拟目录。

创建虚拟目录的步骤如下：

（1）为虚拟目录规定名称，以便客户在 Web 浏览器访问该目录。

（2）确定与虚拟目录相关联的存放 Web 应用程序的真实目录。

（3）为虚拟目录设置访问权限。

✎ **课堂实训 1**　在 Web 服务器上创建名称为 **WEBASP** 的虚拟目录，对应的真实目录为 **E:\WEBASP**

【具体操作】

①在 Web 服务器上创建一个真实目录 E:\ASP，用于保存 Web 应用程序。

②执行"开始"→"控制面板",在打开的"控制面板"窗口中依次单击"系统和安全"图标和"管理工具"图标,在弹出的"管理工具"对话框中双击"Internet 信息服务(IIS)管理器"图标,打开"Internet 信息服务(IIS)管理器"对话框。

③在"Internet 信息服务(IIS)管理器"对话框中,右击【Default Web Site】选项,在弹出的快捷菜单中单击"添加虚拟目录"选项,如图 11-11 所示。

图 11-11　"**Internet 信息服务(IIS)管理器**"对话框

④弹出"添加虚拟目录"对话框,如图 11-12 所示。

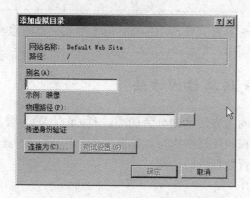

图 11-12　"**添加虚拟目录**"对话框

⑤在"别名"文本框中输入虚拟目录名称:WEBASP,在"物理路径"文本框中输入真实路径:E:\ASP,如图 10-13 所示。

⑥单击【确定】按钮,虚拟目录创建完毕。在 Internet 信息服务器的"Default Web Site(默认网站)"下出现名称为"WEBASP"的虚拟目录,如果需要修改虚拟目录的访问权限、真实目录等,选中指定的虚拟目录,在"操作"窗格中单击"编辑权限"选项或"编辑虚拟目录"选项,如图 11-14 所示,在弹出的相应对话框中进行修改即可。

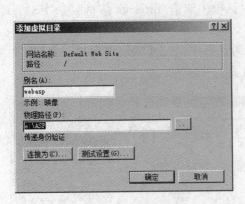

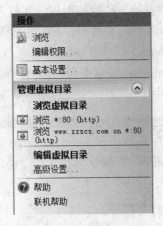

图 11-13　设置虚拟目录　　　　　　图 11-14　修改虚拟目录

5. 测试虚拟目录

在创建虚拟目录后,应测试虚拟目录是否能正常工作。

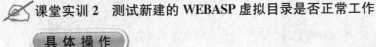课堂实训 2　测试新建的 WEBASP 虚拟目录是否正常工作

具 体 操 作

①用记事本制作一个网页,网页内容自定,将该网页文件保存到 E:\ASP 目录,文件名为 Default. htm。

②在浏览器地址栏中输入 http://iis/asp,如果出现内容为 defualt. htm 网页,说明该虚拟目录能正常工作。

贴心·提示

IIS 为本教程假定的服务器名称,WEBASP 为本单元使用的虚拟目录。

任务 2　Web 数据库访问方法

实现 Web 数据库访问的方法大致分为两类,一种是以 Web 服务器作为中介,把客户浏览器和数据源连接起来,在服务器端执行对数据库的操作;另一种是把应用程序和数据库下载到客户端,在客户端进行数据库的访问。

1. 公共网关接口(CGI)

当浏览器发出 http 请求时,Web 服务器运行相应的应用程序,访问站点数据库,并将查询结果以 HTML 格式送回浏览器。

2. Internet 数据库接口(IDC)

IDC 是一个传统的数据库查询工具,是用来定义和执行数据库查询的 SQL 命令,并向浏览器返回一个指定数据格式的页面。虽然使用 IDC 访问数据库十分简单,几乎不需要编程就能实现对数据库的访问;但 IDC 缺乏使用上的灵活性,IDC 只能简单地创建 IDC(. idc)和 HTML 扩展(. htx)两种文件,然后等待 IDC 文件被请求,分别完成数据库的访问与输出任务。因此,这种方式限制了对数据库的交互控制,同时 IDC 还有缺少任何游标的缺点。

3. ActiveX 数据对象(ADO)

与 IDC 不同,用 ADO 访问数据库更类似于编写数据库应用程序。ADO 把绝大部分的数据库操作封装在七个对象中,在 ASP 页面中编程调用这些对象执行相应的数据库操作。ADO 是 ASP 技术的核心之一,它集中体现了 ASP 技术丰富而灵活的数据库访问功能。

正是因为使用 ADO 需要编写脚本程序,所以 ADO 能够实现更复杂、更灵活的数据库访问逻辑。

4. 远程数据服务(RDS)

RDS 是由 Advanced Data Connector(ADC)发展而来的。RDS 支持数据远程操作。它不仅能执行查询并返回数据库查询结果,而且这种结果是"动态的",服务器上的数据库与客户端看到的数据保持"活的连接关系"。即把服务器端的数据搬到客户端,在客户端修改数据后,调用一个数据库更新命令,就可以将客户端对数据的修改写回服务器端的数据库,就像使用本地数据库一样。

RDS 在 ADO 的基础上通过绑定的数据显示和操作控件,提供给客户端更强的数据表现力和远程数据操纵功能。可以说 RDS 是目前基于 Web 的最好的远程数据库访问方式。

项目小结

Web 数据库采用浏览器、Web 服务器和数据库服务器三层体系结构进行访问,它是通过安装、测试 IIS 及建立虚拟目录完成的,而访问的方法有两种,一种是以 Web 服务器作为中介,把客户浏览器和数据源连接起来,在服务器端执行对数据库的操作;另一种是把应用程序和数据库下载到客户端,在客户端进行数据库的访问。

项目 2　IDC 方法

项目描述

IDC 是 Internet 数据库连接器的简称,它由 Html 文件(.htm)、Internet 数据库连接器文件(.IDC)及 Html 模板文件(.htx)三个文件组成。html 文件用于向 Web 服务器发出 IDC 请求;IDC 文件用于连接数据源,执行数据库的 SQL 命令,并根据.htx 模板文件的格式,生成 html 网页,发送到客户浏览器。

项目分析

掌握 IDC 的操作方法和步骤是 Web 数据库的发布一种很好的方法。因此,本项目可分解为以下任务:

- 为数据库创建 ODBC 数据源
- 设计发出查询请求的 HTML 文件
- 设计 IDC 文件
- 设计 HTX 文件
- 测试文件

项目目标

● 掌握 DIC 的操作方法和步骤

🔵 任务 1　为数据库创建 ODBC 数据源

通过 IDC 方法访问数据库，首先要为指定数据库创建 ODBC 数据源。

一个 ODBC 数据源包括：名称、驱动、实际数据库名称或数据文件所在的路径以及其他信息四个部分。

✎ **课堂实训 3　为"学生. DBC"数据库创建名称为"学生"的 ODBC 数据源**

〔具 体 操 作〕

①在 E：\ASP 目录下创建新目录 DATA，将第 3 单元创建的数据库"学生. DBC"文件和相关的表文件复制到 DATA 目录下。

②执行"开始"→"控制面板"命令，打开"控制面板"窗口；依次单击"系统和安全"和"管理工具"图标，打开"管理工具"窗口，双击"数据源（ODBC）"图标，打开"ODBC 数据源管理器"对话框，单击"系统 DSN"选项卡，如图 11-15 所示。

③单击【添加】按钮，弹出"创建新数据源"对话框，选择【Microsoft Visual FoxPro Driver】驱动程序，如图 11-16 所示。

图 11-15　"ODBC 数据源管理器"对话框

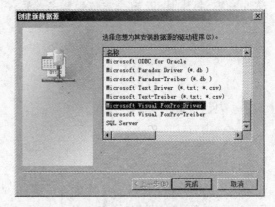

图 11-16　选择驱动程序

④单击【完成】按钮，弹出"ODBC Visual FoxPro Setup"对话框，在"Data Source Name"文本框中输入"学生"；在"Database type"栏中点选"Visual FoxPro database(. DBC)"项；在"Path"框中输入"E：\ASP\DATA\学生. DBC"，如图 11-17 所示。

图 11-17　"ODBC Visual FoxPro Setup"对话框

❺单击【OK】按钮完成设置，返回"ODBC 数据源管理器"对话框，此时出现一新数据源"学生"，如图 11-18 所示。

图 11-18　"ODBC 数据源管理器"对话框

❻单击【确定】按钮，关闭"ODBC 数据源管理器"对话框。

任务 2　设计发出查询请求的 HTML 文件

HTML 文件用于向 IDC 发出查询请求。

下面是输入课号并向"查询. IDC"发出查询指定课号学生成绩的 HTML 文件。

文件名：查询. htm。

功能：输入课号，向"查询. IDC"发出查询请求。

内容：〈HTML〉

　　　〈H2〉学生成绩查询〈/H2〉

　　　〈form method＝"POST" action＝"查询. idc"〉

　　　　　输入课号：

　　　　　〈input type＝"text" name＝"kehao" size＝"2" 〉

　　　　　〈input type＝"submit" value＝"提交"〉

　　　〈/form〉

　　　〈/HTML〉

说明

①该程序使用表单(第 3～7 行)把客户端浏览器的请求传送到 Web 服务器。

②method＝"POST"指定数据传输的方式为"POST"。

③action＝"查询. idc" 指明接收请求的服务器端程序为"查询. IDC"。

④第 5 行设置文本框，用于输入课号，name＝"kehao"表示输入到文本框中的课号内容将保存在变量 kehao 中，当向 Web 服务器发送数据时，该变量将传送给"查询. IDC"。

⑤第 6 行设置了一个提交按钮，单击该按钮，可将表单数据(即保存课号的变量 kehao)传送到"查询. IDC"，并启动"查询. IDC"。

✍ **课堂实训 4 创建 HTML 文件：查询. HTM**

> **具体操作**

①打开记事本。

②将"查询. htm"文件的内容输入到记事本中，不包括行号。

③以"查询. HTM"为文件名，保存到 E:\ASP 目录下。

🔊 任务 3 设计 IDC 文件

IDC 文件用于接收浏览器发送来的请求，建立与数据库的连接，执行对数据库的操作，并根据. htx 文件的格式，将操作结果生成 html 网页，发送到客户浏览器。

IDC 文件主要由以下三条语句构成：

1）Datasource

格式：Datasource：数据源名称。

功能：建立与 ODBC 数据源的连接。

2）Template

格式：Template：htx 模板文件名。

功能：指定 IDC 生成 html 网页所需要的. htx 模板文件。

3）SQLStatement

格式：SQLStatement：SQL 命令。

功能：通过 SQL 命令，执行对数据库的操作。

⏰ **贴心·提示**

如果一条语句太长，需要写成多行，则在换行后的开始位置添上"＋"。

下面以从"学生. DBC"数据库中查询指定课号学生成绩信息的 IDC 文件为例。

IDC 文件名：查询. IDC

功能：接受从客户浏览器传来的课号信息，执行查询，按"查询. HTX"格式显示查询结果

内容：

  Datasource：学生

  Template：查询. htx

  SQLStatement：SELECT 姓名，课程名，成绩

  ＋ FROM 学生信息表 xue，成绩表 cj，选课表 ke

  ＋ WHERE xue. 学号＝cj. 学号

  ＋ and cj. 课号＝ke. 课号

  ＋ and ke. 课号＝'％kehao％'

说明

①第 1 行的"学生"是前面定义的 ODBC 数据源。

②第 2 行"查询. htx"为指定的模板文件。

③第 3 行～7 行是一条 select 命令，其中％kehao％是从客户浏览器接收的变量，该变量

保存着待查询的课号,4、5、6、7 行开头的"+"为连接符。

　　④学生.DBC 数据库具体内容见第 3 单元。

课堂实训 5　创建 IDC 文件:查询.IDC

具体操作

①打开记事本。

②将"查询.IDC"文件的内容输入到记事本中,不包括行号。

③以"查询.IDC"为文件名,保存到 E:\ASP 目录下。

任务 4　设计 HTX 文件

　　HTX 作为一个 html 模板文件,用于设置 IDC 文件发送给客户浏览器的输出格式。在 HTX 文件中,命令放在"〈%"与"%〉"之间。

　　下面以从"GZ.DBF"表中查询指定课号学生成绩信息的 HTX 文件为例。

　　文件名:查询.htx。

　　功能:以表格形式显示待查询课号的所有学生成绩信息。

　　内容:

```
〈h2〉学生成绩信息〈/h2〉
〈P〉课号:〈%IDC.kehao%〉〈/p〉
〈TABLE border="1"〉
〈TR〉〈TD〉姓名〈TD〉课程名〈TD〉成绩
〈%begindetail%〉
    〈TR〉〈TD〉〈%姓名%〉〈TD〉〈%课程名%〉〈TD〉〈%成绩%〉
〈%enddetail%〉
〈/TABLE〉
〈p〉〈a href="查询.htm"〉返回〈/a〉〈/p〉
```

说明

①第 2 行〈%IDC.kehao%〉显示由客户浏览器传送来的变量 kehao 的值(即课号)。

②第 6 行〈%姓名%〉、〈%课程名%〉、〈%成绩%〉显示当前记录指定字段的值。

③第 5~7 行〈%begindetail%〉……〈%enddetail%〉是一个循环结构,在每条记录上执行一次循环体。

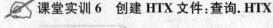课堂实训 6　创建 HTX 文件:查询.HTX

具体操作

①打开记事本。

②将"查询.htx"文件的内容输入到记事本中,不包括行号。

③以"查询.HTX"为文件名,保存到 E:\ASP 目录下。

任务 5　测试文件

　　在创建了查询.htm、查询.idc、查询.htx 三个文件后,进行测试。

课堂实训 7　测试查询.htm、查询.idc 和查询.htx

具 体 操 作

①启动 Internet Explorer 浏览器。

②在浏览器地址栏输入"http://iis/asp/查询.htm",显示如图 11-19 所示。

③在文本框中输入课号,如 03,单击【提交】按钮,启动"查询.IDC",得到查询结果,如图 11-20 所示。

图 11-19　提出查询请求

图 11-20　查询结果

项目小结

　　IDC 由 Html 文件(.htm)、Internet 数据库连接器文件(.IDC)及 Html 模板文件(.htx)三个文件组成。DIC 的操作步骤是首先为数据库创建 ODBC 数据源,然后依次进行查询请求 HTML 文件、IDC 文件和 HTX 文件的设计,最后依次测试以上三个文件。

 项目 3　ActiveX 数据对象方法

项目描述

　　ASP(Active Sever Page)就是运行于 Web 服务器上的动态网页,其扩展名为 ASP,是一个文本文件,可以使用任何文本编辑器进行设计。ASP 网页由 HTML 标识和 ASP 指令两部分组成。ASP 指令由 VBScript 或者 JavaScript 程序代码构成,这些程序代码放在〈%…%〉之间。

项目分析

　　当用户浏览 ASP 网页时,Web 服务器即解释执行 ASP 网页,生成一个简单的 HTML 页面,返回给用户浏览器。因此,本项目可分解为以下任务:

● 使用 ADO 方法查询数据库
● 使用 ADO 方法修改数据库记录

项目目标

● 掌握使用 ADO 方法查询和修改数据库

任务1　使用 ADO 方法查询数据库

ADO 即 ActiveX 数据对象,是一种由 ASP 内置的数据库访问组件。在 ASP 网页中使用 ADO 对象,可以对数据库进行查询、插入、更新和删除等操作。

使用 ADO 方法查询数据库的程序通常由四部分组成。

(1)建立 ADO 与数据库的连接。

(2)执行 SQL 查询命令得到记录集。

(3)显示查询结果。

(4)关闭记录集、关闭数据库连接。

下面以从"学生.DBC"数据库中查询指定学号的学生基本信息和各科成绩为例,说明如何使用 ADO 方法查询 Visual FoxPro 数据库。查询由 Select.HTM 和 Select.ASP 两个文件构成。

1.发出查询请求的 HTML 文件

● 文件名:Select.HTM
● 功能:输入学号,向"Select.ASP"发出查询请求
● 内容:

　　〈HTML〉

　　〈H2〉学生基本信息与成绩查询〈/H2〉

　　〈form method="POST" action="Select.ASP"〉

　　　　输入学号:

　　　　〈input type="text" name="xuehao" size="8" 〉

　　　　〈input type="submit" value="提交"〉

　　〈/form〉

　　〈/HTML〉

说明

①该程序使用表单(第 3~7 行)发出查询请求。

②method="POST"指定数据传输的方式为"POST"。

③action="Select.ASP" 指明接收查询请求的 ASP 网页。

④第 5 行设置文本框,用于输入学号,name="xuehao"表示文本框的内容将保存在变量 xuehao 中,当发送数据时,同时将该变量传送给"Select.ASP"。

⑤第 6 行设置了一个提交按钮,单击该按钮,可将表单数据(即保存"学号"的变量 xuehao)传送到"Select.ASP",并启动"Select.ASP"。

✏ **课堂实训 8　创建 HTML 文件：Select. HTM**

┌─────────────┐
│ 具 体 操 作 │
└─────────────┘

① 打开记事本。

② 将文件"Select. HTM"的内容输入到记事本中，不包括行号。

③ 以"Select. HTM"为文件名，保存到 E:\ASP 目录下。

2. 执行查询的 ASP 文件

● 文件名：Select. ASP。

● 功能：接受从客户浏览器传来的学号信息，建立 ADO 与学生. DBC 的连接，执行查询命令，显示查询结果。

● 内容：〈% if Request("xuehao") 〈〉 empty then '学号不为空

'定义数据库连接对象

set conn＝server. createobject("ADODB. Connection")

'定义数据库连接字符串

connstring＝"DRIVER＝{Microsoft Visual FoxPro Driver}；SourceType＝DBC；"

connstring＝connstring &"SourceDB＝" &server. mappath("DATA")&"\学生. DBC"

'建立与数据库的连接

conn. open connstring

'定义 SQL 查询语句字符串 1

'从学生信息表中查询学生基本信息

selestring1＝"SELECT 姓名，性别，出生日期，家庭住址 "

selestring1＝selestring1&" FROM 学生信息表 "

selestring1＝selestring1&" WHERE 学号＝["& request("xuehao")&"]"

'定义 SQL 查询语句字符串 2

'查询各科成绩

selestring2＝"SELECT ke. 课号，课程名，成绩 "

selestring2＝selestring2 &" FROM 成绩表 cj，选课表 ke "

selestring2＝selestring2 &" WHERE cj. 课号＝ke. 课号 "

selestring2＝selestring2 &" and 学号＝["& request("xuehao")&"]"

'执行查询命令并创建记录集对象

set RS1＝conn. execute(selestring1)

set RS2＝conn. execute(selestring2)

'显示查询结果

if RS1. eof then

%〉

　〈p〉查无此学号为〈%＝request("xuehao")%〉的信息〈/P〉

〈% else %〉

　〈h2〉查询结果〈/h2〉

〈TABLE BORDER＝0〉

〈TR〉〈TD〉学号〈TD〉〈％＝Request("xuehao")％〉

〈TR〉〈TD〉姓名〈TD〉〈％ ＝RS1("姓名")％〉

〈TR〉〈TD〉性别〈TD〉〈％ ＝RS1("性别")％〉

〈TR〉〈TD〉出生日期〈TD〉〈％ ＝RS1("出生日期")％〉

〈TR〉〈TD〉家庭地址〈TD〉〈％ ＝RS1("家庭住址")％〉

〈/TABLE〉

〈p〉

〈TABLE BORDER＝1〉

〈TR〉〈TD〉课号〈TD〉课程名〈TD〉成绩

〈％ While not RS2. eof ％〉

〈TR〉〈TD〉〈％＝RS2("课号")％〉〈TD〉〈％＝RS2("课程名")％〉〈TD〉〈％＝ RS2("成绩")％〉

〈％ RS2. MoveNext

Wend ％〉

〈/TABLE〉

〈％ end if

′关闭记录集

RS1. close

RS2. close

′关闭与数据库的连接

conn. close

else ％〉

〈P〉学号为空,请重新输入学号!〈/P〉

〈％ end if ％〉

〈p〉〈a href＝"select. htm"〉返回〈/a〉〈p〉

说明

①〈％与％〉之间是由 Vbscript 程序组成的 ASP 命令。

②第 1 行判断 xuehao 变量是否为空值。其中,request("xuehao")返回由 select. htm 文件发送的变量 xuehao 的值,Empty 表示空值;第 3 行创建了一个 ADO 连接对象 conn。

③第 5、6 行定义了 ADO 与数据库连接的字符串 constring,用于连接数据库"学生.DBC"。其中,DRIVER＝{Microsoft Visual FoxPro Driver} 指定数据库驱动;SourceType ＝DBC 指定 Visual FoxPro 数据源的类型为数据库;"SourceDB＝" ＆server. mappath ("DATA")＆"\学生. DBC"指定带绝对路径的数据库名称(本例"学生. DBC"在虚拟目录下的 DATA 目录中,server. mappath()返回绝对路径)。

如果 ADO 与自由表连接,则定义数据库连接字符串要求:SourceType＝DBF, SourceDB＝包含自由表的绝对路径。

连接字符串也可以使用 DSN,格式:connstring＝"DSN＝学生"("学生"是项目 2 为"学生. DBC"数据库定义的 ODBC 数据源)。

④第 8 行建立了 ADO 与数据库"学生.DBC"的连接。

⑤第 9～19 行定义了两个 SQL 语句字符串。

selestring1 中定义了查询指定学号的学生基本信息。

selestring2 中定义了查询指定学号的各学科成绩信息。

⑥第 21、22 行分别执行两个 SQL 命令,并将查询结果赋给记录集 RS1 和 RS2。

其 RS1 保存学生基本信息,RS2 保存各学科成绩信息。

⑦第 24 行判断记录集 RS1 是否为空。第 30～34 行从记录集 RS1 读取数据,显示查询学生基本信息的查询结果。

⑧第 39～42 行从记录集 RS2 中读取数据,显示各课程成绩信息。

其中〈% While not RS2.eof %〉……〈% Wend %〉是循环语句,RS2.MoveNext 表示记录指针指向下一条记录。

⑨第 46、47 行关闭记录集 RS1 和 RS2。第 49 行关闭数据库连接。

⑩数据库"学生.DBC"详细内容见第 3 单元。

 课堂实训 9　创建 HTML 文件:Select.HTM

 具 体 操 作

①打开记事本。

②将文件"Select.ASP"的内容输入到记事本中,不包括行号。

③以"Select.ASP"为文件名,保存到 E:\ASP 目录下。

3. 测试

在创建了 Select.HTM、Select.ASP 文件后,进行测试。

 课堂实训 10　测试 Select.HTM、Select.ASP

 具 体 操 作

①启动 Internet Explorer 浏览器。

②在浏览器地址栏输入"http://iis/asp/Select.htm",显示如图 11-21 所示。

③输入学号,单击【提交】按钮,执行 Select.ASP 得到查询结果,如图 11-22 所示。

图 11-21　发出查询请求

图 11-22 查询结果

任务 2 使用 ADO 方法修改数据库记录

使用 ADO 方法修改数据库的程序通常由三部分组成。

(1)建立 ADO 与数据库的连接。

(2)执行 SQL 更新命令。

(3)关闭数据库连接。

下面以修改数据库"学生. DBC"中指定学号的学生基本信息为例,说明如何使用 ADO 方法修改 Visual FoxPro 表中的数据记录。

1. 发出修改请求的 HTML 网页

● 文件名:xiugai. htm。

● 功能:输入学号,向"xiugai1. ASP"发出请求。

● 内容:

〈HTML〉

〈h2〉学生基本信息修改〈/h2〉

〈form method="POST" action="xiugai1. asp"〉

　　输入学号:

　　〈input type="text" name="xuehao" size="8" 〉

　　〈input type="submit" value="提交"〉

〈/form〉

〈/HTML〉

说明

①该程序使用表单(第 3～7 行)发出修改请求。

②method="POST"指定数据传输的方式为"POST"。

③action="xiugai1. asp" 指明接收请求 ASP 网页。

④第 5 行设置文本框,用于输入学号,name="xuehao"表示文本框的内容将保存在变量

xuehao 中,当发送数据时,同时将该变量传送给"xiugai1.asp"。

⑤第 6 行设置了一个提交按钮,单击该按钮,可将表单数据(即保存"学号"的变量 xuehao)传送到"xiugai1.asp",并启动"xiugai1.asp"。

 课堂实训 11 创建 HTML 文件:xiugai.HTM

具 体 操 作

①打开记事本。

②将"xiugai.htm"文件的内容输入到记事本中,不包括行号。

③以"xiugai.HTM"为文件名,保存到 E:\ASP 目录下。

2. 显示修改信息的 ASP 网页

● 文件名:xiugai1.asp。

● 功能:接受从客户浏览器传来的学号信息,建立与数据库"学生.DBC"的连接,执行查询该学号学生的基本信息的查询命令,将查询结果显示在相应的文本框中;在文本框中修改职工信息,单击【提交】按钮,向"xiugai2.ASP"发出更新数据的请求。

● 内容:〈% if request("xuehao") 〈〉 empty then '学号不为空

```
'定义数据库连接对象
set conn＝server.createobject("ADODB.Connection")
'定义数据库连接字符串
connstring＝"DRIVER={Microsoft Visual FoxPro Driver};SourceType=DBC;"
connstring＝connstring & "SourceDB=" &server.mappath("DATA ")&"\学生.DBC"
'建立与数据库的连接
conn.open connstring
'定义 SQL 查询语句字符串
selestring＝"select 姓名,性别,出生日期,家庭住址 "
selestring＝selestring & " from 学生信息表 "
selestring＝selestring & " where 学号=["& request("xuehao")&"]"
'执行查询命令并创建记录集对象
set RS=conn.execute( selestring )
```

说明

①第 2~8 行建立 ADO 与"学生.DBC"数据库的连接(同 select.asp 网页说明)。

②第 9~14 行执行查询命令,得到记录集。

③第 20 行指定数据传输的方式为"POST",接收修改请求的网页为 xiugai2.asp。

④第 21 行使用隐藏类型,用于存储由 xiugai.htm 网页传来的 xuehao 变量的值,定义变量 xh 用来传递 xuehao 变量的值。

⑤第 23~26 行使用文本框显示学生基本信息,并定义变量 xm、xb、rq、jz 来传递姓名、性别、出生日期、家庭住址等学生信息。

⑥第 28 行设置了一个提交按钮,单击该按钮,可将表单数据传送到"xiugai2.asp",并启动"xiugai2.asp"。

⑦第 32、34 行关闭记录集、关闭数据库连接。

✍ **课堂实训 12　创建 ASP 文件：xiugai1. ASP**

具体操作

①打开记事本。

②将"xiugai1. asp"文件的内容输入到记事本中，不包括行号。

③以"xiugai1. ASP"为文件名，保存到 E:\ASP 目录下。

3. 完成信息修改的 ASP 网页

● 文件名：xiugai2. asp。

● 功能：接受从"xiugai1. ASP"传来的修改后的学生信息，建立与数据库"学生. DBC"的连接，执行更新命令。

● 内容：

〈％ ′定义数据库连接对象

set conn＝server. createobject("ADODB. Connection")

′定义数据库连接字符串

connstring＝"DRIVER＝{Microsoft Visual FoxPro Driver}；SourceType＝DBC；"

connstring＝connstring & "SourceDB＝" & server. mappath("DATA ") & "\学生. DBC"

′建立与数据库的连接

conn. open connstring

′定义 SQL 更新语句字符串

xh＝"["& request("xh") &"]"

xm＝"["& request("xm") &"]"

xb＝"["& request("xb") &"]"

rq＝"{^"& request("rq") &"}"

jz＝"["& request("jz") &"]"

selestring＝"UPDATE 学生信息表 "

selestring＝selestring & "set 姓名＝" & xm & "，性别＝"& xb

selestring＝selestring & "，出生日期＝" & rq & "，家庭住址＝"& jz

selestring＝selestring & " where 学号＝" & xh

′执行更新命令并创建记录集对象

conn. execute selestring

′关闭与数据库的连接

　conn. close

％〉

数据更新成功！〈a href＝"xiugai. htm"〉返回〈/a〉

说明

①第 2～7 行建立 ADO 与"学生. DBC"数据库的连接。

②第 9～17 行取得从"xiugai1. ASP"传来的修改后的学生信息，定义 SQL 更新命令字符串。不同数据类型的定界符不同。

③第 19 行执行更新命令。

④第 21 行关闭连接。

 课堂实训 13　创建 ASP 文件：xiugai2. ASP

 具体操作

①打开记事本。

②将文件"xiugai2. asp"的内容输入到记事本中，不包括行号。

③以"xiugai2. ASP"为文件名，保存到 E:\ASP 目录下。

4. 测试

在创建了 xiugai. HTM、xuigai1. ASP、xiugai2. ASP 文件后，进行测试。

 课堂实训 14　测试 xiugai. HTM、xuigai1. ASP、xiugai2. ASP

 具体操作

①启动 Internet Explorer 浏览器。

②在浏览器地址栏输入"http://iis/asp/xiugai. htm"。

③输入要修改的学号，单击【提交】按钮，执行 xiugai1. asp 网页。

④修改相关的职工信息，单击【提交】按钮，执行 xiugai2. asp，完成数据更新，显示如图 11-23 所示。

图 11-23　完成信息修改的 ASP 网页

项目小结

ASP 就是运行于 Web 服务器上的动态网页，它是一个文本文件，可以使用任何文本编辑器进行设计。ASP 网页由 HTML 标识和 ASP 指令两部分组成。ASP 指令由 VB-Script 或者 JavaScript 程序代码构成，这些程序代码放在〈%…%〉之间。要学会使用 ADO 方法查询和修改数据库。

单 元 小 结

通过本单元的学习，应掌握以下内容：

(1)安装 IIS，创建虚拟目录。

(2)使用 IDC 查询 Visual FoxPro 数据库。

(3)使用 ADO 完成 Visual FoxPro 数据库的查询与修改。

实训与练习

 上机实训　设计 Web 数据库应用程序。

实训目的

熟悉 Web 数据库应用程序设计的方法步骤。

实训步骤参考

①在 IIS 中创建虚拟目录。本上机实训规定虚拟目录为 xuesheng，对应的真实目录为

E:\学生,操作步骤参考本单元项目 1。

②数据库设计。参照第三单元"学生.DBC"数据库,将数据库文件及相关文件保存在 E:\学生\DATA 文件夹下。

③设计 ASP 程序。设计一个 ASP 程序,保存在 E:\学生文件夹下。

完成如下功能:使用 ADO 方法,从"学生.DBC"数据库中查询所有学生的学号、姓名、性别、出生日期与平均分。

ASP 程序文件名规定为 XUESHENG.ASP,使用"记事本"编辑。

ASP 程序文件内容参考本单元项目 3。

④启动 Internet Explorer 浏览器,在浏览器地址栏输入"http://iis/xue/xue.asp",观察 ASP 程序运行结果。

贴心·提示

本上机实训假定 Web 服务器名称为 IIS。

简答题

1.如何设计发出请求的 HTML 网页?

2.如何获得从 Web 服务器传来的数据?

3.如何建立与 Visual FoxPro 表或数据库的连接?

4.怎样执行 SQL 命令?

5.如何从记录集中取得数据?